KB068663

방산안보학 개론

류연승 김영기 박영욱 배정석 이정훈 장원준

박영사

서 문

방산안보(防産安保)란 무엇일까?

저자들은 방산안보의 개념을 정립해 보고자 명지대 방산안보연구소에 정기적으로 모여 토론하였고 마침내 방산안보학을 학술적으로 발전시키기 위해 "방산안보학 개론"을 집필하기로 했습니다.

우리 방위산업은 자주국방을 위한 국가안보 산업일 뿐만 아니라 국제적으로 첨단산업 주도권 경쟁을 하는 국가전략산업이 되었습니다. 1973년 박정희 대통령이 "全産業의 수출화"를 선언한 지 50여 년 만에 방위산업도 수출 강국의 길로 나아가고 있습니다. 소총 같은 기본 병기조차 만들지 못했던 나라가 자주포, 전차, 전투기, 잠수함 등 첨단무기를 개발하여 세계 9위 방산 수출국이 되었습니다. 최근 정부는 방산 수출 4대 강국의 비전을 수립하였는데 꿈이 아니라 현실로 이루어야겠습니다.

세계 강대국은 군사력 및 경제력의 패권을 유지하기 위해서 경쟁국을 견제하는 한편 자국의 첨단 방산기술이 탈취되지 않도록 보호하고 있습니다. 대표적으로 미국은 경쟁국의 우위를 상쇄하는 상쇄전략을 취해왔고 최근에는 G2로 떠오르는 중국과 기술패권 전쟁을 벌이고 있습니다. 우리 방위산업도 이제는 적성국의 기술 침해와 수출 경쟁국의 견제로부터 보호해야 하는 산업으로 우뚝 섰습니다. 우리의 앞선 방산기술을 노리는 사이버 해킹이 빈발하고 있고, 방산 수출이 늘어나면서 견제하는 외국의 동향도 파악되고 있습니다.

이제 우리나라도 방위산업을 수출산업으로 육성하는 한편 외국의 침해로부터 보호도 해야 합니다. 1970년대 방위산업을 본격적으로 시작하면서 방산업체에서 취급하는 군사기밀을 보호하기 위한 방산보안 제도가 시작되었습니다. 2016년에는 방위산업기술보호법이 시행되면서 방산기술을 보호하기 위한 제도가 시작되었습니다. 2021년에는 국가정보원의 직무에 방위산업 침해에 대한 방첩 업무가 포함되었습니다.

저자는 10여 년 전부터 방산보안을 연구해 오던 중에 방산기술 보호 제도와 방산방첩 제도가 모두 방위산업을 지키는 제도이므로 통합할 방안을 고민했습니다. 마침내 방위산업의 안전을 보장하자는 방산안보의 개념을 착안하였고 방산안보는 방산보안, 방산기술 보호, 방산방첩을 통합하기 위한 개념으로 시작되었습니다. 이후, 이 책의 저자들은 방산안보의 개념을 국가안보를 위한 방위산업의 발전과 보호를 포함하는 광의의 개념으로 발전시켰고 이 책은 이러한 내용을 담고 있습니다. 해외 주요국의 사례도 연구하였으나 담지 못하였고 연구를 보강하여 개정판에 추가하기로 했습니다.

이 책은 크게 3편으로 구성됩니다.

제1편은 방산안보 개관입니다. 제1장은 방산안보의 배경을 설명하고, 방산안보의 개념을 다루었습니다. 제2장은 방위산업 침해에 대한 법률과 사례를 분석하여 방위산업 침해의 개념을 다루었습니다. 제3장은 방위산업 발전 및 보호에 대한 방산안보 법제를 살펴보았습니다.

제2편의 주제는 방위산업의 발전입니다. 제4장에서는 방위산업의 개념, 국방전력발전업무 및 방위사업, 방위산업의 역사 및 현주소를 다루었습니다. 제5장에서는 글로벌 방위산업의 발전과정, 최근 동향 및 전망을 설명했습니다.

제3편의 주제는 방위산업의 보호입니다. 제6장에서는 방산보안의 개념, 역사를 정리하고 현행 제도와 연구과제를 설명했습니다. 제7장에서는 방산방첩의 개념 및 특성을 설명하고 미국 제도 및 향후 발전방안을 다루었습니다. 제8장에서는 방산안보와 국가정보 활동을 미국의 전략무기 사례를 들어 살펴보았습니다.

방산안보학이란 흰 눈밭에 첫 발자국을 내딛는 조심스러운 마음입니다. 방산안보의 개념에 대한 논의는 아직 진행형이고 본서는 아직 미흡한 점이 많습니다. 앞으로 방산안보의 연구를 계속 발전시킬 것을 약속합니다. 이 책이 대학의 교재로도 쓰이고 방위산업의 각 분야 전문가들도 개념과 이론을 발전시켜서 방위산업과 국가안보에 기여할 수 있기를 기대합니다. 이 책이 발간되기까지 심혈을 기울여 준 저자들과 음양으로 도와주신 모든 분께 감사드리며 박영사 관계자에게도 감사드립니다.

2024년 8월
대표저자 류연승

목 차

제1편
방산안보 개관

제2편
방위산업의 발전

일러두기

1. 표지 하단 사진 출처: 연합뉴스
2. 장 도입부 하단과 우측 사진 출처: 연합뉴스

제1편

방산안보 개관

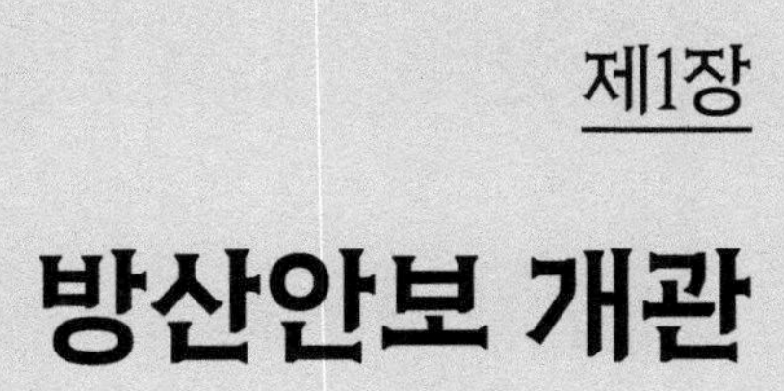

제1장

방산안보 개관

류연승

제1절

배경

인류의 역사는 전쟁의 역사라고 해도 과언이 아니다. 지금도 세계는 영토, 종교 등 전통적인 갈등으로 국지전과 같은 군사적 안보위협이 지속되는 한편, 초강대국 지위를 놓고 미국과 중국 간에 벌어지는 기술패권 전쟁 등 비군사적 안보위협도 커져 가고 있다. 2022년 벌어진 러시아-우크라이나 전쟁의 원인으로는 동유럽 국가들이 나토(NATO, 북대서양조약기구) 가입을 확대하는 이른바 나토 동진으로 인한 러시아와의 지정학적 갈등이 꼽힌다. 러시아의 우크라이나 침공으로 인해 러시아와 가까운 폴란드, 루마니아 등 동유럽의 대규모 무장이 촉발되었고 핀란드, 스웨덴 등 북유럽 국가들도 나토에 가입하였다. 유럽 주요국들은 무기 생산시설을 늘리고 자체 방위력을 증강시키고 있다. 2023년에도 이스라엘-하마스 전쟁이 벌어지는 등 범세계적인 안보정세 불안의 증가로 주요 각국은 국방예산을 늘리고 무기를 도입하고 있다. 2023년 전 세계 군비지출은 약 2,940조 5천 억 원으로 1년 전 같은 기간보다 9% 증가하였다고 한다.[1] 이에 따라 글로벌 방위산업은 무기수요를 따라가지 못할 정도로 호황세를 보이며 새로운 전환점을 맞이하고 있다. 미국은 2024년 역사상 최초로 「국가방위산업전략서(National Defense Industrial Strategy)」를 발간하고 방위산업의 강화 전략을 수립했다. 유럽도 2024년에 「유럽방위산업전략서(European Defense Industrial Strategy)」를 발간하고 침체된 방위산업을 혁신하겠다고 발표했다.

세계 강대국은 그 지위를 유지하기 위해 경쟁국을 견제하고 상대의 우위를 상쇄시키는 전략을 취한다. 대표적으로 미국은 냉전시기부터 전쟁 승리를 보장하기

1 경향신문, "지난해 글로벌 군비지출 2조2000억 달러 …군비경쟁 휘말려드는 불안의 시대", 2024년 2월 (https://www.khan.co.kr/world/world-general/article/202402141603001).

위해 상대의 우위를 상쇄하는 상쇄전략(offset strategy)을 전개해 왔다.[2,3] 1차 상쇄전략은 유럽 전역에서 소련의 재래식 기갑 전력의 우위를 상쇄시키기 위해 핵무기의 투사를 통한 대량보복에 의존했던 뉴룩전략(new look strategy)에서 시작되었다. 2차 상쇄전략은 정밀유도무기(Precision Guided Munition) 기반의 장거리 정밀타격능력과 네트워크화된 지휘통제 체계에 기반한 전쟁 수행 개념을 바탕으로 소련의 재래식 군사력 위협을 상쇄할 수 있었다. 2000년대 들어 소수의 군사 강대국들이 독점해왔던 첨단 국방과학기술이 전 세계적으로 확산되고 중국과 러시아가 미국의 전 세계적 군사력 투사에 대항하는 포괄적인 군사 현대화 프로그램을 추진하는 상황에서 3차 상쇄전략이 공식화되었다. 3차 상쇄전략에서는 인공지능, 로봇 등 국방과학기술의 발전을 추구하고 이를 활용한 교리 개발과 전술 발전에 중점을 둔다.

이렇듯 미국은 세계적 군사력 우위 유지를 위해 전략적으로 방위산업을 육성하는 한편 세계 무기 시장을 지배하고 있다. 2023년 3월 발간된 SIPRI 보고서에 따르면,[4] 2022년 미국의 무기 시장 점유율은 약 40%로 나타났고, 세계 100대 방산업체를 매출액 기준으로 보면 미국 업체가 약 50%를 차지했다.

강대국에서 방위산업은 군사력 우위 유지뿐만 아니라 첨단기술 기반의 산업경제와도 필수불가분의 관계를 가진다. 중국 시진핑 주석은 '핵심기술은 마음대로 받을 수도 없고 살 수도 없고 구걸할 수도 없다. 핵심기술을 자신의 손에 넣어야만 국가경제와 국방안전, 국가의 안전을 보장할 수 있다'고 하였다. 중국은 2015년 '중국제조 2025' 프로젝트를 시작했고 미국을 따라잡기 위해 선진국의 지식재산권과 핵심기술을 수단과 방법을 가리지 않고 탈취하기 시작했다. '중국제조 2025'는 제조업 부문의 초강대국으로 발전하기 위해 반도체, 로봇, 전기차, 바이오 등 10대 핵심산업을 육성하는 프로젝트로서 건국 100주년이 되는 2049년에 미국을 뛰어넘는 것이 목표이다. 이러한 핵심산업에서 개발되는 첨단기술과

---

2 강석율, "미국의 3차 상쇄전략 추진 동향과 시사점", 한국국방연구원 KIDA Brief 안보 3호, 2021.

3 박상연, "미국의 상쇄전략에 관한 군사 이론적 분석", 국방정책연구 34(4), 2018.

4 SIPRI Fact Sheet, "Trends in International Arms Transfers, 2022", 2023.3.

제품은 국방을 위한 방위산업에서도 사용되어 군사력 우위 확보와 직결된다. 미국은 강대국 유지를 위해 중국을 견제할 수밖에 없으며 2018년 중국에게 지식재산권 침해와 기술 강제이전의 시정을 요구하였고 중국이 거부하자 중국 수입품에 고율 관세를 부과하면서 양국간 무역전쟁이 발발했다. 또한 미국은 중국의 통신장비 업체인 화웨이, ZTE를 제재하였는데 ZTE는 도산 직전까지 갔다가 간신히 회생하였다. 화웨이는 2018년 스마트폰 시장 점유율이 세계 2위였으나 미국 제재 이후 중요 부품의 공급이 중단되면서 2021년에는 세계 6위까지 추락했다. 또한, 미국은 자국에 생산시설을 유치하고, 외국 과학자의 취업 심사, 외국인의 유학 비자 심사를 강화하는 등 방위산업의 공급망 안정 및 과학기술 보호를 위하여 각종 법령을 제정하고 많은 투자를 하고 있다.

미국 등 강대국에 의해 좌우되는 세계 방위산업이 항상 발전하는 것은 아니었고 1950년 2차 세계대전 이후를 분석해 보면 조정기와 고도화기를 반복하고 있다.[5] 대체로 글로벌 국방예산이 감소하면 방위산업은 조정기를 겪게 되고 국방예산이 증가할 때 방위산업은 고도화기가 된다. 2000년대 후반에는 미국과 유럽의 경제위기에 따라 국방예산이 감소하면서 글로벌 방산 조정기를 겪었는데 이 기간에 한국, 중국과 같은 중·후발국들이 글로벌 방위산업 시장에 진입하기 시작하였다. 2022년 러시아-우크라이나 전쟁의 발발 이후 지금은 세계적으로 국방예산을 크게 늘리고 있어 글로벌 방위산업은 고도화기가 시작된 것으로 평가되고 있다. 특이사항은 기존 방산 수출 강국인 러시아의 추락과 중국의 정체 속에서 한국, 튀르키예 등 신흥 방산 수출 국가의 위상이 크게 상승하고 있고 일본의 방위산업이 부상하고 있다.

우리나라 방위산업의 역사는 1970년 국방과학연구소의 설립과 1971년 번개사업으로 기본 병기 8종을 국산화하면서 본격적으로 시작되었다. 이후 80년대까지 이어진 율곡사업을 통해 미사일, 함정, 전투기를 생산하며 기반을 조성하였고 1990년대부터 2005년까지 K9 자주포, 전차, 잠수함, KT-1 훈련기 등 첨단무기를 개발하는 성장기 단계에 이른다. 2000년대 중반 이후 핵심기술의 독자개발을 확대하고 세계적 수준의 무기를 개발하는 등 국제경쟁력을 확보하고 세계 시장

5 글로벌 방위산업의 시대별 구분에 대한 자세한 설명은 제5장을 참고하기 바란다.

으로 진출하고 있다.[6]

우리나라는 국방과학기술의 자체 연구개발 역량을 지속적으로 강화하는 한편 선진기술의 도입 등을 통해 기술 수준이 크게 발전하였고 일부 무기체계는 선진국 수준에 이르고 있다. 국방기술진흥연구소가 발간한 '2021 국가별 국방과학기술 수준조사서'에 따르면 국방과학기술 수준은 세계 9위로 평가되고 있다. [그림 1-1]은 주요 16개국을 대륙별로 모아서 국방과학기술 순위를 보여주고 있다. 아시아&태평양 지역에서는 중국, 일본 다음이다. 무기체계 분야별 순위에서는 화포는 4위, 지휘통제는 6위, 유도무기는 9위로 평가되었다.

그림 1-1 주요 16개국의 국방과학기술 순위

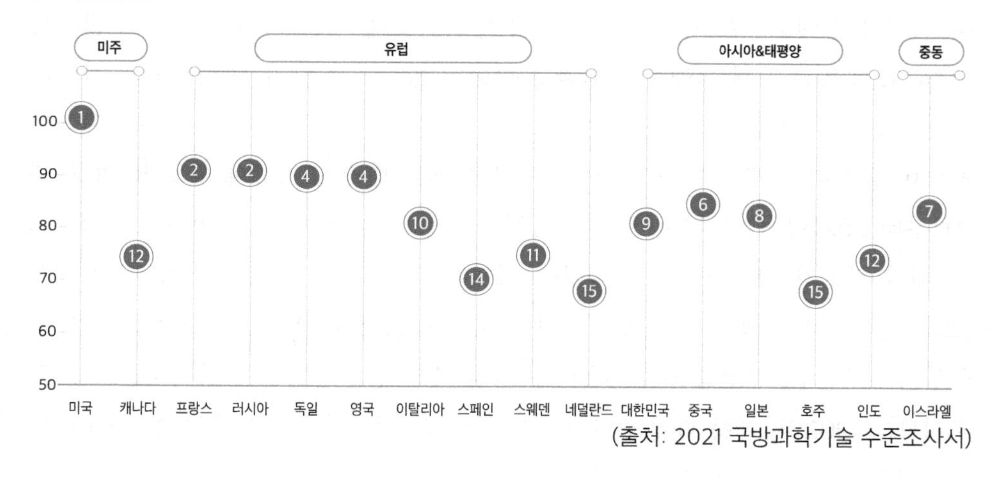

(출처: 2021 국방과학기술 수준조사서)

최근 우리나라는 글로벌 안보환경의 변화에 대응하여 국방혁신 4.0 및 방위산업발전 기본계획 등을 수립했다. 이를 통해 미래 안보환경에 부합하는 군사전략 발전, 과학기술 기반의 작전개념 발전, 국방과학기술 혁신을 위한 조직개편, 혁신·개방·융합의 국방 R&D 체계 구축, 인공지능 기반 첨단전력 확보 등으로 혁신적인 변화를 도모하고 있으며 이에 따라 방위산업도 인공지능, 양자, 로봇, 사이버보안, 우주 등 첨단과학기술 기반의 산업으로 빠르게 전환되고 있다. 한편, 국정과제에 방위산업을 "국가 미래 먹거리 신산업"으로 선정하고 2027년까지

6 서우덕·신인호·장삼열, "방위산업 40년 끝없는 도전의 역사", 플래닛미디어, 2015.

"국방과학기술 7대 강국" 도약과 "글로벌 4대 방산 수출 국가" 진입을 목표로 하는 계획을 수립하기도 했다.

앞에서 기술했듯이 글로벌 무기 시장은 호황기로 진입하고 있으며 우리나라는 무기체계의 우수한 품질과 가성비 등의 장점을 내세워 세계 시장으로 빠르게 진출하고 있다. 2022년 수출 수주액이 역대 최고 수준인 170억 불 규모를 달성하였고 2017~2021년 방산 수출규모는 세계 8위로 평가되었다.[7] 특히 K9 자주포, K2 전차, FA50 경공격기 등의 수출이 급증하면서 22년 이후 전투기 수출은 한국이 세계 3위, 탱크와 자주포 부문은 세계 1위이다. K9 자주포는 세계 시장 점유율이 50%가 넘는다. 방산 수출 4대 강국의 목표가 꿈이 아니라 현실이 될 수 있다.

그런데, 이처럼 우리나라 방위산업 수출이 크게 증가하고 국방과학기술 수준이 선진국에 이르면서 해외로부터 우리 방위산업에 대한 침해가 꾸준히 발생하고 있다. 대표적 침해 사례로는 외국 스파이의 방산기술 탈취, 방산업체의 사이버 해킹으로 방산기술 탈취 등을 들 수 있다. 특히, 국방과학기술을 노리는 해외의 사이버 공격이 크게 증가하고 있다. 2021년 10월 방사청 자료에 따르면, 2020년 9월부터 2021년 8월까지 주요 방산업체 13개를 대상으로 총 121만 8,981건의 외부 해킹 시도가 있었다.[8] 해킹 대상은 기아와 대한항공, 한화, 한화에어로스페이스, 한화시스템, 한화디펜스, 현대로템, 현대중공업, LIG넥스원, 대우조선해양, 한국항공우주산업, 한진중공업, 풍산 등 우리 주요 방산업체를 총망라하는 것으로 조사됐다. 2020년에는 대우조선해양 핵추진 잠수함 기술, 2021년에는 한국항공우주산업의 KF-21 전투기 기술 등을 노리는 사이버 해킹 사고도 발생했다.

또한 우리 방위산업이 선진권으로 도약하는 과정에서 미국·유럽·중국 등 방산 강국과의 경쟁이 불가피하고 이 과정에서 방산 수출을 방해하는 외국의 정보활동, 방산부품이나 소재에 대한 외국의 공급망 통제 등으로 우리 방위산업을 약화시키려는 침해가 발생할 수 있다. 공급망 통제의 대표적 사례로는 미국이 중국

7 아시아경제, "K-방산 수출 세계 8위, 점유율 2.8%", 2022년 12월(https://view.asiae.co.kr/article/2022120910353794122).

8 뉴스1, "주요 방산업체 상대 해킹시도, 최근 1년새 121만 건", 2021년 10월(https://www.news1.kr/articles/?4458147).

화웨이를 견제하기 위해 스마트폰의 안테나, 센서 등 중요 부품 공급을 중단하였고 일본도 한국 반도체 산업을 견제하기 위해 반도체 소재의 공급을 중단한 일이 있다.

우리나라는 방위산업의 기밀과 방산기술을 보호하기 위한 제도를 시행하고 있다. 그러나 글로벌 방산 강국으로 도약하려는 방위산업을 견제하거나 위협하는 다양한 침해에 대응하기 위해서는 소극적인 '보안'의 개념으로는 더이상 가능하지 않으며 미국 등 선진국처럼 적극적이고 포괄적으로 대응하기 위한 전략이 필요해졌다. 이에 따라 기존의 방위산업의 기밀과 방산기술을 보호하기 위한 방산보안이나 방산기술 보호 개념보다 포괄적 개념인 '방산안보' 개념이 대두되었다. 방위산업의 안전을 보장하자는 방산안보의 개념은 방산보안, 방산기술 보호, 방산방첩을 통합하기 위한 개념으로 시작되었고,[9] 최근에는 방산안보의 개념을 협의와 광의의 개념으로 구분하여 폭넓게 다루기 시작하였다.

9 류연승, "방산안보 개념과 전략", 제8회 방산기술보호 및 보안 워크숍, 2022.11.

제2절

방산안보의 개념

1. 안보의 개념

안보는 '안전보장' 즉 안전이 보장된 상태를 뜻한다. 전통적으로 안보는 군사적 관점에서 정의된다. 외부로부터 군사적 침략이나 위협으로부터 국가의 주권과 영토를 지켜 국민의 생존과 복지를 보장하는 것을 전통적 안보라고 정의하는 것이다. 1970년대 이전 냉전시대에서는 국가안보를 군사적 안보를 중심으로 다루었으나 이후 각종 재난에 대한 대비로 이동하기 시작하였다. 즉, 냉전체제의 와해 이후 미국 등 선진국들은 자국 영토 내에서 전면적 전쟁의 가능성이 감소하자 재난 관리를 중심으로 위기 영역의 패러다임을 변화시켰다.

지금은 안보를 군사적인 위협 외에도 비군사적 위협으로부터 국민, 영토, 주권, 핵심기반 등의 안전을 보장하는 소위 포괄안보라는 개념으로 정립하고 있다. 포괄안보는 군사적 위협에 대응하는 전통적 안보와 비군사적 위협에 대응하는 비전통적 안보를 합쳐서 지칭한다. 비전통적 안보(또는 新안보, 신흥안보)의 개념으로 경제안보, 사이버안보, 보건안보, 에너지안보, 식량안보 등이 대두되고 있다.

또한, 안보와 유사한 것으로 '보안'의 개념도 있다. 용어사전에서는 보안을 "안전을 유지하거나 사회의 안녕과 질서를 보호하는 것"으로 정의하고 있어 범위가 매우 광범위하다. 모호한 보안의 용어를 명확하게 사용하기 위해서 군사보안, 산업보안, 금융보안, 사이버보안, 항공보안 등 보안의 대상을 수식어로 함께 사용한다. 국가 전체를 대상으로 하는 '안보'와 비교하면 국가 내부의 특정 대상으로 좁혀서 사용한다.

또한, '보안'과 유사한 것으로 '안전(safety)'의 개념도 있다. 보통 보안과 안전의 차이는 인위성 여부로 구분할 수 있다. 일반적으로 보안은 사람의 행위로 인한 의도적이고 악의적인 범죄를 방지하는 것과 관련되고 안전은 비의도적이고 우연한 피해를 방지하는 것과 관련된다. 한편, 홍수, 지진과 같은 재난재해는 안전의 영역으로 보면서도 관리 소홀과 같은 사람의 개입이 있는 경우 넓은 의미로 보안의 영역으로 분류하기도 한다.

안보는 이러한 의도적인 위협과 비의도적 위협으로부터 국민, 영토, 주권, 핵심 기반의 안전을 보장하는 개념이어야 하고 이는 보안과 안전을 포괄하는 것으로 볼 수 있을 것이다. 따라서 포괄안보의 관점에서 안보는 군사적, 비군사적, 의도적, 비의도적 등 각종 모든 위협 및 침해로부터 안전을 보장하는 개념으로 볼 수 있다.

이를 종합적으로 정리하여 국가안보를 정의하면 "국내외의 각종 군사·비군사적 위협 및 침해로부터 국가의 주권과 영토를 지켜 국민의 생존과 복지를 보장하는 것"으로 나타낼 수 있다.[10]

2. 방산안보의 개념

'방산안보'라는 용어는 2021년 10월 국가정보원과 명지대학교가 '방위산업 안보 및 방첩'에 대한 업무협약을 체결하면서 처음 언론에 등장하였고,[11] 이어 개최된 학술 세미나 등에서 방산안보를 논의하면서 알려지기 시작하였다.[12] 그 이듬해인 2022년 3월에는 명지대학교가 일반대학원에 방산안보학과를 설립하였다.[13]

---

10 참고로 국방과학기술용어사전에서는 국가안보를 "국내외의 각종 군사·비군사적 위협으로부터 국가 목표를 달성하기 위하여 제 수단을 종합적으로 운용함으로써 당면하고 있는 위협을 효과적으로 배제하고 또한 일어날 수 있는 위협의 발생을 미연에 방지하며 나아가 불의의 사태에 적절히 대처하는 것"으로 정의하고 있다.

11 아주경제, "명지대-국정원, 방위산업 안보·방첩 업무협약 체결", 2021년 10월(https://www.ajunews.com/view/20211013175033057).

12 뉴스투데이, "제7회 방산기술보호 및 보안 워크숍 개최 (주제: 방산안보와 방산기술보호 동향)", 2021년 12월(https://www.news2day.co.kr/article/20211211500019).

13 명지대학교 대학원 방산안보학과 홈페이지, https://gss.mju.ac.kr.

2023년 9월에는 국가정보원이 "제1회 방산안보 국제 콘퍼런스"를 개최하였다.[14]

방산안보라는 용어를 사용하기 이전에는 '방산보안', '방산기술 보호'라는 용어로 방위산업의 보호를 다루었다. 방산보안은 「군사기밀보호법」에 의해 방산업체의 군사기밀을 보호하기 위한 의미로 사용되고 있고, 방산기술 보호는 「방위산업기술보호법」에 의해 방산기술을 보호하기 위한 의미로 사용되고 있다. 전통적으로 방산보안은 방산업체의 군사기밀 및 방산업체의 유무형 자산을 보호하기 위한 활동으로 정의되었고 국군방첩사령부가 담당행정기관으로 기능해왔지만 2016년 「방위산업기술보호법」이 시행되고 방위사업청이 담당기관으로 되면서 방산기술 보호의 용어가 별도로 사용되기 시작하였다.

앞 절의 배경에서 설명했듯이, 방산 수출 4대 강국 달성과 지속적인 방위산업의 발전을 위해서는 국내외로부터 다양한 위협과 침해가 예상된다. 예컨대 중국이 2010년대 '중국제조 2025' 전략을 세우면서 미국과의 기술패권시대가 본격화되었고, 미국은 중국의 반도체, 인공지능, 차세대 통신 등 첨단산업을 견제하고 있다. 마찬가지로 우리 방위산업도 선진권으로 도약하는 과정에서 유럽 · 중국 등 방산 강국과의 경쟁이 불가피하고 이 과정에서 기술, 공급망 등에 대한 침해가 발생할 수 있다. 또한, 우리 무기의 수출대상국가에서 우리 기술을 탈취하거나 침해를 야기할 수도 있다. 선진 방산국가를 견제하기 위해 발생하는 침해에 대응하는 것은 더이상 소극적인 '보안'의 개념으로 가능하지 않으며 미국처럼 선진적 대응 제도가 필요하다. 마침 2020년 12월 국가정보원법이 개정되면서 방위산업 침해에 대한 방첩 업무가 국정원의 직무로 포함되었고 적극적인 '방첩'의 개념으로 방위산업의 보호를 다루게 되었다. 방첩은 '국가안보와 국익에 반하는 북한, 외국 및 외국인 · 외국단체 · 초국가행위자 또는 이와 연계된 내국인의 정보활동을 찾아내고 그 정보활동을 확인 · 견제 · 차단하기 위하여 하는 정보의 수집 · 작성 및 배포 등을 포함한 모든 대응활동'으로 정의한다. 방위산업에 대한 방첩을 '방산방첩'으로 부른다.

이러한 배경에서 기존의 방산보안이나 방산기술 보호 용어보다 포괄적이고

14 연합뉴스, "국정원, 방산안보 국제콘퍼런스 개최", 2023년 9월(https://www.yna.co.kr/view/AKR20230918100400504).

적극적인 방위산업의 보호 개념이 필요함에 따라 방산안보라는 용어가 등장하였다. 방산안보 개념에 대한 논의는 아직 진행형이며 협의의 개념과 광의의 개념으로도 논의되고 있다.

가. 협의(狹義)의 개념

방산안보의 개념을 방위산업의 안전보장(security for defense industry)으로 규정하는 것이다. 앞에서 언급한 국가안보의 개념을 방산안보의 개념으로 대입하여 규정할 수 있다. 국가안보는 "국내외의 각종 군사·비군사적 위협 및 침해로부터 국가의 주권과 영토를 지켜 국민의 생존과 복지를 보장하는 것"으로 규정한 바 있다. 국가 대신에 방위산업을 대상으로 규정하면 방산안보란 "방위산업에 대한 국내외의 각종 위협 및 침해로부터 안전을 보장하기 위한 활동"으로 볼 수 있다.

이러한 활동에는 방산보안, 방산기술 보호 및 방산방첩 활동을 포함하고, 방산외교와 통상도 포함할 수 있다. 류연승(2022)은 방산보안, 방산기술 보호 및 방산방첩 등을 포함한 방산안보 개념을 [그림 1-2]와 같이 제시하였다.[15]

그림 1-2 방산안보의 개념 (협의)

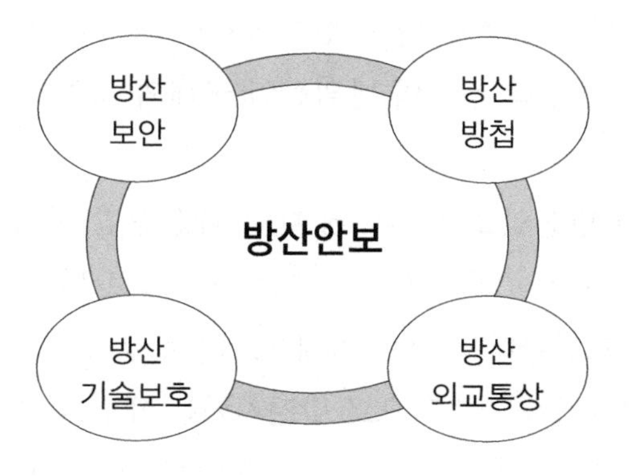

방산보안 및 방산기술 보호는 방위산업의 중요한 정보와 그와 관련된 문서, 시설, 자재, 인원 등 유무형 자산을 보호하는 활동이다. 방산방첩은 방위산업을

15 류연승, "방산안보 개념과 전략", 제8회 방산기술보호 및 보안 워크숍, 2022.11.

침해하려는 정보활동을 차단하고 대응하는 활동이다. 방산보안 및 방산기술 보호는 국가기관뿐만 아니라 방산업체, 협력업체, 전문연구소 등이 모두 수행해야 한다. 방첩은 국가기관만이 방첩기관으로 되어 있지만 향후에는 방산업체도 방첩관계기관으로 지정될 수 있다. 외교부는 폴란드, 호주 등 8대 국가에 방위산업 중점공관을 운영하고 국가별 방산외교를 강화한다고 하였는데 이는 해당 국가의 정보활동을 수행하게 되어 방산방첩을 지원하고 방위산업을 보호할 수 있다. 또한 산업통상자원부는 공급망 안정을 통해 방산경쟁력을 강화한다고 하였는데 이는 경제안보 관점에서 방위산업을 보호하는 활동이다.

이처럼 방산안보를 위해서는 국가의 다양한 노력이 동원되므로 방산안보란 "방위산업에 대한 국내외의 각종 위협 및 침해로부터 안전을 보장하기 위한 국가의 총체적 능력"으로 정의할 수 있다.

나. 광의(廣義)의 개념

방위산업은 군의 군수품을 조달하기 위한 산업으로서 민간산업과는 달리 그 자체가 국가안보를 위한 산업이며 정부의 전략과 정책에 따라 큰 영향을 받는다. 어떤 이유로 인해 방위산업이 발전하지 못하고 쇠퇴 또는 정체하게 된다면 직접적으로 국가안보에 타격을 주게 된다. 방위산업의 쇠퇴 또는 정체는 외국의 침해로 발생하기도 하지만 우리 정부의 방위산업 국내외 정책이 잘못되어 발생할 수 있다.

이러한 관점에서 방산안보는 침해에 대한 대응뿐만 아니라 방위산업의 발전까지 포괄하여 방위산업의 안전을 보장하는 개념으로 넓게 정의할 수 있다. 즉, 방위산업의 안전을 보장한다는 것은 침해 위협으로부터 보호하는 개념과 적절한 정책을 통해서 방위산업을 지속적으로 발전시키는 개념을 포함하는 것이다. 사람의 건강을 지킨다는 것은 병균 감염으로 인해 병에 걸리지 않게 보호하는 개념도 있지만 적절한 운동과 음식을 통해서 신체를 건강하게 유지하는 개념도 포괄하는 것과 비슷하다.

유인수(2024)도 방산안보의 개념을 협의와 광의의 개념으로 구분하여 제시하였다.[16] 본서에서 제시한 협의와 광의의 개념과 세부적으로는 일치하지는 않지만, 협의의 개념은 방어적 · 수동적(보호 · 보안) 개념으로 보았고, 광의의 개념은 공격적 · 능동적(개척 · 육성) 개념으로 보았다.

본서에서는 광의의 방산안보를 "국가안보를 위해 방위산업을 발전시키고 국내외의 각종 위협 및 침해로부터 안전을 보장하기 위한 국가의 총체적 능력"으로 정의하였다. 즉, 방산안보를 국가안보를 위해 존재하는 방위산업의 발전 및 보호를 포괄하는 개념으로 정의하였다.

16 유인수 · 류연승, "방산안보의 개념에 관한 고찰", 국방과보안, 2024.3.

제3절

방산안보학의 학문적 의의

방산안보의 개념에 대한 논의는 아직 진행형이지만 분명한 것은 방산안보와 관련된 학문 분야가 매우 다양하다는 것이다. 방위산업의 발전 및 보호를 위한 학문 분야는 법학 분야, 경제학, 경영학, 국제정치, 국제통상 등 사회과학 분야, 컴퓨터공학, 전자전기공학, 기계공학, 정보 보호 등 공학 분야, 수학, 물리학 등 이학 분야 등이 모두 방산안보와 관련된다. 따라서 방산안보학은 융합 학문이라고 할 수 있다.

현대 사회는 날로 복잡해지고 다양화되면서 어느 한 학문의 영역만으로는 다룰 수 없는 새로운 문제들이 대두된다. 이에 따라 오랜 기간 세분화되고 전문화해 온 학문의 경계가 무너지고 여러 학문 분야를 복합적으로 다루는 융합 학문들이 논의되고 있다. 융합되는 학문이 섞이는 강도에 따라 융합 학문을 여러 개념으로 분류하기도 한다.

다학제(multi-disciplinary) 융합은 각 학문의 교과를 그대로 유지하고 관련이 있는 주제나 이슈를 중심으로 교과를 연결한다. 예를 들어 영어, 수학, 공학이라는 교과를 그대로 유지한 채 융합 학문의 주제나 이슈로 교과가 연결된다. 관련된 교과 내용은 여전히 기존의 교과 범주에 속하고, 평가도 해당 교과의 범주에서 이루어진다.

학제 간(inter-disciplinary) 융합은 각 학문의 교과 간에 공통인 주제나 이슈를 다룬다. 예를 들어, 인문학, 수학, 공학의 각 교과에서 융합 학문의 공통 주제나 이슈를 다룬다.

초학제(trans-disciplinary) 융합은 이전의 접근과는 달리 각 학문의 교과가 보이지 않는다. 고도의 융합이 이루어져 새로운 지식을 재구성 및 생산한다.

일반적으로 친숙한 것이 '학제 간 연구'인데 여러 학문 분야의 전문가들이 느슨한 협업 방식으로 연구하는 것이다. 분과 학문이 독립성을 유지하면서 상호 간의 소통을 향상시키는 협력관계의 차원이고 분과 학문의 통합을 지향하는 것이 아니라는 점에서 융합과는 거리가 있다. 진정한 융합은 여러 전공이 강하게 연결되어 하나의 새로운 학문으로 수렴되는 방식이다. 최재천(2005)은 학문의 '통섭(consilience)'을 '학문들이 합쳐지는 과정에서 그 속성을 그대로 간직한 채 서로 섞여서 새로운 조합의 실체를 탄생시키는 것'으로 제시하였다.[17]

방산안보학은 사회과학, 공학, 법학 등 여러 학문 분야가 관련된 학문으로서 어떠한 융합 방식으로 발전해 나갈지도 의미가 있다. 기존의 학문을 유지하는 다학제 융합 학문으로 그칠 수도 있고, 통섭되어 새로운 학문 분야로 탄생할 수도 있다.

17 에드워드 윌슨 저, 최재천 · 장대익 역, "통섭, 지식의 대통합", 사이언스북스, 2005.

제2장

방위산업 침해

류연승

제1절

방위산업 침해의 개념

침해(侵害)란 사전적으로 "침범하여 해를 끼친다"라는 뜻을 갖는다. 따라서, "방위산업 침해"의 사전적인 정의는 방위산업에 침범하여 해를 끼치는 것이라 할 수 있다. 문헌적으로 방위산업 침해의 정의는 없으므로 관련 법률과 침해 사례 분석을 통해 방위산업 침해의 개념을 고찰해본다.

1. 법률로 본 방위산업 침해

가. 국가정보원법

방위산업 침해를 명시하고 있는 법률로서 「국가정보원법」이 있다. 동법 제4조(직무) 제1항 제1호 나목에 "방위산업 침해"라는 용어가 다음과 같이 나타난다.

> 제4조(직무) ① 국정원은 다음 각 호의 직무를 수행한다.
> ① 다음 각 목에 해당하는 정보의 수집 · 작성 · 배포
> (중략)
> 나. 방첩(산업경제정보 유출, 해외연계 경제질서 교란 및 **방위산업 침해에 대한 방첩**을 포함한다), 대테러, 국제범죄조직에 관한 정보
> (후략)

「국가정보원법」 제4조는 국정원의 직무를 규정하면서 방위산업 침해에 대한 방첩을 명시하고 있다. 국정원은 이와 관련한 방첩 업무를 하기 위하여 방첩 업무 관점에서 방위산업 침해를 정의할 필요가 있다. 이를 위해 먼저 방첩의 정의를 살펴본다. 「방첩업무규정」 제2조(정의)에 규정된 방첩의 정의는 다음과 같다.

> **제2조(정의)** 1. **"방첩"**이란 국가안보와 국익에 반하는 외국 및 외국인 · 외국단체 · 초국가행위자 또는 이와 연계된 내국인(이하 "외국등"이라 한다)의 **정보활동**을 찾아내고 그 정보활동을 확인 · 견제 · 차단하기 위하여 하는 정보의 수집 · 작성 및 배포 등을 포함한 모든 **대응활동**을 말한다.

위 방첩의 정의에 따르면, 방첩은 국가안보와 국익에 반하는 정보활동을 찾고 그에 대한 대응활동을 하는 것이므로, 침해는 국가안보와 국익에 반하는 정보활동으로 볼 수 있다. 이와 연계시켜 방위산업 침해를 정의하면 "방위산업과 관련하여 국가안보와 국익에 반하는 외국 및 외국인 · 외국단체 · 초국가행위자 또는 이와 연계된 내국인(줄여서 "외국 등")의 정보활동"이라고 할 수 있다.

> **방위산업 침해**: 방위산업과 관련하여 국가안보와 국익에 반하는 외국 등의 정보활동

위 정의에서는 방위산업에 대한 해를 끼침이 직접적으로 드러나지 않으므로 다음과 같이 정의를 수정할 수 있다. 즉, 방위산업의 침해는 외국 등의 방위산업에 대한 정보활동이며 이를 통해 방위산업에 해를 끼치고 국가안보와 국익에 해를 끼치는 것으로 정의한다.

> **방위산업 침해**: 외국 등의 방위산업에 대한 정보활동으로 방위산업에 해를 끼치고 국가안보와 국익에 해를 끼치는 것

이를 정리하면 방위산업 침해는 다음 특징을 갖는다.

- 외국 등의 정보활동
- 방위산업에 해를 끼침
- 국가안보와 국익에 해를 끼침

국정원의 직무인 방위산업 침해에 대한 방첩은 이러한 정보활동을 찾아내고 그 정보활동에 대한 모든 대응활동이 된다. 광의의 방첩[18]에서 대응활동은 예방적 활동인 보안을 포함하기에 군사기밀 보호, 방산기술 보호를 위한 보안까지 포괄할 수 있어 방위산업 방첩은 방산안보의 개념과 연결된다.

「국가정보원법」으로 본 방위산업 침해의 정의는 몇 가지 한계가 있다. 첫째, 외국과 연계되지 않은 내국인의 정보활동은 포함하지 않는 한계가 있다. 예를 들

18 방첩의 정의 및 광의의 방첩은 '제7장 방위산업 방첩'을 참고바란다.

면, 방위사업 수주를 목적으로 업체가 군 기관에 뇌물 공여를 하고 기밀 정보를 유출한 범죄인 방산비리는 외국과 연계되지 않은 내국인에 의해 발생할 수 있다. 방산비리는 원가 조작, 시험성적서 조작 등 다양한 형태로 발생하며 방위산업의 발전을 저해하고 국익에 해를 끼친다. 둘째, 신흥안보적 침해는 포함하지 않는 한계가 있다. 신흥안보는 뒤에서 설명하겠지만 코로나 전염병으로 대두되는 보건안보 등이 해당되며 이러한 침해는 외국의 정보활동과 무관하게 발생하여 방위산업에 해를 끼친다. 그러나 신흥안보적 방위산업 침해는 아직까지 정립되지 않은 이론으로 후속 연구가 필요하다.

나. 방위산업기술보호법

「방위산업기술보호법」에서도 방위산업과 관련된 침해를 명시하고 있다. 동법 제10조(방위산업기술의 유출 및 침해 금지)에 "방위산업기술의 침해"를 다음과 같은 행위로 정의하고 있다.

> 제10조(**방위산업기술의 유출 및 침해** 금지) 누구든지 다음 각 호의 어느 하나에 해당하는 행위를 하여서는 아니 된다.
> 1. 부정한 방법으로 대상기관의 방위산업기술을 취득, 사용 또는 공개(비밀을 유지하면서 특정인에게 알리는 것을 포함한다. 이하 같다)하는 행위
> 2. 제1호에 해당하는 행위가 개입된 사실을 알고 방위산업기술을 취득 · 사용 또는 공개하는 행위
> 3. 제1호에 해당하는 행위가 개입된 사실을 중대한 과실로 알지 못하고 방위산업기술을 취득 · 사용 또는 공개하는 행위

이는 방위산업기술을 부정한 방법으로 취득, 사용, 또는 공개하는 행위를 방위산업기술의 침해로 정의하고 있으며 방위산업에 해를 끼치게 될 것이므로 방위산업 침해의 일부로 볼 수 있다. 「방위산업기술보호법」은 침해 대상을 방위산업기술로 제한하고 있어 방위산업 침해의 정의로 사용하기에는 한계가 있다.

2. 사례로 본 방위산업 침해

방위산업에 해를 끼치는 사례에서 주체와 행위 등을 분석하여 방위산업 침해를 살펴본다. 먼저 방위산업 침해를 침해 주체의 관점에서 살펴보면, 침해 주체가 특정되는 경우와 특정되지 않는 경우로 나눌 수 있다.

첫째, 침해 주체가 특정된 경우는 일반적으로 침해 대상(방산업체 등) 내부 또는 외부의 조직(국가, 단체 등) 또는 개인으로 볼 수 있다. 예를 들면, 다음과 같은 행위는 침해 주체가 명확하게 특정된다.

① 방산업체 임직원이 기밀자료를 해외로 유출
② 외국 스파이의 기밀자료 탈취
③ 방산업체가 방산물자의 불법 수출
④ 방산업체가 시험성적서 조작 등 방산비리
⑤ 외국 해커 조직이 사이버 해킹으로 기술자료 탈취
⑥ 외국 정부가 소재, 부품의 공급망 통제
⑦ 외국 정부가 방산 수출을 방해하는 정보활동 등

①에서 ④의 사례와 같이 침해 대상과 침해 주체가 특정되는 경우는 대부분 법령 및 제도로서 대응할 수 있고 침해 주체를 처벌할 수 있다. ⑤에서 ⑦의 사례는 침해 주체가 외국 정부, 초국가행위자로 특정되는 경우로서 국내법으로 대응이 어렵고 제재나 처벌이 어려울 수 있다.

둘째, 침해 주체가 특정되지 않는 경우는 최근 대두되고 있는 신흥안보 중에서 보건안보, 인구안보 등에서 언급되는 침해들이 해당된다.[19] 예를 들면, 다음과 같은 경우는 침해 주체가 특정되지 않지만 방위산업 침해를 야기한다.

① 코로나 전염병으로 인해 방산업체에서 연구개발 또는 생산의 지연

19 사이버안보, 공급망안보(경제안보)도 신흥안보로 분류하고 있다. 다만, 침해의 주체가 특정되는 경우에 해당한다. 사이버 해킹의 경우는 해외발 공격인 경우 기술적으로 주체를 증거로 제시하지 못하기도 하지만 명백히 침해의 주체가 있는 범죄이다.

② 인구 감소로 인한 연구원 확보의 어려움 등

보건안보, 인구안보와 같은 신흥안보적 침해들은 침해 주체를 조직이나 개인으로 특정하기 어렵다. 또한, 방위산업에만 침해를 야기하지 않으며 국가 전반에 안보위협이 발생하는 것이므로 방위산업에만 국한하지 않고 대응해야 한다.

다음으로 방위산업 침해를 행위의 관점으로 살펴보면, 의도적인 행위와 비의도적인 행위로 나눌 수 있다.

첫째, 침해가 의도적으로 발생하는 경우이다. 대부분 침해 주체가 조직 또는 개인으로 특정되는 경우는 의도적으로 발생한다. 또한, 신흥안보적 관점에서 사이버 해킹, 공급망 통제도 침해 주체가 특정되며 의도적 행위로 발생한다.

둘째, 침해가 비의도적으로 발생하는 경우이다. 침해 주체가 개인으로 특정되더라도 이메일, 팩스와 같은 정보통신의 부주의한 사용으로 기밀 자료가 유출되는 경우는 비의도적으로 발생하는 것이다. 예를 들어, 이메일 수신자의 주소를 실수로 틀리게 보내서 기밀이 유출되는 경우가 있다. 또한, 신흥안보적 관점에서 코로나 같은 전염병, 인구 감소 등으로 발생하는 침해는 방위산업에 대한 침해 의도를 갖지 않고 발생한다.

이상으로 살펴본 방위산업 침해를 종합적으로 정리하여 특정 주체 및 비특정 주체, 전통적 침해[20] 및 신흥안보적 침해, 의도적 및 비의도적 침해로 정리하면 다음 표와 같다.

20 신흥안보는 전통적 안보와 대비되는 개념이므로, 신흥안보적 침해가 아닌 것은 전통적 침해로 명명하였다.

표 2-1 방위산업 침해의 구분

<table>
<tr><th colspan="2">구분</th><th>의도적</th><th>비의도적</th></tr>
<tr><td rowspan="2">특정 주체</td><td>전통적</td><td>스파이, 테러, 불법 수출, 방산비리 등</td><td>정보통신 사용 부주의 등</td></tr>
<tr><td rowspan="2">신흥안보적</td><td>사이버 해킹, 공급망 통제 등</td><td>-</td></tr>
<tr><td>불특정 주체</td><td>-</td><td>전염병, 인구 감소 등</td></tr>
</table>

이와 같이 방위산업 침해를 구조적으로 구분하고 분석하는 이유는 침해 유형별로 대응이 달라질 수 있기 때문이다. 방위산업 침해에 대한 개념은 방위산업 국내외 환경변화, 새로운 침해 유형의 출현 등에 따라 변화될 것이며 일관성 있게 개념을 정립하기 위한 방법론 연구가 필요하다.

제2절

방위산업 침해 사례

방위산업 침해에 대한 이해를 돕기 위해 방위산업을 대상으로 실제로 발생했거나 발생 가능한 다양한 침해 사례를 소개한다.[21] 방위산업 침해 사례를 유형별로 정리하면 다음과 같다. 침해 유형은 선행연구 보고서들의 내용을 참고하여 재정리하였다.[22,23]

표 2-2 방위산업 침해 유형

침해 유형	침해 사례
1. 임직원, 스파이 기밀 유출	• 임직원이 해외로 이직 또는 해외 창업 • 임직원이 외국인에게 기밀 유출 • 해외 스파이가 기밀 유출
2. 사이버 해킹	• 방산업체에 사이버 해킹으로 침투하여 기밀 유출 • 무기체계 통신망 사이버 공격
3. 공급망 공격	• 방산업체 업무 시스템 공급업체에 스파이 기능 삽입 • 무기체계 부품(HW, SW)에 스파이 기능 삽입
4. 시설 테러	• 시설 파괴(화재, 폭발 등)
5. 인원 테러	• 중요 인원 납치, 살상 등

21 모든 침해 사례를 나열하지는 않았으며, 어떤 사례는 민수산업에서 발생한 사례이지만 방위산업에서도 발생할 수 있기에 소개하였다.

22 명지대학교 산학협력단, "방위산업기술 유출 및 침해 대응체계 구축방안 연구", 방위사업처 정책용역과제 보고서, 2017.10.

23 명지대학교 산학협력단, "4차산업혁명 국방혁신을 위한 방산안보 발전방안", 국방부 정책용역과제 보고서, 2023.12.

6. 무기체계 역공학	• 무기체계 역공학 통한 기술 탈취
7. 불법 수출	• 수출 승인 없이 방산물자 또는 기술 수출
8. 외국인투자, 인수합병, 공동개발	• 외국인 경영권 획득을 통한 기술 탈취 • 외국 공동연구개발을 통한 기술 탈취
9. 공급망 통제	• 핵심기술, 소재, 부품, 장비 등의 수출통제를 통한 공급망 무력화
10. 보안 관리 미흡	• 논문, 특허, 홍보물 등 보안성 검토 미흡으로 기밀 유출 • 이메일, 팩스, 노트북 등 정보통신 사용 부주의
11. 방산비리	• 원가 조작, 시험성적서 조작 등 • 뇌물 수수

1. 임직원, 스파이의 기밀 유출

방산업체, 연구소, 군 기관 등에서 임직원이나 스파이가 방위산업 관련 군사기밀, 방위산업기술 등을 유출하는 경우이다. 현직 임직원, 전직 임직원이 금전적 이득을 위해 기밀을 유출하여 경쟁업체로 이직, 해외 창업, 외국에 넘기는 사례들이 발생하였다. 해외 스파이가 위장 취업 등을 통해 기술자료를 빼 가는 사례도 있다.

가. 방산업체 직원이 국책과제로 개발한 EMP 방어기술을 러시아에 유출 시도[24]

방산업체 OOO는 정부 예산 10억 원을 지원받아 적의 EMP 공격으로부터 방어하는 기술을 개발 중이었다. 업체 연구원 정모 씨는 핵심 기술을 러시아 대사관 서기관에게 넘긴 혐의로 검찰에 구속되었다. 정 씨와 기술을 빼낸 한국산업기술평가관리원 소속 직원도 함께 구속되었다.

24 MBN 뉴스, "러시아로 무기핵심기술 넘기려던 연구원 적발", 2013년 12월(https://www.mbn.co.kr/news/society/1577444).

나. 방산업체 직원이 최첨단 GPS 교란장치 기술을 북한에 유출 시도[25]

방산업체 OOO 직원 2명은 2011년 수차례에 걸쳐 GPS 기술을 무력화할 수 있는 전파교란장치를 북한 측에 넘기려다 적발되었다.

다. 방산업체 임원이 항재밍 기술관련 군사기밀을 해외 유출[26]

2012년 8월부터 2014년 8월까지 군사기밀을 유출한 혐의로 방산업체 OOO 김모 이사와 탈레스코리아 전 대표이사 P씨가 불구속 기소되었다. P씨는 김모 이사로부터 항공기 항재밍 GPS 체계와 군 정찰위성, 장거리 지대공 유도무기사업과 관련한 군사기밀을 수차례에 걸쳐 이메일로 넘겨받았다. 군사기밀 대부분은 합참회의에서 생산한 3급 군사기밀이었다. P씨는 불법 취득한 정보를 프랑스 탈레스 그룹에 이메일 등으로 재전송하였다.

라. 방산 협력업체 해외 지사의 외국인 직원을 포섭하여 기밀 유출

2013년 10월 북한 노동당 산하 대남간첩 총괄 기구인 225국에서 SI 업체이자 방산 협력업체 OOO사의 중국지사 직원을 포섭하여, 해당 직원의 VPN 계정을 통해 한국 국내 본사 전산망에 침투하였다. 1년간 200여 차례 접속하여 군 지휘통제 체계 정보 등 기밀을 탈취하였다.

마. ADD 전현직 연구원 2명이 차기 호위함 전투체계 관련기술 유출[27]

2005년 국방과학연구소 책임연구원 이모 씨와 군수산업 컨설팅 업체 대표 박모 씨가 구속되었다. 이 씨는 박 씨의 사무실에서 차기 호위함 탐색 레이더 시제작 제안요구서와 차기 호위함 전투체계사업 등에 사용될 레이더의 추적거리, 최

---

25 SBS, “GPS 교란장치 북에 유출, 방산업체 직원 2명 구속”, 2012년 5월(https://news.sbs.co.kr/news/endPage.do?news_id=N1001209464&plink=OLDURL).

26 아시아경제, “한국군 군사기밀 프랑스 업체에 유출”, 2015년 1월(http://view.asiae.co.kr/news/view.htm?idxno=2015010610435025862).

27 연합뉴스, “국방과학연 기밀 유출, 전현직 연구원 2명 구속”, 2006년 3월(https://n.news.naver.com/mnews/article/001/0001237493?sid=102).

대추적속도 등이 적힌 표를 박 씨에게 전달하였다. 박 씨는 프랑스 군수업체 T사와 P사와 계약을 맺고 각종 군사정보를 수집, 전달해왔다.

바. 인도인이 해양설비 기술 유출[28]

2017년 국내 기업의 해양설비 기술을 빼돌린 혐의로 인도인 A씨가 구속 기소되었다. A씨는 2014년 2월 입국해 국내 중견기업인 B사에 허위 경력으로 취업한 뒤 2016년 1월까지 해양 플랜트 설계 자료, 해상 액화천연가스(LNG) 설비 설계 자료 등을 무단으로 유출하였다. 그는 B사에서 퇴사하고 C사에 입사한 뒤에도 설계 자료를 계속해서 유출하였다. 그는 손으로 그린 도면 초안, 실제 시공 현장에서 사용된 주요 부품과 기자재의 종류, 사양 등을 휴대전화 카메라로 촬영해 확보하는 등 정식 문서화하지 않은 자료까지 불법 취득한 것으로 확인되었다. 검찰은 공범과 배후세력이 있는지 조사하였다. 재판에 넘겨진 인도인 A씨에게 징역 4년이 선고되었다.

2. 사이버 해킹

방산업체, 연구소의 정보통신망을 사이버 해킹으로 침투하여 방위산업 관련 군사기밀, 방위산업기술 등을 유출하는 사례가 빈번하게 발생하고 있다.

가. LIG넥스원 해킹[29]

2015년 LIG넥스원의 업무 컴퓨터 여러 대에서 악성코드가 발견됐으며 유사한 방식으로 다른 방산업체에도 유포된 것으로 밝혀졌다. 해커는 이메일을 통해 '서울 ADEX 행사 관련' 등 여러 제목으로 악성코드를 유포했다.

---

28 뉴스 1, "국내 기업서 산업기술 불법취득한 인도인에 징역 4년", 2017년 9월(https://www.news1.kr/articles/?3105447).

29 머니투데이, "KF-X 레이더 개발업체 해킹 의혹", 2015년 11월(https://news.mt.co.kr/mtview.php?no=2015111511367685135).

나. 한진중공업 해킹[30]

2016년 한진중공업이 해킹당한 정황이 발견되었다. 해커는 한진중공업 사내 PC에 악성코드를 심어놓고, 자료를 빼돌린 것으로 밝혀졌다. 당시 회사 내외부 전산망이 분리되지 않았음에도 방산업체 보안감사에서 우수업체로 선정되어 논란이 되었다.

다. KAI 해킹, KF-21 설계도면 유출[31]

2021년 KAI에 두 차례 해킹 시도로 KF-21 설계도면과 KAI에서 추진 중인 차기 군단급 무인기, FA-50 경공기 등 전력사업 정보들이 유출된 정황이 포착되었다.

라. 대우조선해양 해킹, 핵잠수함 자료도 포함[32]

북한으로 추정되는 세력이 2020년부터 2021년까지 대우조선해양을 해킹해 원자력추진잠수함 개념연구 자료 등이 유출되었다. 대우조선해양은 2016년에도 1~3급 군사기밀을 포함한 4만여 건의 자료가 해킹되었는데 이 중에는 이지스함과 잠수함 설계도 및 전투체계 등이 포함되었다고 국회에 보고되었다.

3. 공급망을 통한 내부 공격

방산업체 업무용 소프트웨어, 무기체계나 전산장비의 부품을 공급하는 업체 등을 통해 우회적으로 방산업체의 내부를 침투하여 기밀을 유출하는 경우이다. 침해 방법은 사이버 해킹과 비슷하지만 공급망 보안의 위험성을 강조하기 위해 별도의 침해 사례로 구분하였다.

---

30 KBS, "한진중공업 해킹, 또 북한 소행?", 2016년 5월(https://news.kbs.co.kr/news/pc/view/view.do?ncd=3277054&ref=A).

31 동아일보, "KAI 두차례 해킹, KF-21 설계도면 유출", 2021년 7월(https://www.donga.com/news/article/all/20210701/107728238/1).

32 중앙일보, "북 추정, 대우조선해양 해킹, 핵잠수함 자료도 포함", 2021년 6월(https://www.joongang.co.kr/article/24086464).

가. 기업 관리 시스템 소프트웨어를 경유하여 대한항공 침투[33]

대한항공에서 F15 전투기의 날개 설계도와 무인정찰기인 중고도 한국형 무인기의 유지보수 매뉴얼이 해킹으로 유출되었다. 해킹은 대한항공이 사용하는 M사의 솔루션 프로그램 '기업 컴퓨터 통합 관리 시스템'을 통해 이루어졌다. 해당 프로그램은 한 민간업체가 제작한 시스템으로, 이를 설치하면 관리자가 원격으로 다수 PC를 관리하면서 소프트웨어를 일괄적으로 업데이트할 수 있다.

나. 솔라윈즈 공급망 공격[34]

미국 솔라윈즈(solarwinds)는 IT 장비 모니터링 소프트웨어인 '오리온' 개발업체이다. 러시아 해커로 추정되는 세력은 솔라윈즈를 침투하여 오리온 업데이트 파일에 악성코드를 심었고, 미국 재무부, 국무부, 국토안보부 등과 마이크로소프트, 보안업체 파이어아이 등 수만 개 기업에 악성코드가 침투되었다. 2020년 12월 파이어아이에서 발견하여 세상에 알려졌다.

다. 슈퍼마이크로 스파이칩[35]

미국 언론지 블룸버그는 중국 서버 업체인 슈퍼마이크로사가 서버 제품에 스파이칩을 심어 미국 애플과 아마존을 해킹한 의혹을 발표하였다. 이에 국내 과기부에서도 조사한 결과 과기부 산하 기관 30곳 중에서 11곳에서 총 731대 슈퍼마이크로 제품을 사용한 것으로 나타났다.

---

33 서울신문, "2020년 전력화될 무인기, F15 기밀 줄줄 샜다", 2016년 3월(https://www.seoul.co.kr/news/newsView.php?id=20160614006005).

34 ITWorld, "누가,언제,무엇을 해킹했는가, 솔라윈즈 공급망 공격 타임라인", 2021년 4월(https://www.itworld.co.kr/news/189328).

35 이데일리, "스파이칩 의혹, 中 슈퍼마이크로 서버", 2018년 10월(https://www.edaily.co.kr/news/read?newsId=01761366619373904&mediaCodeNo=257&OutLnkChk=Y).

4. 시설 테러

무기체계 생산이나 수출을 방해하기 위해 방산업체 시설을 파괴하거나 마비시키는 테러가 발생할 수 있다.

가. 미 방산업체 노스롭의 자회사 비넬, 폭탄 테러[36]

2003년 5월 사우디 소재 비넬사는 자살 폭탄 테러 공격을 받았다. 미국 방산업체 노스롭의 자회사인 비넬은 사우디 최정예 국가경비대원에 대한 훈련을 담당하는 용역회사로 미군의 지원을 받고 있어 민간회사이지만 준군사기관이었다. 비넬은 이슬람 과격단체의 테러 표적이 되었으며 이 테러로 비넬 직원 9명이 사망하였다.

나. 미 펜타곤을 드론으로 폭탄 테러 시도 적발[37]

2011년 플라스틱 폭탄을 실은 드론을 이용해 미국 펜타곤과 의사당을 폭파하려던 미국인이 적발되어 체포되었다.

5. 인원 테러

군사기밀이나 기술 정보를 탈취하기 위해 비닉사업 연구원을 납치하거나, 전략무기 개발을 방해하기 위해 연구원을 살상하는 테러가 발생할 수 있다.

가. 북한 김정남 암살 사건[38]

2017년 북한 김정일 아들 김정남이 말레이시아 쿠알라룸프르 공항에서 제1급

36 연합뉴스, "사우디 테러표적 美 방산업체 비넬社", 2003년 5월(https://n.news.naver.com/mnews/article/001/0000373903?sid=104).

37 동아일보, "원격조종 항공기 이용, 펜타곤 폭파음모 적발", 2011년 9월(https://www.donga.com/news/article/all/20110930/40721216/1).

38 네이버 지식백과, "김정남 암살 사건", 2017년 2월(https://terms.naver.com/entry.naver?docId=5758854&cid=43752&categoryId=43753).

화학무기 물질인 VX신경작용제로 암살되었다. 말레이시아 정부는 북한인 4명을 주요 용의자로 지목하고 인터폴에 적색 수배를 요청하였다.

6. 무기체계 역공학

무기체계를 분해하고 역공학을 하여 기술이나 기밀을 탈취하는 침해 사례가 있다. 이란, 중국, 러시아, 북한은 미국 등 선진국의 무기체계를 역공학하고 복제품을 개발하는 것으로 알려져 있다.

가. 미국 드론 RQ-170 센티넬, 이란이 역공학하여 드론 개발[39]

2011년 12월 아프가니스탄 국경지대를 정찰하던 미군의 드론 RQ-170 센티넬이 이란에 의해 나포되었다. 센티넬은 록히드마틴과 이스라엘이 공동으로 개발한 정찰 무인기이다. 이란군이 드론을 나포한 방법은 GPS 조작을 통한 전자 해킹으로 알려졌다. 이란은 드론의 GPS 연결을 차단해 자동 비행모드로 전환하도록 하고 다시 암호화하지 않은 GPS 주파수를 찾도록 조작해 이란 영토로 착륙하게 하였다. 2012년, 이란은 센티넬의 내부 데이터를 전부 추출하였고, 복제본을 개발하고 있다고 발표하였다.[40]

나. 미국의 AIM-9 미사일, 소련이 역공학하여 K-13 개발[41]

미국의 AIM-9는 단거리 공대공 미사일로 레이시온이 개발하였고 아직도 생산하여 사용되고 있다. 소련은 AIM-9B를 역공학하고 K-13을 개발한 것으로 알려져 있다.

---

39 KBS뉴스, "내 드론이 납치됐어요", 2020년 12월(https://news.kbs.co.kr/news/pc/view/view.do?ncd=5060892&ref=A).

40 위키피디아, "Iran-US, RQ-170 incident"(https://en.wikipedia.org/wiki/Iran%E2%80%93U.S._RQ-170_incident).

41 위키피디아, "AIM-9 Sidewinder"(https://en.wikipedia.org/wiki/AIM-9_Sidewinder).

7. 불법 수출

무기체계 등 방산물자와 국방과학기술은 「대외무역법」에 의해 정부의 승인 없이는 수출이 금지되어 있다. 불법 수출은 우리가 가입한 국제조약을 위반하게 되고 조약 가입국에서 제재를 하게 되면 방산업체에 피해를 준다.

가. 포탄 생산 기술·설비를 미얀마에 불법 수출[42]

검찰은 2006년 12월 방산물자를 취급하는 기업들이 컨소시엄을 구성해 미얀마 군부에 105mm 곡사포용 고폭탄 등 6종의 포탄을 수만 발씩 생산할 수 있는 공장 설비와 기계, 기술자료를 불법 수출한 사실을 포착했다고 발표했다. 미얀마는 우리나라가 가입한 바세나르 협정에 따라 방산물자 수출이 통제된 국가임에도 적발을 피하고자 위장계약서를 작성해 산업용 기계를 수출한 것처럼 꾸몄다. 기술이전의 대가는 직원의 개인 계좌로 받았는데 계약금은 1억 3,338만 달러(한화로 1,400억 원)였다. 검찰은 관련자 16명을 적발해 대외무역법 위반 등의 혐의로 기소하였다.

나. 방탄 헬멧 등을 이라크, 아프가니스탄에 불법 수출[43]

2004년 5월부터 10월까지 군수용품 제조업체는 군용 방탄복과 방탄 헬멧, 무전기안테나 등 전략물자를 이라크와 아프가니스탄 등 20개국에 불법 수출해 73억 원 상당의 매출을 올린 혐의로 불구속 입건되었다.

다. 고성능 무인 헬기 허가 없이 중국에 불법 반출[44]

무인 항공기 제조업체 대표가 2010년 10월 위성항법장치를 갖춘 고성능 무인

42 한겨레, "미얀마의 포탄 공장은 누가 지었나", 2021년 3월(https://www.hani.co.kr/arti/opinion/because/988691.html).

43 연합뉴스, "부산경찰, 군 전략물자 불법수출 업자 적발", 2008년 4월(https://n.news.naver.com/mnews/article/001/0002051209?sid=102).

44 연합뉴스, "고성능 무인헬기 허가없이 국외 반출한 40대 입건", 2015년 2월(https://www.yna.co.kr/view/AKR20150226139600051).

헬리콥터 1대를 중국의 모 공기업에 불법으로 반출한 혐의로 불구속 입건되었다. 무단 반출한 후, 중국 공기업과의 계약이 성사되지 못하고 무인 헬리콥터를 다시 국내로 들여오려다가 중국 정부에 압류되었고, 정부의 외교 노력으로 국내로 들여왔다.

8. 외국인의 투자, 인수합병, 공동개발을 통한 기술 탈취

외국인이 국내 업체에 투자 또는 인수합병을 통한 경영권을 취득하고 기술을 탈취하거나 공동개발을 미끼로 기술을 탈취하는 사례가 있다. 방산업체는 외국인 투자가 금지되어 있으나 협력업체는 가능하다.

가. 중국 상하이자동차, 쌍용차 인수 후 기술 탈취[45]

2004년 10월 중국 상하이자동차는 쌍용자동차 지분 48.9%를 5,900억 원에 인수하는 조건으로 계약하고 연구개발 등 적극적인 투자 지원을 약속하였으나 약속을 지키지 않았다. 또한 하이브리드 자동차의 중앙통제장치 소스코드 등 기술을 중국으로 유출 및 이전한 후, 쌍용자동차는 자금난을 명분으로 법정 관리하였다. 상하이자동차는 2009년 쌍용자동차의 법정 관리를 신청하고 경영권을 포기하였다.

나. 중국 BOE 그룹, 하이닉스 디스플레이 기술 탈취[46]

2003년 중국 BOE 그룹은 하이닉스 반도체 TFT-LCD 사업부를 3.8억 달러에 인수하여 BOE하이디스를 설립하고 디스플레이 기술을 확보하였다. 이후, BOE하이디스는 자금난 명목으로 2006년에 법정 관리되었다. 현재 BOE는 글로벌 LCD 매출 1위 기업이다. BOE는 설립 초기 일본 기업과 함께 TV 브라운관(CRT)

45 한겨레, "상하이차, 기술 갖고 튀는가", 2006년 8월(http://legacy.www.hani.co.kr/section-021011000/2006/08/021011000200608230624004.html).

46 동아일보, "기술유출 판례, BOE-하이디스 LCD 기술유출 분쟁", 2023년 5월(https://www.donga.com/news/It/article/all/20230502/119105675/1).

생산을 하는 기업이었는데, 2003년 현대전자에서 분사한 LCD 부문 자회사인 하이디스를 인수하고 LCD 시장에 진출하였다. BOE가 하이디스 인수 후 하이디스는 전체 매출의 60%를 차지하는 주력 기업이 되었지만, 2006년 9월 돌연 하이디스를 부도 처리한 후 중국으로 철수하였다.

9. 공급망 통제

무기체계에 사용되는 소재, 부품, 장비 등을 외국 수입에 의존할 때 상대 국가가 수출통제를 하게 되면 국내 방산업체에 침해를 줄 수 있다.

가. 중국, 희토류를 수출통제하여 미국 견제[47]

2020년 중국은 '수출통제법'을 제정하고 희토류 등 전략물자의 수출을 통제하였다. 미국의 F-35 전투기 한 대에는 417kg의 희토류가 필요하여, 중국의 수출통제는 미국 국방력에 타격을 줄 수 있다. 중국 희토류의 글로벌 공급 비중은 70%에 달하며, 미국이 수입하는 희토류의 80%가 중국산이었다.

나. 중국, 갈륨 · 게르마늄을 수출통제하여 한미일 반도체 산업 견제[48]

2023년 7월 중국은 갈륨과 게르마늄 수출통제 조치를 위한 준비작업에 착수했다. 갈륨과 게르마늄은 통신, 군사 장비용 반도체에 쓰이는 물질이다. 중국이 생산과 공급을 사실상 독점하고 있어 수출통제가 본격화되면 관련 분야 산업에 큰 차질을 빚게 될 것으로 예상된다. 중국의 이 조치는 미국, 한국, 일본 등 첨단 반도체와 관련 기술의 중국 수출을 제한한 나라들을 겨냥한 것으로 분석된다.

---

47 조선비즈, "중국, 희토류 수출 끊어 미에 보복하나", 2020년 10월(https://biz.chosun.com/site/data/html_dir/2020/10/19/2020101901171.html).

48 조선일보, "중, 갈륨 · 게르마늄 수출통제", 2023년 8월(https://www.chosun.com/economy/industry-company/2023/08/01/2NREF2ARJREM7EES3PJUHTR47I/).

다. 일본, 반도체 관련 품목을 한국에 수출통제[49]

2019년 일본은 고순도 불화수소(에칭가스), 플루오린 폴리이미드, 포토레지스트 등 반도체 관련 3개 품목을 수출 간소화 대상에서 제외했고, 한국을 화이트리스트에서 삭제했다. 이 사건은 2018년 말 한국 대법원이 일본 미쓰비시중공업 등 일본 기업을 대상으로 일제 강점기 한국 징용피해자에게 배상하라고 판결하자 일본이 보복차원에서 조치한 사건이었다.

10. 보안 관리 미흡

보안 관리 미흡의 사례로서 이메일, 팩스, 노트북, 저장매체와 같은 정보통신 장비의 보안 관리를 잘못하여 의도하지 않았으나 기밀이 유출되는 경우가 있다. 또한, 기밀 유출의 의도는 없지만 보안 지침대로 보안 관리를 하지 않아 기밀이 유출되기도 하였다. 논문, 특허, 전시, 홍보를 위한 자료는 외부에 공개되기 전에 보안성 검토를 받아야 하지만 검토를 미실시하는 등 보안 관리가 미흡하여 기밀이 유출되는 사례가 있었다.

가. 방산업체에서 FAX 잘못 전송하여 설계도 유출

2014년 1월 방산업체 A사 물류팀에서는 방산물자 ○○부품 규격측정을 위해 협력업체에 관련 설계도를 FAX로 전송한바 있으며 이를 받은 협력업체에서는 이를 다시 재하청업체로 FAX 전송하면서 수신자 측의 전화번호를 000-1142를 000-1141로 오인 전송한바 있는데 오인 전송된 번호는 액세서리 업체로 설계도를 받은 업체 사장이 무기 설계도를 수신하였다며 국정원으로 신고하여 밝혀졌다.

나. 방산업체에서 P2P 프로그램을 통해 기술자료 유출

2009년 8월경 인터넷 P2P 사이트에 수십여 건의 방산기술이 유출된 사실을

49 에너지경제, “일, 한국에 반도체 품목 수출규제”, 2019년 7월(https://www.ekn.kr/web/view.php?key=440509).

확인하고 자료 유출경로를 추적한 결과 방산업체 A 부장의 자택 PC에서 유출된 사실을 확인하였다. A 부장은 사고발생 3년 전인 2006년 8월경 신규 프로젝트 발표를 앞두고 CD에 방산 자료 수십여 건을 복사한 후 자가로 임의 반출, 자가에서 발표자료를 작성하였다. 이후 자택 PC에서 작업한 파일들을 삭제하지 않았고 파일 비밀번호 부여 등 적절한 보호대책을 강구하지 않았다. 2009년 초 중학생이던 아들이 자가 PC에 P2P 프로그램을 설치하면서 PC에 보관하던 방산기술이 모두 유출된 것으로 확인되었다.

다. 외부강사 노트북에 악성코드가 감염되어 군사기밀 유출

2012년 10월경 ○○사령부에서 외부강사 노트북에서 강연 자료를 복사하여 국방망 PC로 옮기는 과정에서 악성코드에 감염되었다. 강사 노트북이 악성코드에 감염되어 있는 것을 모르고 비밀작업용 매체를 이용하여 자료를 복사하던 중 강사 노트북에 심어져 있던 악성코드가 비밀작업용 저장매체에 있던 군사기밀을 빼내 노트북으로 옮기고 강사가 강연 종료 후 인터넷에 연결하는 순간 군사기밀이 인터넷을 통해 유출되었다.

라. 기술자료를 보안성 검토 없이 무단 반출하고 학술행사에서 발표

2013년 12월 방산업체 연구소 연구원 A씨는 사단급 무인항공기 개발 업무를 수행하던 중 무인항공기학회 심포지엄에서 자신이 개발하던 무인항공기 주요 제원이 포함된 기술자료를 발표하여 물의가 야기되었다. 동 기술자료는 국방과학연구소와 방사청에서 대외공개를 하지 않은 방산자료로서 대외에 공개할 경우 보안성 검토를 받도록 한 절차를 위반하고 연구원이 임의 반출 하였다.

마. 저장매체 분실하여 방산기밀 유출

2011년 5월경 방산업체 연구소 A씨는 업무 참고를 위해 회사 보안지침을 어기고 개인 저장매체에 미사일 사거리 연장개발 계획 등 기술 자료 수백여 건을 몰래 저장, 사용하였다. 물건을 사기 위해 들렸던 부평 E마트에서 개인 저장매체를 분실하였다. 당시 쇼핑을 하던 여성이 저장매체를 습득하고 부평 파출소에 분실물 신고를 함으로써 밝혀졌다.

바. ChatGPT 통해 영업비밀 유출[50]

2023년 삼성전자 직원이 반도체 장비를 제어하는 프로그램의 오류 문제를 해결하기 위해 ChatGPT에 소스코드를 입력해서 질문하였다. 또한 회의 내용을 녹음한 파일을 쉽게 정리할 목적으로 ChatGPT에 녹음 파일을 입력하였다. ChatGPT에 입력한 데이터는 AI의 학습 데이터로 사용될 수 있고, 불특정한 다수에게 제공될 수 있어 회사의 영업비밀이 유출될 수 있다.

11. 방위산업 비리 (방산 비리)

방위산업 비리는 군수품 수요자(정부) 또는 공급자(방산업체, 무역대리점 등) 등 이해관계자가 소요 기획, 계약, 구매, 개발, 운영유지 등 업무수행 과정에서 의도적으로 저지른 부패 범죄이다. 방산 비리는 방위산업의 건전한 발전을 저해하고 경쟁력을 떨어뜨리게 되어 방위산업에 침해를 야기한다.

이용민(2017)은 방산비리를 수요자와 공급자 관점에서 구분하여 [표 2-3]과 같이 (1) 수요자(방사청/각군) 주도적인 비리, (2) 공급자(방산업체, 무역대리점 등) 주도적인 비리, 또는 (3) 수요자와 공급자 간 유착에 의한 비리 등으로 분류하였다.[51] 여기에서 제시된 비리 유형 중에는 앞에서 설명한 침해 사례와 중복되는 것도 있으나 참고로 보기 바란다.

---

50 세계일보, “삼성전자, 기술유출 우려 챗GPT 사용금지”, 2023년 5월(https://www.segye.com/newsView/20230502515517).

51 이용민, “방위산업 선진화의 길 I - 방산비리 척결”, 민주연구원, 2017, 4면.

표 2-3 방산비리의 유형(이용민, 2017)

<table>
<tr><th rowspan="3">비리 유형</th><th rowspan="3">주요 내용</th><th colspan="3">관련 이해관계자</th></tr>
<tr><th rowspan="2">수요자</th><th colspan="2">공급자</th></tr>
<tr><th>국내 업체</th><th>무역 대리점</th></tr>
<tr><td>군사기밀 유출</td><td>방위사업 관련 군사기밀 등 비공개자료 유출</td><td>●</td><td>●</td><td>●</td></tr>
<tr><td>방산원가 비리</td><td>방산물자 원가 부풀리기 등 초과이익 창출 도모
원가조작을 위해 세금계산서 위조, 수입면장 변조 등 가짜 증빙자료 제출</td><td>-</td><td>●</td><td>-</td></tr>
<tr><td>공문서 위조</td><td>방위사업 관련 문서 허위 작성 · 제출
납품 품목 관련 시험성적서 조작 등</td><td>●</td><td>●</td><td>-</td></tr>
<tr><td>무기체계 관련 부실 기획 · 집행</td><td>특정 업체 · 기종을 염두에 둔 소요도출 또는 작전요구성능(ROC) 설정
비합리적 사업추진방식 결정 또는 작전요구성능 임의 변경
시험평가기준의 임의적 · 독단적 변경으로 당초 목표성능수준에 미치지 못한 무기체계 획득 초래</td><td>●</td><td>-</td><td>●</td></tr>
<tr><td>짝퉁 · 불량 품목 납품</td><td>고의적으로 요구성능 수준에 미달하는 짝퉁품목 또는 불량품목 납품</td><td>-</td><td>●</td><td>●</td></tr>
<tr><td>특정업체와의 유착 · 편의제공</td><td>고의적으로 특정업체에 유리한 제안서 평가기준 설정
개발업체와 유착에 의해 시험평가기준 임의 변경
고의적 · 임의적 고가계약으로 계약업체에 부당이익 제공</td><td>●</td><td>●</td><td>●</td></tr>
</table>

제3장

방산안보 법제

김영기

제1절

방산안보 법제 개관

방산안보학개론 제3장 방산안보 법제는 방위산업 발전 법제와 방위산업 보호 법제로 대별된다.

방위산업 발전 법제에서는 방위사업 법제와 방위산업 발전법을 살펴본다.

방위산업 보호 법제로는 방위산업 보안 법제와 방위산업 기술보호 법제 및 방위산업 방첩 법제에 대하여 기술하였다.

제2절

방위산업 발전 법제

1. 방위사업 법제

가. 방위사업 법제 연혁

1) 군수조달에관한특별조치법

1973년 2월 17일 군수업을 합리적으로 지도 육성하고 조정함으로써 효율적인 군수물자의 조달에 기여하게 함을 목적으로 군수조달에 관한 특별 조치법을 제정하였다.[52]

2) 방위산업에관한특별조치법

1983년 12월 31일 「군수조달에관한특별조치법」을 「방위산업에관한특별조치법」으로 법률의 제명을 변경하고, 주요 방산물자 외의 방산물자 및 이를 생산하는 방산업체의 지정절차를 간소화하고, 방산물자의 연구 또는 시제생산의 위촉범위를 확대하며, 필요한 경우 방산물자를 국내 치안유지 또는 경계 등의 목적에 사용할 수 있는 근거를 마련하기 위하여 일부 개정하였다.[53]

52 「군수조달에관한특별조치법」 [시행 1973. 3. 5.] [법률 제2540호, 1973. 2. 17., 제정] 제1조 목적.

53 「방위산업에관한특별조치법」 [시행 1983. 12. 31.] [법률 제3699호, 1983. 12. 31., 일부개정] 개정이유.

3) 방위사업법

2005년 7월 22일 「정부조직법」의 개정(법률 제7613호)으로 2006년 1월 1일부로 방위사업을 전담하는 방위사업청이 신설됨에 따라 방위사업과 관련된 기본적인 사항을 체계화하고, 「방위산업에관한특별조치법」의 내용을 통합하는 한편, 방위사업 전반에 대한 제도개선 내용을 반영함으로써 방위사업의 추진에 있어 투명성·전문성 및 효율성을 획기적으로 높이고, 방위산업의 경쟁력을 향상시켜 자주국방의 기반을 마련할 수 있도록 2006년 1월 2일부로 「방위사업법」을 제정하였다.[54]

나. 방위사업법의 목적

현행 「방위사업법」은 자주국방의 기반을 마련하기 위한 방위력 개선, 방위산업육성 및 군수품 조달 등 방위사업의 수행에 관한 사항을 규정함으로써 방위산업의 경쟁력 강화를 도모하며 궁극적으로는 선진강군(先進强軍)의 육성과 국가경제의 발전에 이바지하는 것을 목적으로 한다.[55]

다. 방위사업법의 구성

「방위사업법」은 제1장 총칙, 제2장 방위사업수행의 투명화 및 전문화, 제3장 방위력 개선사업, 제4장 조달 및 품질관리, 제5장 국방과학기술의 진흥, 제6장 방위산업육성, 제7장 보칙, 제8장 벌칙으로 구성되어 있으며, 조문은 제1조 목적부터 제64조 과태료가 있다.

54 「방위사업법」 [시행 2006. 1. 2.] [법률 제7845호, 2006. 1. 2., 제정] 제정이유 및 주요내용.

55 「방위사업법」 [시행 2024. 8. 7.] [법률 제20190호, 2024. 2. 6., 일부개정] 제1조 목적.

라. 방위사업법령 체계도

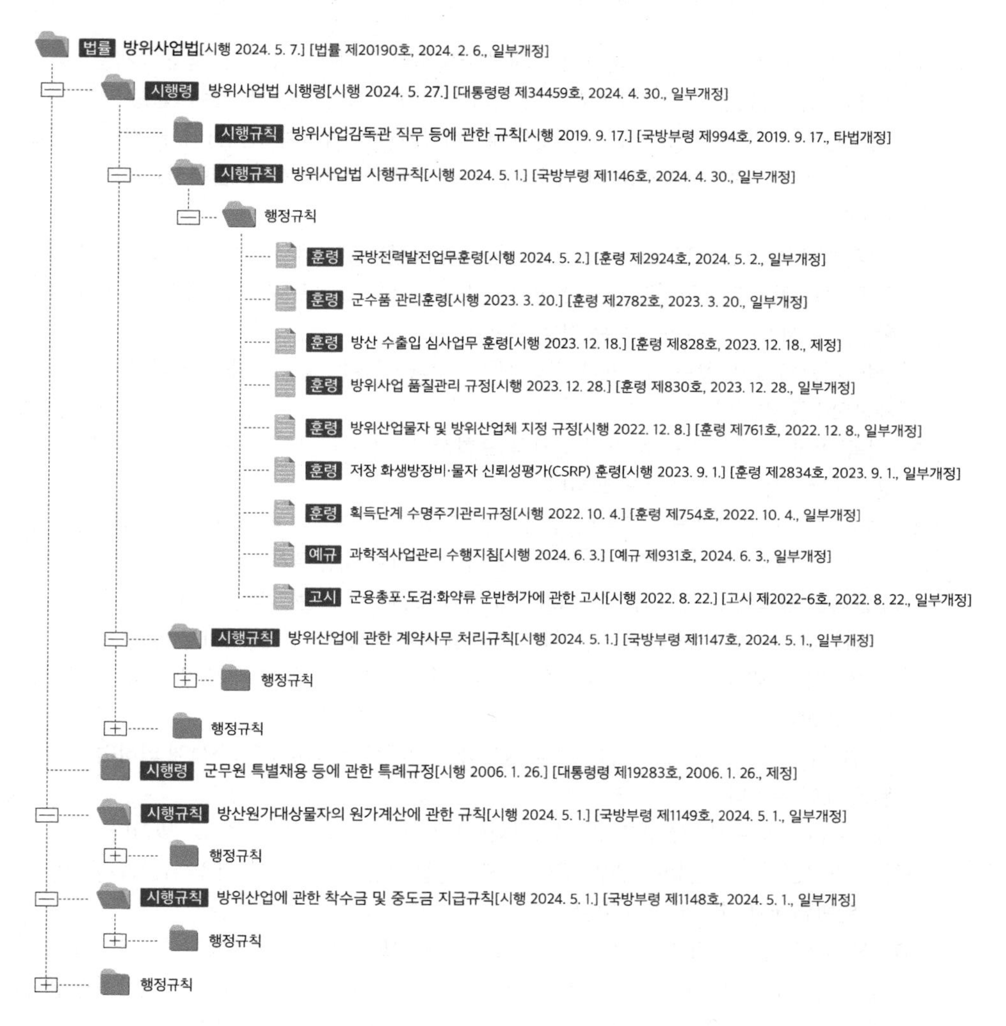

법률 방위사업법[시행 2024. 5. 7.] [법률 제20190호, 2024. 2. 6., 일부개정]
시행령 방위사업법 시행령[시행 2024. 5. 27.] [대통령령 제34459호, 2024. 4. 30., 일부개정]
시행규칙 방위사업감독관 직무 등에 관한 규칙[시행 2019. 9. 17.] [국방부령 제994호, 2019. 9. 17., 타법개정]
시행규칙 방위사업법 시행규칙[시행 2024. 5. 1.] [국방부령 제1146호, 2024. 4. 30., 일부개정]
행정규칙
훈령 국방전력발전업무훈령[시행 2024. 5. 2.] [훈령 제2924호, 2024. 5. 2., 일부개정]
훈령 군수품 관리훈령[시행 2023. 3. 20.] [훈령 제2782호, 2023. 3. 20., 일부개정]
훈령 방산 수출입 심사업무 훈령[시행 2023. 12. 18.] [훈령 제828호, 2023. 12. 18., 제정]
훈령 방위사업 품질관리 규정[시행 2023. 12. 28.] [훈령 제830호, 2023. 12. 28., 일부개정]
훈령 방위산업물자 및 방위산업체 지정 규정[시행 2022. 12. 8.] [훈령 제761호, 2022. 12. 8., 일부개정]
훈령 저장 화생방장비·물자 신뢰성평가(CSRP) 훈령[시행 2023. 9. 1.] [훈령 제2834호, 2023. 9. 1., 일부개정]
훈령 획득단계 수명주기관리규정[시행 2022. 10. 4.] [훈령 제754호, 2022. 10. 4., 일부개정]
예규 과학적사업관리 수행지침[시행 2024. 6. 3.] [예규 제931호, 2024. 6. 3., 일부개정]
고시 군용총포·도검·화약류 운반허가에 관한 고시[시행 2022. 8. 22.] [고시 제2022-6호, 2022. 8. 22., 일부개정]
시행규칙 방위산업에 관한 계약사무 처리규칙[시행 2024. 5. 1.] [국방부령 제1147호, 2024. 5. 1., 일부개정]
행정규칙
행정규칙
시행령 군무원 특별채용 등에 관한 특례규정[시행 2006. 1. 26.] [대통령령 제19283호, 2006. 1. 26., 제정]
시행규칙 방산원가대상물자의 원가계산에 관한 규칙[시행 2024. 5. 1.] [국방부령 제1149호, 2024. 5. 1., 일부개정]
행정규칙
시행규칙 방위산업에 관한 착수금 및 중도금 지급규칙[시행 2024. 5. 1.] [국방부령 제1148호, 2024. 5. 1., 일부개정]
행정규칙
행정규칙

마. 용어의 정의(방위사업법 제3조)

1. “방위력개선사업”이라 함은 군사력을 개선하기 위한 무기체계의 구매 및 신규개발 · 성능개량 등을 포함한 연구개발과 이에 수반되는 시설의 설치 등을 행하는 사업을 말한다.
2. “군수품”이라 함은 국방부 및 그 직할부대 · 직할기관과 육 · 해 · 공군(이하 “각군”이라 한다)이 사용 · 관리하기 위하여 획득하는 물품으로서 무기체계 및 전력지원체계로 구분한다.
3. “무기체계”라 함은 유도무기 · 항공기 · 함정 등 전장(戰場)에서 전투력을 발휘하기 위한 무기와 이를 운영하는데 필요한 장비 · 부품 · 시설 · 소프트웨어 등 제반요소를 통합한 것으로서 대통령령이 정하는 것을 말한다.
4. “전력지원체계”라 함은 무기체계 외의 장비 · 부품 · 시설 · 소프트웨어 그 밖의 물품 등 제반요소를 말한다.
5. “획득”이라 함은 군수품을 구매(임차를 포함한다. 이하 같다)하여 조달하거나 연구개발 · 생산하여 조달하는 것을 말한다.
6. “절충교역”이라 함은 국외로부터 무기 또는 장비 등을 구매할 때 국외의 계약상대방으로부터 관련 지식 또는 기술 등을 이전받거나 국외로 국산무기 · 장비 또는 부품 등을 수출하는 등 일정한 반대급부를 제공받을 것을 조건으로 하는 교역을 말한다.
7. “방위산업물자”라 함은 군수품 중 제34조의 규정에 의하여 지정된 물자를 말한다.
8. “방위산업”이라 함은 「방위산업 발전 및 지원에 관한 법률」 제2조제2호에 따른 방위산업을 말한다.
9. “방위산업체”라 함은 방위산업물자를 생산하는 업체로서 제35조의 규정에 의하여 지정된 업체를 말한다.

9의2. “일반업체”란 방위산업과 관련된 업체로서 방위산업체가 아닌 업체를 말한다.

9의3. “방위산업과 관련없는 일반업체”란 군수품을 납품하는 업체로서 방위산업체 또는 일반업체가 아닌 업체를 말한다.

10. “전문연구기관”이라 함은 방위산업물자의 연구개발 · 시험 · 측정, 방위산업물자의 시험 등을 위한 기계 · 기구의 제작 · 검정, 방위산업체의 경영분석 또는 방위산업과 관련되는 소프트웨어의 개발을 위하여 방위사업청장의 위촉을 받은 기관을 말한다.

10의2. “일반연구기관”이란 전문연구기관이 아닌 연구기관을 말한다.

11. “방위산업시설”이라 함은 방위산업체 및 전문연구기관에서 방위산업물자의 연구개발 또는 생산에 제공하는 토지 및 그 토지상의 정착물(장비 및 기기를 포함한다)을 말한다.
12. “군수품무역대리업”이란 외국기업과 방위사업청장 간의 계약체결을 위하여 계약체결의 제반과정 및 계약이행과정에서 외국기업을 위해 중개 또는 대리하는 행위를 하는 업을 말한다.

13. "전력화지원요소"란 무기체계가 획득되어 배치됨과 동시에 운용될 수 있도록 무기체계의 전력화를 위하여 확보되어야 하는 다음 각 목의 요소를 말한다.
가. 획득된 무기체계가 전장에서 즉시 전투력을 발휘할 수 있도록 하기 위한 다음의 전투발전지원요소
1) 부대시설, 무기체계의 상호운용에 필요한 하드웨어 및 소프트웨어 등
2) 군사교리(軍事敎理), 부대편성을 위한 조직 · 장비, 교육훈련 및 주파수
나. 획득된 무기체계를 전체 수명주기에 걸쳐 체계적으로 관리하는 데 필요한 수리부속품 및 사용설명서 등의 통합체계지원요소
14. "국방조달계약"이란 군수품 획득에 관한 계약을 말한다.
15. "방위사업계약"이란 국방조달계약 중 다음 각 목과 관련하여 체결하는 계약을 말한다.
가. 「국방과학기술혁신 촉진법」 제2조제5호에 따른 국방연구개발
나. 무기체계의 양산 및 운용에 필수적인 전력화지원요소(부대시설, 군사교리, 부대편성을 위한 조직 · 장비, 교육훈련 및 주파수는 제외한다), 정비 관련 장비 또는 정비 용역
다. 방위산업물자(이하 "방산물자"라 한다)
라. 심각한 안보 위협, 테러 등의 긴급사태에 대응하기 위한 군수품으로서 대통령령으로 정하는 물품
마. 장병의 생명 및 안전과 직결되는 군수품으로서 대통령령으로 정하는 물품
16. "장기계약"이란 계약기간이 2회계연도 이상의 기간에 걸치는 국방조달계약으로서 대통령령으로 정하는 계약을 말한다.
17. "방위사업계약상대자"란 국가와 방위사업계약을 체결하는 사람, 법인 또는단체를 말한다.

바. 방위사업법의 주요내용

1) 방위사업법 총칙(방위사업법 제1장)

「방위사업법」 제1장에는 제1조 목적, 제2조 기본이념, 제3조 정의, 제4조 다른 법률과의 관계가 있다.

2) 방위사업수행의 투명화 및 전문화(방위사업법 제2장)

「방위사업법」 제2장에서는 제5조 정책실명제 및 정보공개, 제6조 청렴서약제 및 옴부즈만 제도, 제6조의2 방산업체 지정취소 확인 등을 위한 범죄경력 조회의 요청, 제7조 보직자격제, 제8조 방위사업에 대한 법률적 문제 등 검토, 제9조 방

위사업추진위원회, 제10조 분과위원회, 실무위원회 및 전문위원이 있다.

3) 방위력개선사업(방위사업법 제3장)

「방위사업법」 제3장은 제1절 방위력개선사업 수행의 원칙, 제2절 국방중기계획 및 예산, 제3절 소요의 결정 및 수정, 제4절 방위력개선사업의 수행, 제5절 분석 · 평가로 구분된다.

제1절 방위력개선사업 수행의 원칙에는 제11조 방위력개선사업 수행의 기본원칙, 제12조 통합사업관리제가 있다.

제2절 국방중기계획 및 예산에는 제13조 국방중기계획 등, 제14조 예산편성 및 집행, 제14조의2 사업타당성조사가 있다.

제3절 소요의 결정 및 수정에는 제15조 소요결정, 제15조의2 신속소요의 결정 등, 제15조의3 사전개념연구의 수행, 제16조 소요의 수정이 있다.

제4절 방위력개선사업의 수행에는 제17조 방위력개선사업의 추진방법 등, 제17조의2 시범사업의 실시 등, 제18조(조문만 있고 조문 제목이 없는 것은 삭제된 조문이다), 제19조 구매, 제20조 절충교역, 제21조 시험평가, 제22조 성능개량이 있다.

제5절 분석 · 평가에서는 제23조 분석 · 평가의 실시, 제24조 분석 · 평가 결과의 활용이 있다.

4) 조달 및 품질관리(방위사업법 제4장)

「방위사업법」 제4장은 제25조 조달계획 및 방법, 제26조 표준화, 제27조 군수품목록정보, 제28조 품질보증, 제28조의2 위조부품등의 정의 및 취급 금지, 제29조 품질경영, 제29조의2 품질경영체제인증, 제29조의3 품질경영인증의 취소, 제29조의4 인증업체에 대한 인센티브 부여가 있다.

5) 국방과학기술의 진흥(방위사업법 제5장)

「방위사업법」 제5장은, 제30조, 제31조, 제31조의2, 제32조 국방기술품질원의 설립, 제32조의2 국유재산의 양도 또는 대부 등이 있다.

6) 방위산업육성(방위사업법 제6장)

「방위사업법」 제6장은 제33조, 제34조 방산물자의 지정, 제35조 방산업체의 지정 등, 제36조, 제37조 보호육성, 제38조, 제39조, 제40조, 제41조 방위산업지원, 제42조, 제43조 보증기관의 지정, 제44조, 제45조 국유재산의 양여 또는 대부 등, 제46조 계약의 특례 등, 제46조의2 착수금 및 중도금, 제46조의3 핵심기술 등의 적용에 대한 인센티브, 제46조의4 지체상금의 부과 및 감면, 제46조의5 계약의 변경, 제47조 방산업체 지정의 결격사유 제48조 지정의 취소 등이 있다.

7) 보칙(방위사업법 제7장)

「방위사업법」 제7장은 제49조 시설의 개체 · 보완 · 확장 또는 이전, 제50조 비밀의 엄수, 제50조의2 국가 전략무기사업 등 참여의 승인, 제51조 방산물자의 생산 및 매매계약에 관한 협의 등, 제51조의2 수수료, 제52조, 제53조 군용총포 · 도검 · 화약류 등의 제조 등에 관한 특례, 제54조 매도명령 등, 제55조 원자재의 비축, 제56조 휴업 및 폐업, 제57조 수출 허가 등, 제57조의2 군수품무역대리업의 등록, 제57조의3 군수품무역대리업의 등록취소, 제57조의4 중개수수료의 신고 등, 제58조 부당이득의 환수 등, 제59조 입찰참가자격 제한 등, 제59조의2 방산업체 취업심사대상자에 대한 확인 등, 제60조 공무원 의제 등, 제61조 권한의 위임 · 위탁이 있다.

8) 벌칙(방위사업법 제8장)

「방위사업법」 제8장은 제62조 벌칙, 제63조 양벌규정, 제64조 과태료가 있다.

2. 방위산업발전법

가. 방위산업발전법 연혁

「방위사업법」은 2006년 방위사업청을 설립하면서 방위사업의 구매 절차, 육성, 교역 촉진, 기술 연구·개발 지원, 절차적 투명성의 확보 등을 규정하기 위하여 제정되었는데, 그 결과 「방위사업법」은 무기체계의 소요·획득 절차 및 방위력 개선사업의 추진, 국방과학기술의 진흥, 조달 및 품질 관리까지 모두 총괄하는 방대한 법이 되었다.

그러나, 「방위사업법」은 방위사업수행의 투명화와 방위력 개선사업에 초점이 맞추어져 있어 방위산업의 발전과 관련된 부분은 소외되는 경향이 있고, 방위산업 발전의 범위와 절차를 상세히 규정하지 못하고 있는바, 「방위산업법」이라는 단일법으로는 방위산업을 총괄하는 데 한계가 있었다.

이에 방위산업의 발전과 관련된 부분을 「방위사업법」에서 분리하여 2020년 2월 4일 「방위산업 발전 및 지원에 관한 법률」(약칭: 방위산업발전법)을 제정하였다.[56]

나. 방위산업발전법의 목적

현행 「방위산업발전법」은 방위산업의 발전 및 지원에 필요한 사항을 규정함으로써 방위산업의 발전기반을 조성하고 경쟁력을 강화하여 자주국방의 기반을 마련하며 나아가 국가경제의 발전에 이바지함을 목적으로 한다.[57]

다. 방위산업발전법의 구성

「방위산업발전법」은 제1장 총칙, 제2장 방위산업 발전을 위한 기반조성 등, 제3장 방위산업 경쟁력 강화를 위한 지원제도 등, 제4장 전문기관 및 협회 등의 설립, 제5장 보칙으로 구성되어 있으며, 조문은 제1조 목적부터 제28조 양벌규정까지 있다.

56 「방위산업 발전 및 지원에 관한 법률」 (약칭: 방위산업발전법) [시행 2021. 2. 5.] [법률 제16929호, 2020. 2. 4., 제정] 제정이유.

57 「방위산업 발전 및 지원에 관한 법률」 (약칭: 방위산업발전법) [시행 2024. 8. 9.] [법률 제19583호, 2023. 8. 8., 일부개정] 제1조 목적.

라. 방위산업발전법령 체계도

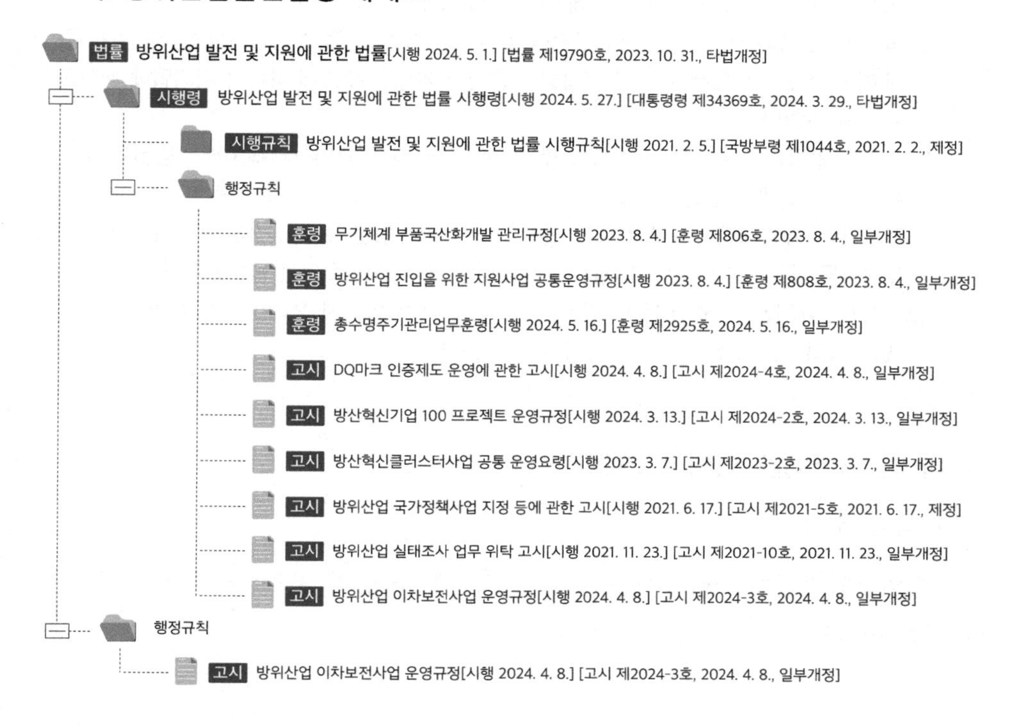

마. 용어의 정의(방위산업발전법 제2조)

① 이 법에서 사용하는 용어의 뜻은 다음과 같다. <개정 2024. 1. 9.>

1. "방위산업물자등"이란 다음 각 목의 어느 하나에 해당하는 물자를 말한다.
   가. 「방위사업법」 제3조제7호에 따른 방위산업물자
   나. 「방위사업법」 제3조제3호에 따른 무기체계
   다. 「대외무역법」 제19조에 따라 지정 · 고시된 전략물자 중 방위사업청장의 수출허가 대상 전략물자
   라. 그 밖에 방위사업청장이 방위산업의 투자촉진과 수출시장의 확대를 위하여 지정 · 고시한 물자
2. "방위산업"이란 방위산업물자등(이하 "방산물자등"이라 한다)의 연구개발 또는 생산(제조 · 수리 · 가공 · 조립 · 시험 · 정비 · 재생 · 개량 또는 개조를 말한다. 이하 같다)과 관련된 산업을 말한다.
3. "방위산업체등"이란 다음 각 목의 어느 하나에 해당하는 업체를 말한다.
   가. 「방위사업법」 제3조제9호에 따른 방위산업체

나. 「방위사업법」 제3조제9호의2에 따른 일반업체
4. "국방중소 · 벤처기업"이란 방위산업을 영위하는 기업 중 「중소기업기본법」 제2조제1항에 따른 중소기업 또는 「벤처기업육성에 관한 특별법」 제2조에 따른 벤처기업에 해당하는 자를 말한다.
5. "수출산업협력"이란 「방위사업법」 제3조제9호에 따른 방위산업체(이하 "방산업체"라 한다)가 국외에 방산물자등을 수출할 때 계약상대자에게 관련 지식 또는 기술 등을 이전하거나, 계약상대자로부터 무기 · 장비 또는 부품 등을 수입하거나, 계약상대국과 경제협력을 하는 등 일정한 반대급부를 제공할 것을 조건으로 하는 협력관계를 말한다.
② 제1항에 규정된 것 외의 용어에 관하여는 이 법에서 특별히 정하는 경우를 제외하고는 「방위사업법」 제3조에 따른 용어의 예에 따른다.

바. 방위산업발전법의 주요내용

1) 총칙(제1장)

「방위산업발전법」 제1장에는 제1조 목적, 제2조 정의, 제3조 국가의 책무, 제4조 다른 법률과의 관계가 있다.

2) 방위산업 발전을 위한 기반조성 등(제2장)

「방위산업발전법」 제2장에는 제5조 방위산업발전 기본계획 등의 수립, 제6조 방위산업 실태조사, 제7조 방위산업정보의 관리 및 활용촉진 등이 있다.

3) 방위산업 경쟁력 강화를 위한 지원제도 등(제3장)

「방위산업발전법」 제3장에는 제8조 방위산업 국가정책사업의 지정, 제9조 부품관리 정책 수립 및 부품 국산화개발 촉진 등, 제10조 국방중소·벤처기업 성장지원, 제11조 사업조정제도 등, 제12조 자금융자, 제13조 보조금의 교부 등, 제14조 전문인력의 양성 등, 제15조 수출지원 등, 제16조 수출산업협력 지원, 제17조 국제협력 등, 제17조의2 방위산업의 날(매년 7월 8일)이 있다.

4) 전문기관 및 협회 등의 설립(제4장)

「방위산업발전법」 제4장에는 제18조 방위산업 발전의 지원 등, 제19조 협회 등의 설립, 제20조 공제조합의 설립 등, 제21조 공제조합의 사업, 제22조 보증규정 및 공제규정, 제23조 공제조합의 지분양도 등, 제24조 공제조합의 지분취득 등, 제25조 조사 및 검사가 있다.

5) 보칙(제5장)

「방위산업발전법」 제5장에는 제26조 권한의 위임 · 위탁, 제27조 벌칙, 제28조 양벌규정이 있다.

제3절

방위산업 보호 법제

1. 방위산업 보안 법제

가. 국가보안 법제

1) 보안업무규정 연혁

1964년 3월 10일 「중앙정보부법」 제2조 제2항의 규정에 의하여 보안 업무 수행에 필요한 사항을 규정함을 목적으로 대통령령으로 「보안업무규정」을 제정하였다.[58]

2) 보안업무규정 목적

현행 「보안업무규정」은 「국가정보원법」 제4조에 따라 국가정보원의 직무 중 보안업무 수행에 필요한 사항을 규정함을 목적으로 한다.[59]

3) 보안업무규정 구성

「보안업무규정」은 제1장 총칙, 제2장 비밀보호, 제3장 국가보안시설 및 국가보호장비 보호, 제4장 신원조사, 제5장 보안조사, 제6장 중앙행정기관등의 보안감사, 제7장 보칙으로 구성되어 있으며, 조문은 제1조 목적부터 제46조 고유식별정보의 처리가 있다.

58 「보안업무규정」 [시행 1964. 3. 10.] [대통령령 제1664호, 1964. 3. 10., 제정] 제1조 목적.

59 「보안업무규정」 [시행 2021. 1. 1.] [대통령령 제31354호, 2020. 12. 31., 일부개정] 제1조 목적.

4) 보안업무규정 체계도

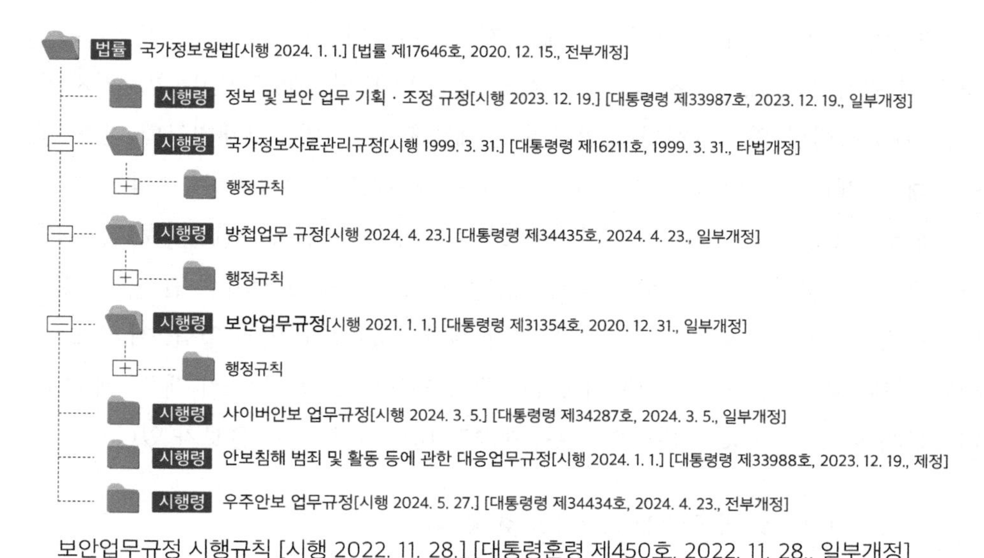

보안업무규정 시행규칙 [시행 2022. 11. 28.] [대통령훈령 제450호, 2022. 11. 28., 일부개정]

5) 용어의 정의(보안업무규정 제2조)

1. "비밀"이란 「국가정보원법」(이하 "법"이라 한다) 제4조제1항제2호에 따른 국가 기밀(이하 "국가 기밀"이라 한다)로서 이 영에 따라 비밀로 분류된 것을 말한다.
2. "각급기관"이란 「대한민국헌법」, 「정부조직법」 또는 그 밖의 법령에 따라 설치된 국가기관(군기관 및 교육기관을 포함한다)과 지방자치단체 및 「공공기록물 관리에 관한 법률 시행령」 제3조에 따른 공공기관을 말한다.
3. "중앙행정기관등"이란 「정부조직법」 제2조제2항에 따른 부 · 처 · 청(이에 준하는 위원회를 포함한다)과 대통령 소속 · 보좌 · 경호기관, 국무총리 보좌기관 및 고위공직자범죄수사처를 말한다.
4. "암호자재"란 비밀의 보호 및 정보통신 보안을 위하여 암호기술이 적용된 장치나 수단으로서 Ⅰ급, Ⅱ급 및 Ⅲ급비밀 소통용 암호자재로 구분되는 장치나 수단을 말한다.

6) 보안업무규정 주요내용

가) 총칙(제1장)

「보안업무규정」 제1장 총칙은 제1조 목적, 제2조 정의, 제3조 보안책임, 제3조의2 보안 기본정책 수립 등, 제3조의3 보안심사위원회가 있다.

나) 비밀보호(제2장)

「보안업무규정」 제2장 비밀보호에는 제4조 비밀의 구분, 제5조 비밀의 보호와 관리 원칙, 제6조, 제7조 암호자재 제작·공급 및 반납, 제8조 비밀·암호자재의 취급, 제9조 비밀·암호자재취급 인가권자, 제10조 비밀·암호자재취급의 인가 및 인가해제, 제11조 비밀의 분류, 제12조 분류원칙, 제13조 분류지침, 제14조 예고문, 제15조 재분류 등, 제16조 표시, 제17조 비밀의 접수·발송, 제18조 보관, 제19조 출장 중의 비밀 보관, 제20조 보관책임자, 제21조 비밀의 전자적 관리, 제22조 비밀관리기록부, 제23조 비밀의 복제·복사 제한, 제24조 비밀의 열람, 제25조 비밀의 공개, 제26조, 제27조 비밀의 반출, 제28조 안전 반출 및 파기 계획, 제29조 비밀문서의 통제, 제30조 비밀의 이관, 제31조 비밀 소유 현황 통보가 있다.

다) 국가보안시설 및 국가보호장비 보호(제3장)

「보안업무규정」 제3장 국가보안시설 및 국가보호장비 보호에는 제32조 국가보안시설 및 국가보호장비 지정, 제33조 국가보안시설 및 국가보호장비 보호대책의 수립, 제34조 보호지역, 제35조 보안측정, 제35조의2 보안측정 결과의 처리가 있다.

라) 신원조사(제4장)

「보안업무규정」 제4장 신원조사에는 제36조 신원조사, 제37조 신원조사 결과의 처리가 있다.

마) 보안조사(제5장)

「보안업무규정」 제5장 보안조사에는 제38조 보안사고 조사, 제38조의2 보안사고 조사 결과의 처리가 있다.

바) 중앙행정기관등의 보안감사(제6장)

「보안업무규정」 제6장 중앙행정기관등의 보안감사에는 제39조 보안감사, 제40조 정보통신보안감사, 제41조 감사의 실시, 제42조 보안감사 결과의 처리가 있다.

사) 보칙(제7장)

「보안업무규정」 제7장 보칙에는 제43조 보안담당관, 제44조 계엄지역의 보안, 제45조 권한의 위탁, 제46조 고유식별정보의 처리가 있다.

아) 보안업무규정 제45조(권한의 위탁)

① 국가정보원장은 제36조에 따른 신원조사와 관련한 권한의 일부를 국방부장관과 경찰청장에게 위탁할 수 있다. <개정 2020. 1. 14., 2020. 12. 31.>

② 국가정보원장은 필요하다고 인정할 때에는 각급기관의 장에게 제35조에 따른 보안측정 및 제38조에 따른 보안사고 조사와 관련한 권한의 일부를 위탁할 수 있다. 다만, 국방부장관에 대한 위탁은 국방부 본부를 제외한 합동참모본부, 국방부 직할부대 및 직할기관, 각군, 「방위사업법」에 따른 방위산업체, 연구기관 및 그 밖의 군사보안대상의 보안측정 및 보안사고 조사로 한정한다. <개정 2020. 12. 31.>

③ 국가정보원장은 필요하다고 인정할 때에는 제2항에 따라 권한을 위탁받은 각급기관의 장에게 보안측정 및 보안사고 조사 결과의 통보를 요구할 수 있다. <개정 2020. 12. 31.>

④ 국가정보원장은 제21조제3항에 따른 통합 비밀관리시스템의 구축·운영을 관계 중앙행정기관등의 장에게 위탁할 수 있다. <신설 2020. 1. 14., 2020. 12. 31.>

자) 보안업무규정 시행규칙[60] 제71조(시행세칙)

① 중앙행정기관등의 장은 국가정보원장과 미리 협의하여 이 훈령 운용에 필요한 보안 업무 시행세칙을 작성·시행해야 한다. <개정 2020.3.17., 2022.11.28>

② 국방부장관은 이 훈령에서 정한 사항 외에 국방부본부, 합동참모본부, 국방부 직할부대 및 직할기관, 각 군, 「방위사업법」에 따른 방위산업체 및 연구기관의 보안에 관하여 필요한 세부 사항을 국가정보원장과 협의를 거쳐 따로 정한다. <개정 2020.3.17.>

60 「보안업무규정」 시행규칙 [시행 2022. 11. 28.] [대통령훈령 제450호, 2022. 11. 28., 일부개정].

나. 방산보안 법제

1) 방위산업보안업무훈령 개요

국방부(국방정보본부) 「방위산업보안업무훈령」은 비공개로 운영되고 있으며, 한국방위산업진흥회 홈페이지 업무소개에서 방산보안[61] 업무를 지원하고 있다. 주요내용은 보안측정, 비밀취급인가, 비밀소유현황 조사/보고, 방산 관련 용역업체지정, 정보통신보안 업무지원이다. 이 중 보안측정 관련 내용만 제시하였으며, 기타사항은 한국방위산업진흥회 홈페이지를 참고 바란다.[62]

2) 방위산업보안업무훈령 주요내용

가) 보안측정 시기(훈령 제136조)

(1) 방산업체

1. 방산업체로 지정할 때
2. 방산업체가 매매 · 경매 또는 인수 · 합병되는 경우
3. 소재지 이전(주소체계 변경 제외), 회사명이나 대표자 변경(경영지배권 변화) 등 방산업체 지정 교부서상 중요 정보 변경 시

(2) 전문연구기관: 방위사업청장이 위촉할 때

(3) 방위사업과 관련하여 국방부 및 각 군, 방위사업청, 국방부 출연기관, 방산업체와 계약 중이거나 계약을 체결하고자 하는 업체 중 다음 사유 해당 시

1. 비밀을 취급하거나 탐색 또는 체계개발사업 참여 시
2. 기타 사업 발주기관, 방산업체에서 필요하다고 인정하는 경우

(4) 전산망

1. 신설 또는 교체, 증설, 내 · 외부망과 연결 시
2. 외부 용역으로 위탁관리 시 그 운용 전

---

61 방산보안에 대하여는 김영기, "산업 및 방산보안과 국가정보", 한국국가정보학회 2018 연례학술회의 논문집, pp.75~104, 2018.12.

62 한국방위산업진흥회(https://www.kdia.or.kr/kdia/contents/business72.do).

⑸ 기타

중대한 보안 취약요소(해킹, 사이버테러 등) 식별, 보안사고 발생, 주요 시설이전 등 특별한 보안대책이 필요하다고 판단되거나 관계법령 등에 의해 보안측정이 필요하다고 인정되는 경우

나) 보안측정 절차(훈령 제136조의 2)

⑴ 제136조의 보안측정은 다음 각 호의 기관과 방산업체가 필요여부를 판단하여 측정기관에 요청(지시)한다.

1. 제136조 제1호, 제2호에 의한 보안측정은 방위사업청장이 국군방첩사령관에게 요청 2. 제136조 제3호, 제5호의 국방부 및 각 군, 방위사업청, 국방부 출연기관의 장은 국군방첩사령관에게 보안측정을 요청(또는 지시) 3. 제136조 제3호, 제4호, 제5호의 방산업체 대표는 국방부장관에게 별지 제6호 서식의 보안측정 신청서를 첨부하여 보안측정을 신청(FAX 등)하고, 국방부장관은 국군방첩사령관에게 보안측정을 지시

⑵ 보안측정 대상 업체 또는 기관은 국군방첩사 인터넷 홈페이지를 통해 다음 각 호의 서류를 제출(입력)한다. 다만, 전항 3호의 경우는 보안측정을 신청한 방산업체가 방산관련업체의 서류를 제출(입력)한다.

1. 별지 제6호 서식의 보안측정 신청서 2. 사업자등록증명원, 법인등기부등본

⑶ 보안측정은 다음 각 호에 따라 실시한다.

1. 국군방첩사령관은 보안측정 점검내용, 별표 16·17·18 방산업체 및 방산관련 업체 보안측정 자가진단 항목표, 보안측정절차, 연락처 등이 포함된 보안측정 안내서를 대상 업체 등에 배부한다. 다만, 보안측정 안내서의 세부사항은 국군방첩사령관이 정하는 바에 따른다. 2. 안내서를 받은 업체 등의 대표는 자가진단 등으로 보안측정을 준비 후 국군방첩사령관(보안측정관)에게 자가진단 결과를 보낸다. 3. 업체 등의 자가진단표를 받은 방첩사령관은 보완사항을 업체에 통보할 수 있다. 4. 보안측정 결과는 현장에서 업체 등 대표(보안담당관)의 확인을 받는다.

(4) 보안측정 절차 안내(요청(신청)권자 및 구비 서류 입력자)

그림 3-1 보안측정 절차

측정사유	요청(신청)	구비서류 입력	비 고
방산업체 지정, 전문연구기관 위촉	방사청 → 국군방첩사	방산업체, 전문연구기관	방산업체 지정·매매·이전· 대표자 변경 시 등 포함
기관 - 일반업체 계약	계약기관(국방부, 방사청, 출연기관) → 국군방첩사	피계약업체(방산 업체, 방산관련업체, 일반업체)	
방산업체 - 협력 업체	방산업체 → 국방부 → 국군방첩사	방산업체	방산업체에서 신청(공문+ 신청서) 구비서류 입력 (방첩사 홈페이지)

3) 방산보안 평가 항목

「방위산업보안업무훈령」이 비공개로 운영됨에 따라 연구논문을 통해 본 방산보안 평가 항목으로 협력업체의 정확한 보안실태를 평가하기 위하여 「방위산업보안업무훈령」과 방위산업기술보호 체계를 포함한 다양한 정보보호 체계를 접목하여 보안실태 평가표를 구성하였다.[63]

그림 3-2 방산보안 평가 항목

영역	세부영역	점검내용	항목수(100개)	비고
계획 보안	보안규정	보안규정 재개정 관련 항목	3	
	보안계획 및 점검	보안 업무계획 관련 항목	4	
	보안교육 관리	보안교육 관련 항목	2	
	사고 및 감사조치	보안사고 및 감사 항목	4	
	비상계획	비상대응 관련 항목	3	

63 황재연 · 고기훈 · 성국현, "방위산업 관련 협력업체 보안관리 방안", 정보보호학회지 제28권 제6호, p.46, 2018.12.

문서 보안	문서분류체계	문서분류 및 처리 관련 항목	4	
	문서보안 관리	문서보안 및 장비 관련 항목	4	
인원 보안	신원조사	신원조사 관련 항목	3	
	인사보안	보안 역할과 책임 관련 항목	5	
시설 보안	보호구역 관리	보호구역 관련 항목	4	
	출입통제	출입자 보안 관련 항목	4	
	CCTV 운영	CCTV 설치 및 관리 항목	5	
	시설보호대책	사무실 시설 관련 항목	4	
	소방설비	화재 설비 항목	3	
정보 통신 보안	시스템 보안	인프라 시스템 관련 항목	14	
	통신망 관리 보안	정보통신망 운용 관련 항목	4	
	무선 LAN 관리	무선 LAN 운용 관련 항목	5	
	보안장비 관리	보안 설루션 관련 항목	6	
	단말기보안	PC 등 단말기 관련 항목	8	
	저장매체보안	저장매체 보호 관련 항목	5	
	중요정보 자료	보호 관련 항목	6	

2. 방위산업 기술보호 법제

가. 방산기술보호법의 연혁

우리나라의 방위산업 수출 대상국이 2006년 47개국에서 2013년 87개국으로 증가했으며, 기술 수준은 미국 대비 80%로 스웨덴과 공동 10위의 수준을 보이고 있었다.

이러한 현실에 발맞추기 위해 우리나라는 방위산업기술이 복제되거나 대응·방해기술이 개발되어 그 가치와 효용이 저하되는 것을 방지할 필요가 있으며 국제사회의 구성원으로서 부적절한 수출 방지를 위한 보호가 필요한 실정이었다.

그러나, 방위산업기술이 「방위사업법」·「대외무역법」 및 「산업기술의 유출 방지 및 보호에 관한 법률」 등 다양한 법률에 의해 관리되고 있기에, 오히려 부실관리의 우려가 있었다.

이에 방위사업청장이 보호할 필요가 있는 국방 분야의 방위산업기술을 지정하고, 업체 자율적으로 방위산업기술보호 체계를 구축하며, 국가가 이를 지원하도록 하고, 불법적인 기술 유출 발생 시 처벌할 수 있도록 하는 규정 등을 마련하여 궁극적으로 국가의 안전보장과 국제평화의 유지에 기여할 수 있도록 하기 위하여 2015년 12월 29일 「방위산업 기술보호법」(약칭: 방산기술보호법)을 제정하였다.[64]

나. 방산기술보호법의 목적

현행 「방산기술보호법」은 방위산업기술을 체계적으로 보호하고 관련기관을 지원함으로써 국가의 안전을 보장하고 방위산업기술의 보호와 관련된 국제조약 등의 의무를 이행하여 국가 신뢰도를 제고하는 것을 목적으로 한다.[65]

다. 방산기술보호법의 구성

「방산기술보호법」은 장 · 절 구분 없이 제1조 목적부터 제24조 과태료로 구성되어 있다.

제1조 목적, 제2조 정의, 제3조 다른 법률과의 관계, 제4조 종합계획의 수립 · 시행, 제5조 시행계획의 수립 · 시행, 제6조 방위산업기술보호위원회, 제7조 방위산업기술의 지정 · 변경 및 해제 등, 제8조 연구개발사업 수행 시 방위산업기술의 보호, 제9조 방위산업기술의 수출 및 국내이전 시 보호, 제10조 방위산업기술의 유출 및 침해 금지, 제11조 방위산업기술의 유출 및 침해 신고 등, 제11조의2 조사, 제12조 방위산업기술 보호를 위한 실태조사, 제13조 방위산업기술 보호체계의 구축 · 운영 등, 제14조 방위산업기술 보호를 위한 지원, 제15조 국제협력, 제16조 방위산업기술 보호에 관한 교육, 제17조 포상 및 신고자 보호 등, 제18조 자료요구, 제19조 비밀 유지의 의무 등, 제20조 벌칙 적용에서 공무원 의제, 제21조 벌칙, 제22조 예비 · 음모, 제23조 양벌규정, 제24조 과태료

64 「방위산업기술 보호법」 (약칭: 방산기술보호법) [시행 2016. 6. 30.] [법률 제13632호, 2015. 12. 29., 제정] 제정이유.

65 「방위산업기술 보호법」 (약칭: 방산기술보호법) [시행 2024. 7. 17.] [법률 제20024호, 2024. 1. 16., 일부개정] 제1조 목적.

라. 방산기술보호법령 체계도

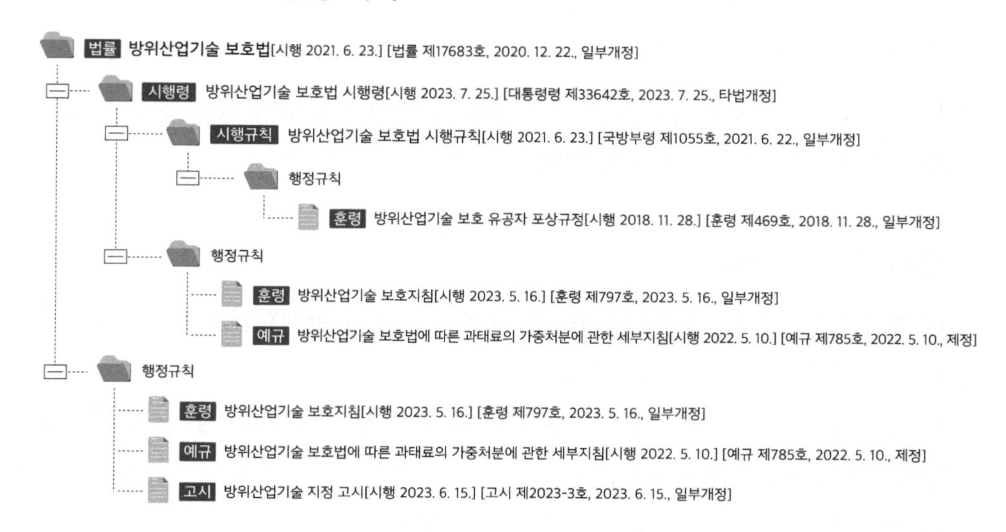

마. 용어의 정의(방산기술보호법 제2조)

1. "방위산업기술"이란 방위산업과 관련한 국방과학기술 중 국가안보 등을 위하여 보호되어야 하는 기술로서 방위사업청장이 제7조에 따라 지정하고 고시한 것을 말한다.
2. "대상기관"이란 방위산업기술을 보유하거나 방위산업기술과 관련된 연구개발사업을 수행하고 있는 기관으로서 다음 각 호의 어느 하나에 해당하는 기관을 말한다.

가. 「국방과학연구소법」에 따른 국방과학연구소

나. 「방위사업법」에 따른 방위사업청 · 각군 · 국방기술품질원 · 방위산업체 및 전문연구기관

다. 그 밖에 기업 · 연구기관 · 전문기관 및 대학 등

3. "방위산업기술 보호체계"란 대상기관이 방위산업기술을 보호하기 위하여 대통령령으로 정하는 다음 각 목의 체계를 말한다.

가. 보호대상 기술의 식별 및 관리 체계: 대상기관이 체계적으로 보호대상 기술을 식별하고 관리하는 체계

나. 인원통제 및 시설보호 체계: 허가받지 않은 사람의 출입 · 접근 · 열람 등을 통제하고, 방위산업기술과 관련된 시설을 탐지 및 침해 등으로부터 보호하기 위한 체계

다. 정보보호체계: 방위산업기술과 관련된 정보를 안전하게 보호하고, 이에 대한 불법적인 접근을 탐지 및 차단하기 위한 체계

바. 방산기술보호법의 주요내용

제3조(다른 법률과의 관계)

방위산업기술의 보호에 관하여 다른 법률에 특별한 규정이 있는 경우를 제외하고는 이 법에서 정하는 바에 따른다.

제4조(종합계획의 수립 · 시행)

① 방위사업청장은 방위산업기술의 보호에 관한 종합계획(이하 "종합계획"이라 한다)을 5년마다 수립 · 시행하여야 한다.

② 방위사업청장은 종합계획을 수립할 때에는 제6조에 따른 방위산업기술보호위원회의 심의를 거쳐야 한다.

③ 종합계획에는 다음 각 호의 사항이 포함되어야 한다.

1. 방위산업기술의 보호에 관한 기본목표와 추진방향
2. 방위산업기술의 보호에 관한 단계별 목표와 추진방안
3. 방위산업기술의 보호기반 구축에 관한 사항
4. 방위산업기술의 보호를 위한 기술의 연구개발 및 지원에 관한 사항
5. 방위산업기술의 보호에 관한 정보의 수집 · 분석 · 가공 및 보급에 관한 사항
6. 방위산업기술의 보호를 위한 국제협력에 관한 사항
7. 대상기관의 방위산업기술 보호체계 구축 · 운영 시 지원에 관한 사항
8. 그 밖에 방위산업기술 보호를 위하여 필요한 사항

④ 방위사업청장은 종합계획을 수립한 때에는 국회 소관 상임위원회에 제출하고 이를 공표하여야 한다. 다만, 이 법에 따라 보호되어야 하는 방위산업기술 및 군사기밀에 해당하는 사항은 공표하지 아니한다. <신설 2024. 1. 16.>

⑤ 종합계획의 수립 · 시행에 필요한 사항은 대통령령으로 정한다. <개정 2024. 1. 16.>

제5조(시행계획의 수립 · 시행)

① 방위사업청장은 종합계획에 따라 매년 방위산업기술의 보호에 관한 시행

계획(이하 "시행계획"이라 한다)을 수립 · 시행하여야 한다.

② 방위사업청장은 시행계획의 추진상황을 매년 점검 · 평가하여 다음 종합계획을 수립할 때 그 결과를 반영하여야 한다. <신설 2024. 1. 16.>

③ 방위사업청장은 시행계획을 수립한 때에는 국회 소관 상임위원회에 제출하고 이를 공표하여야 한다. 다만, 이 법에 따라 보호되어야 하는 방위산업기술 및 군사기밀에 해당하는 사항은 공표하지 아니한다. <신설 2024. 1. 16.>

④ 시행계획의 수립 · 시행에 필요한 사항은 대통령령으로 정한다. <개정 2024. 1. 16.>

제6조(방위산업기술보호위원회)

① 방위산업기술의 보호에 관한 다음 각 호의 사항을 심의하기 위하여 국방부장관 소속으로 방위산업기술보호위원회(이하 "위원회"라 한다)를 둔다.

1. 종합계획 및 시행계획의 수립 · 시행에 관한 사항
2. 방위산업기술의 보호에 관한 주요 정책 및 계획에 관한 사항
3. 제7조에 따른 방위산업기술의 지정 · 변경 및 해제에 관한 사항
4. 그 밖에 방위산업기술의 보호를 위하여 필요한 것으로서 대통령령으로 정하는 사항

② 위원회는 위원장 1명을 포함한 25명 이내의 위원으로 구성한다. 이 경우 위원 중에는 제3항제5호에 해당하는 사람이 5명 이상 포함되어야 한다.

③ 위원장은 국방부장관이 되고, 부위원장은 방위사업청장이 되며, 위원은 다음 각 호의 사람이 된다. <개정 2017. 3. 21., 2017. 7. 26.>

1. 국방부 · 방위사업청 · 합동참모본부 및 각군의 실 · 국장급 공무원 또는 장성급(將星級) 장교 중에서 대통령령으로 정하는 사람
2. 법무부 · 과학기술정보통신부 · 외교부 및 산업통상자원부의 실 · 국장급 공무원으로서 소속기관의 장이 추천하는 사람 중에서 국방부장관이 위촉하는 사람
3. 「국방과학연구소법」에 따른 국방과학연구소의 장 및 「방위사업법」에 따른 국방기술품질원의 장

4. 방위산업기술의 보호 관련 업무를 수행하는 대통령령으로 정하는 정보수사기관(이하 "정보수사기관"이라 한다)의 실·국장급 공무원 또는 장성급 장교로서 소속기관의 장이 추천하는 사람 중에서 국방부장관이 위촉하는 사람
정보수사기관: 국정원, 검찰청, 경찰청, 해양경찰청, 국군방첩사령부
5. 방위산업기술의 보호에 관한 전문지식 및 경험이 풍부한 사람으로서 국방부장관이 위촉하는 사람

④ 방위산업기술의 보호에 관한 다음 각 호의 사항을 지원하기 위하여 위원회에 실무위원회를 둔다.

1. 위원회의 심의사항에 대한 사전검토
2. 그 밖에 방위산업기술 보호를 위하여 필요한 실무적 사항으로서 대통령령으로 정하는 사항

⑤ 그 밖에 위원회 및 실무위원회의 구성·운영 및 위원의 임기 등에 관하여 필요한 사항은 대통령령으로 정한다.

제7조(방위산업기술의 지정·변경 및 해제 등)

① 방위사업청장은 위원회의 심의를 거쳐 방위산업기술을 지정한다.

② 방위사업청장은 제1항에 따라 지정될 방위산업기술을 선정함에 있어서 해당 기술이 국가안보에 미치는 효과 및 해당 분야의 연구동향 등을 종합적으로 고려하여 필요한 최소한의 범위에서 선정하여야 한다.

③ 방위사업청장은 위원회의 심의를 거쳐 지정된 방위산업기술의 변경이나 지정 해제를 할 수 있다.

④ 방위사업청장은 제1항에 따라 방위산업기술을 지정하거나 제3항에 따라 지정된 방위산업기술을 변경 또는 지정 해제한 때에는 이를 고시하여야 한다.

⑤ 위원회는 제1항 및 제3항에 따라 방위산업기술의 지정 및 변경에 대한 심의를 함에 있어서 대상기관 등 이해관계인의 요청이 있는 경우에는 대통령령으로 정하는 바에 따라 의견을 진술할 기회를 주어야 한다.

⑥ 대상기관은 해당 기관이 보유하고 있는 기술이 방위산업기술에 해당하는지에 대한 판정을 대통령령으로 정하는 바에 따라 방위사업청장에게 신청할 수

있다.

⑦ 제1항 및 제3항에 따른 방위산업기술의 지정 · 변경 및 해제의 기준 · 절차, 그 밖에 필요한 사항은 대통령령으로 정한다.

제8조(연구개발사업 수행 시 방위산업기술의 보호)

① 대상기관의 장은 방위산업기술과 관련된 연구개발사업을 수행하는 과정에서 개발성과물이 외부로 유출되지 아니하도록 연구개발 단계별로 방위산업기술의 보호에 필요한 대책을 수립 · 시행하여야 한다.

② 제1항에 따른 대책의 수립 · 시행에 필요한 사항은 대통령령으로 정한다.

제9조(방위산업기술의 수출 및 국내이전 시 보호)

① 대상기관의 장은 방위산업기술의 수출(제3국간의 중개를 포함한다. 이하 같다) 및 국내이전 시 제10조에 따른 유출 및 침해가 발생하지 않도록 방위산업기술의 보호에 필요한 대책을 수립하여야 한다.

② 방위산업기술의 수출 시 절차 및 규제에 관하여는 「방위사업법」 제57조 및 「대외무역법」 제19조를 따르고, 국내이전에 관하여는 「국방과학기술혁신 촉진법」 제13조제3항을 따른다. <개정 2020. 3. 31.>

③ 방위사업청장은 제1항 및 제2항에 따른 수출 및 국내이전 과정에서 방위산업기술 보호를 위하여 대통령령으로 정하는 바에 따라 필요한 조치를 취할 수 있다.

제10조(방위산업기술의 유출 및 침해 금지)

누구든지 다음 각 호의 어느 하나에 해당하는 행위를 하여서는 아니 된다.

1. 부정한 방법으로 대상기관의 방위산업기술을 취득, 사용 또는 공개(비밀을 유지하면서 특정인에게 알리는 것을 포함한다. 이하 같다)하는 행위
2. 제1호에 해당하는 행위가 개입된 사실을 알고 방위산업기술을 취득 · 사용 또는 공개하는 행위
3. 제1호에 해당하는 행위가 개입된 사실을 중대한 과실로 알지 못하고 방위

산업기술을 취득·사용 또는 공개하는 행위

제11조(방위산업기술의 유출 및 침해 신고 등)

① 대상기관의 장은 제10조 각 호의 어느 하나에 해당하는 행위가 발생할 우려가 있거나 발생한 때에는 즉시 방위사업청장 또는 정보수사기관의 장에게 그 사실을 신고하여야 하고, 방위산업기술의 유출 및 침해를 방지하기 위하여 필요한 조사 및 조치를 요청할 수 있다. <개정 2020. 12. 22.>

② 방위사업청장 또는 정보수사기관의 장은 제1항에 따른 요청을 받은 경우 또는 제10조에 따른 금지행위를 인지한 경우에는 방위산업기술의 유출 및 침해를 방지하기 위하여 필요한 조사 및 조치를 하여야 한다. 다만, 「국군조직법」 제2조제3항에 따라 설치된 정보수사기관의 장은 유출 및 침해된 방위산업기술이 「군사기밀 보호법」에 따른 군사기밀에 해당하는 경우에 한정하여 조사 및 조치를 할 수 있다. <개정 2020. 12. 22.>

제11조의2(조사)

① 방위사업청장 또는 정보수사기관의 장은 방위산업기술 유출 및 침해의 확인에 필요한 정보나 자료를 수집하기 위하여 조사대상자(조사의 대상이 되는 법인·단체 또는 그 기관이나 개인을 말한다. 이하 이 조에서 같다)에게 출석요구, 진술요구, 보고요구 및 자료제출요구를 할 수 있고, 현장조사·문서열람을 할 수 있다.

② 제1항에 따라 출석·진술을 요구하는 때에는 다음 각 호의 사항이 기재된 출석요구서를 발송하여야 한다. 이 경우 출석한 조사대상자가 제1항에 따른 출석요구서에 기재된 내용을 이행하지 아니하여 조사의 목적을 달성할 수 없는 경우를 제외하고는 조사원(조사업무를 수행하는 방위사업청 또는 정보수사기관의 공무원·직원을 말한다. 이하 이 조에서 같다)은 조사대상자의 1회 출석으로 해당 조사를 종결하여야 한다.

1. 일시와 장소
2. 출석요구의 취지

3. 출석하여 진술하여야 하는 내용

4. 제출자료

5. 출석거부에 대한 제재(근거 법령 및 조항을 포함한다)

6. 그 밖에 해당 조사와 관련하여 필요한 사항

③ 제1항에 따라 조사사항에 대하여 보고를 요구하는 때에는 다음 각 호의 사항이 포함된 보고요구서를 발송하여야 한다.

1. 일시와 장소

2. 조사의 목적과 범위

3. 보고하여야 하는 내용

4. 보고거부에 대한 제재(근거 법령 및 조항을 포함한다)

5. 그 밖에 해당 조사와 관련하여 필요한 사항

④ 조사대상자에게 제1항에 따라 장부·서류나 그 밖의 자료를 제출하도록 요구하는 때에는 다음 각 호의 사항이 기재된 자료제출요구서를 발송하여야 한다.

1. 제출기간

2. 제출요청사유

3. 제출서류

4. 제출서류의 반환 여부

5. 제출거부에 대한 제재(근거 법령 및 조항을 포함한다)

6. 그 밖에 해당 조사와 관련하여 필요한 사항

⑤ 제1항에 따른 현장조사를 실시하는 경우에는 다음 각 호의 사항이 기재된 현장출입조사서 또는 법령 등에서 현장조사 시 제시하도록 규정하고 있는 문서를 조사대상자에게 발송하여야 한다.

1. 조사목적

2. 조사기간과 장소

3. 조사원의 성명과 직위

4. 조사범위와 내용

5. 제출자료

6. 조사거부에 대한 제재(근거 법령 및 조항을 포함한다)

7. 그 밖에 해당 조사와 관련하여 필요한 사항

⑥ 제5항에 따라 현장조사를 하는 조사원은 그 권한을 표시하는 증표를 관계인에게 제시하여야 한다.

⑦ 제1항에 따라 조사를 실시한 방위사업청장 또는 정보수사기관의 장은 동일한 사안에 대하여 동일한 조사대상자를 재조사하여서는 아니 된다. 다만, 위법행위가 의심되는 새로운 증거를 확보한 경우에는 그러하지 아니하다.

⑧ 방위사업청장 또는 정보수사기관의 장은 제9항에 따른 사전통지를 하기 전에 개별조사계획(조사의 목적·종류·대상·방법 및 기간, 조사거부 시 제재의 내용 및 근거를 포함한다)을 수립하여야 한다. 다만, 조사의 시급성으로 개별조사계획을 수립할 수 없는 경우에는 조사에 대한 결과보고서로 개별조사계획을 갈음할 수 있다.

⑨ 조사를 실시하고자 하는 방위사업청장 또는 정보수사기관의 장은 제2항에 따른 출석요구서, 제3항에 따른 보고요구서, 제4항에 따른 자료제출요구서 및 제5항에 따른 현장출입조사서 또는 법령 등에서 현장조사 시 제시하도록 규정하고 있는 문서(이하 "출석요구서등"이라 한다)를 조사 개시 7일 전까지 조사대상자에게 서면으로 통지하여야 한다. 다만, 다음 각 호의 어느 하나에 해당하는 경우에는 조사의 개시와 동시에 출석요구서등을 조사대상자에게 제시하거나 조사의 목적 등을 조사대상자에게 구두로 통지할 수 있다.

1. 조사를 실시하기 전에 관련 사항을 미리 통지하는 때에는 증거인멸 등으로 조사의 목적을 달성할 수 없다고 판단되는 경우

2. 조사대상자의 자발적인 협조를 얻어 실시하는 조사의 경우

⑩ 출석요구서등을 통지받은 사람이 천재지변 등으로 조사를 받을 수 없는 때에는 해당 조사를 연기하여 줄 것을 요청할 수 있다

⑪ 조사대상자는 제9항에 따른 사전통지의 내용에 대하여 방위사업청장 또는 정보수사기관의 장에게 의견을 제출할 수 있으며 조사대상자가 제출한 의견이 상당한 이유가 있다고 인정하는 경우에는 방위사업청장 또는 정보수사기관의 장은 이를 조사에 반영하여야 한다.

⑫ 방위사업청장 또는 정보수사기관의 장은 법령 등에 특별한 규정이 있는 경우를 제외하고는 조사의 결과를 확정한 날부터 7일 이내에 그 결과를 조사대상자

에게 통지하여야 한다.

⑬ 그 밖에 조사에 필요한 절차·운영에 관한 사항은 대통령령으로 정한다.
[본조신설 2020. 12. 22.]

제12조(방위산업기술 보호를 위한 실태조사)

① 방위사업청장은 방위산업기술 보호를 위하여 필요한 경우 대상기관의 방위산업기술 보호체계의 구축·운영에 대한 실태조사를 실시할 수 있다.

② 실태조사의 대상·범위 및 방법 등에 관하여 필요한 사항은 대통령령으로 정한다.

제13조(방위산업기술 보호체계의 구축 · 운영 등)

① 대상기관의 장은 방위산업기술의 보호를 위하여 방위산업기술 보호체계를 구축·운영하여야 한다.

② 방위사업청장은 제12조에 따른 실태조사의 결과 또는 정보수사기관의 의견 등을 고려하여 방위산업기술 보호체계의 구축·운영이 부실하다고 판단되는 경우 대상기관의 장에게 개선을 권고할 수 있다.

③ 방위사업청장은 제2항에 따른 개선권고를 이행하지 않거나 불성실하게 이행한다고 판단되는 경우 대상기관의 장에게 시정을 명할 수 있다.

④ 누구든지 정당한 사유 없이 제1항 및 제3항에 따른 방위산업기술 보호체계의 운영과 관련한 각종 조치를 기피 · 거부하거나 방해하여서는 아니 된다.

⑤ 제1항부터 제3항까지에 따른 방위산업기술 보호체계의 구축·운영, 개선권고, 시정명령의 절차 및 방법 등에 관하여 필요한 사항은 대통령령으로 정한다.

제14조(방위산업기술 보호를 위한 지원)

① 정부는 대상기관이 방위산업기술 보호체계를 구축·운영하거나 개선권고 또는 시정명령을 이행함에 있어서 방위산업기술 보호를 위하여 필요하다고 인정되는 경우 다음 각 호의 사항을 지원할 수 있다.

1. 방위산업기술 보호체계 구축 · 운영에 필요한 자문 및 비용지원
2. 방위산업기술보호 전문인력 양성지원
3. 방위산업기술 보호를 위한 기술 및 기술개발의 지원
4. 그 밖에 방위산업기술의 보호를 위하여 필요한 사항

② 제1항에 따른 지원의 방법 · 범위 및 절차 등에 관하여 필요한 사항은 대통령령으로 정한다.

第15조(국제협력)

정부는 방위산업기술의 보호에 관한 국제협력을 촉진하기 위하여 수출입 대상국가와 협력체계 구축, 전문인력 교류 등 필요한 사업을 추진할 수 있다.

第16조(방위산업기술 보호에 관한 교육)

① 방위사업청장은 방위산업기술을 보호하기 위하여 대상기관의 임직원을 대상으로 교육을 실시할 수 있다.

② 대상기관의 장은 방위산업기술의 보호를 위하여 소속 임직원에 대하여 정기적으로 교육을 실시하여야 한다.

③ 제1항 및 제2항에 따른 교육의 내용 · 방법 · 기간 및 주기 등에 관하여 필요한 사항은 대통령령으로 정한다.

第17조(포상 및 신고자 보호 등)

① 정부는 방위산업기술 보호에 기여한 공이 큰 자에 대하여 예산의 범위에서 포상 및 포상금을 지급할 수 있다.

② 제1항에 따른 포상 · 포상금 지급 등의 기준 · 방법 및 절차에 관하여 필요한 사항은 대통령령으로 정한다.

③ 방위산업기술 유출 및 침해행위에 대한 신고, 보상 및 신고자 보호에 관해서는 「공익신고자 보호법」을 따른다.

제18조(자료요구)

방위사업청장은 다음 각 호의 사항에 대하여 관계 행정기관 및 대상기관의 장에게 자료의 제출을 요구할 수 있고, 이 경우 제출을 요구받은 자는 특별한 사유가 없으면 이에 따라야 한다.

1. 제4조제3항제3호 및 제4호에 따른 보호기반 구축과 보호기술의 연구개발에 관한 사항
2. 제7조에 따른 방위산업기술의 지정 · 변경 · 해제
3. 제9조제1항에 따른 수출 및 국내이전 시 보호대책 수립 및 시행 여부 확인
4. 제12조제1항에 따른 실태조사

제19조(비밀 유지의 의무 등)

다음 각 호의 어느 하나에 해당하거나 해당하였던 사람은 그 직무상 알게 된 비밀을 누설하거나 도용해서는 아니 된다.

1. 대상기관의 임직원(교수 · 연구원 및 학생 등 관계자를 포함한다)
2. 제6조에 따라 방위산업기술 보호에 관한 심의 업무를 수행하는 사람
3. 제9조제1항에 따라 방위산업기술의 수출 및 국내이전 등 관련 업무를 수행하는 사람
4. 제11조에 따라 유출 및 침해행위의 신고접수 및 방지 등의 업무를 수행하는 사람
5. 제12조에 따라 방위산업기술 보호체계의 구축 · 운영에 대한 실태조사 업무를 수행하는 사람

제20조(벌칙 적용에서 공무원 의제)

다음 각 호의 업무를 행하는 사람은 「형법」 제129조부터 제132조까지를 적용할 때에는 공무원으로 본다.

1. 제7조에 따라 방위산업기술의 지정 · 변경 및 해제 업무를 수행하는 위원회의 위원 중 공무원이 아닌 사람
2. 제12조에 따른 실태조사 등 관련 업무를 수행하는 사람

제21조(벌칙)

① 방위산업기술을 외국에서 사용하거나 사용되게 할 목적으로 제10조제1호 및 제2호에 해당하는 행위를 한 사람은 20년 이하의 징역 또는 20억원 이하의 벌금에 처한다. <개정 2017. 11. 28.>

② 제10조제1호 및 제2호에 해당하는 행위를 한 사람은 10년 이하의 징역 또는 10억원 이하의 벌금에 처한다. <개정 2017. 11. 28.>

③ 제10조제3호에 해당하는 행위를 한 사람은 5년 이하의 징역 또는 5억원 이하의 벌금에 처한다. <개정 2017. 11. 28.>

④ 제19조를 위반하여 비밀을 누설·도용한 사람은 7년 이하의 징역이나 10년 이하의 자격정지 또는 7천만원 이하의 벌금에 처한다.

⑤ 제1항부터 제3항까지의 죄를 범한 사람이 그 범죄행위로 인하여 얻은 재산은 몰수한다. 다만, 그 재산의 전부 또는 일부를 몰수할 수 없는 때에는 그 가액을 추징한다.

⑥ 제1항 및 제2항의 미수범은 처벌한다.

⑦ 제1항부터 제3항까지의 징역형과 벌금형은 병과할 수 있다.

제22조(예비 · 음모)

① 제21조제1항의 죄를 범할 목적으로 예비 또는 음모한 사람은 5년 이하의 징역 또는 5천만원 이하의 벌금에 처한다.

② 제21조제2항의 죄를 범할 목적으로 예비 또는 음모한 사람은 3년 이하의 징역 또는 3천만원 이하의 벌금에 처한다.

제23조(양벌규정)

법인의 대표자나 법인 또는 개인의 대리인, 사용인, 그 밖의 종업원이 그 법인 또는 개인의 업무에 관하여 제21조제1항부터 제3항까지의 어느 하나에 해당하는 위반행위를 하면 그 행위자를 벌하는 외에 그 법인 또는 개인에게도 해당 조문의 벌금형을 과한다. 다만, 법인 또는 개인이 그 위반행위를 방지하기 위하여 해당

업무에 관하여 상당한 주의와 감독을 게을리하지 아니한 경우에는 그러하지 아니하다.

제24조(과태료)

① 다음 각 호의 어느 하나에 해당하는 사람에게는 3천만원 이하의 과태료를 부과한다.

1. 제11조제1항에 따른 방위산업기술 유출 및 침해 신고를 하지 아니한 사람
2. 제13조제3항에 따른 시정명령을 이행하지 아니한 사람
3. 제13조제4항에 따른 방위산업기술 보호체계의 운영과 관련한 각종 조치를 기피 · 거부 또는 방해한 사람
4. 제18조에 따른 관련 자료를 제출하지 아니하거나 허위로 제출한 대상기관(행정기관은 제외한다)의 장

② 제1항에 따른 과태료는 대통령령으로 정하는 바에 따라 방위사업청장이 부과 · 징수한다. <개정 2024. 1. 16.>

3. 방위산업 방첩 법제

가. 국가방첩 법제

1) 방첩업무규정의 연혁

2012년 5월 14일 국가안보와 국익에 반하는 외국의 정보활동을 찾아내고 그 정보활동을 견제 · 차단하기 위하여 국가정보원 등 방첩기관이 방첩 업무를 수행하는 경우 방첩기관 간 또는 방첩기관과 관계 기관 간 방첩 업무의 통합적 수행에 필요한 협조 체계를 구축하고, 방첩기관 등의 구성원이 외국인을 접촉한 경우에 특이사항이 발견된 때에는 이를 신고하는 절차를 마련하는 등 효율적인 국가방첩 업무의 수행에 필요한 사항을 정하기 위하여 대통령령으로 「방첩업무규정」을 제정하였다.[66]

66 「방첩업무 규정」 [시행 2012. 5. 14.] [대통령령 제23780호, 2012. 5. 14., 제정].

2) 방첩업무규정의 목적

현행 「방첩업무규정」은 「국가정보원법」 제4조에 따라 국가정보원의 직무 중 방첩(防諜)에 관한 업무의 수행과 이를 위한 기관 간 협조 등에 관한 사항을 규정하여 국가안보에 이바지함을 목적으로 한다.[67]

3) 방첩업무규정의 구성

「방첩업무규정」은 장·절 구분없이 제1조 목적부터 제16조 민감정보 등의 처리로 구성되어 있다.

제1조 목적, 제2조 정의, 제3조 방첩업무의 범위, 제4조 기관 간 협조, 제4조의2 방첩정보공유센터, 제5조 방첩업무의 기획 · 조정, 제6조 국가방첩업무 지침의 수립 등, 제7조 외국인 접촉 시 국가기밀등의 보호, 제8조 외국인 접촉 시 특이사항의 신고 등, 제9조 외국 정보 · 수사기관 구성원 접촉 절차, 제9조의2 외국 정보 · 수사기관과 교류 · 협력, 제10조 국가방첩전략회의의 설치 및 운영 등, 제11조 국가방첩전략실무회의의 설치 및 운영 등, 제12조 지역방첩협의회의 설치 및 운영 등, 제13조 방첩교육, 제14조 외국인 접촉의 부당한 제한 금지, 제15조 홍보, 제15조의2 신고 및 포상, 제16조 민감정보 등의 처리

4) 방첩업무규정 체계도

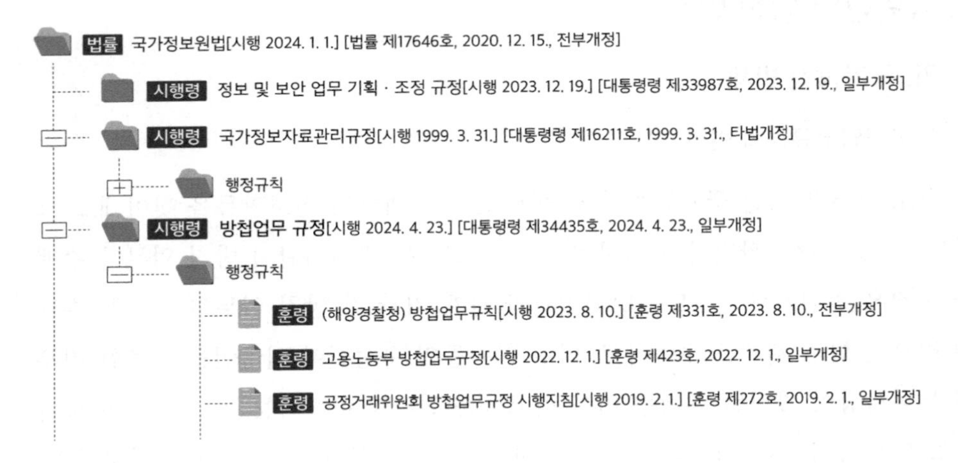

67 「방첩업무 규정」 [시행 2024. 4. 23.] [대통령령 제34435호, 2024. 4. 23., 일부개정] 제1조 목적

훈령 과학기술정보통신부 방첩업무규정 시행지침[시행 2019. 2. 7.] [훈령 제58호, 2019. 2. 7., 일부개정]
훈령 관세청 방첩업무에 관한 훈령[시행 2023. 7. 21.] [훈령 제2280호, 2023. 7. 21., 폐지제정]
훈령 국가보훈부 방첩업무규정 시행지침[시행 2023. 6. 5.] [훈령 제2호, 2023. 6. 5., 타법개정]
훈령 국립전파연구원 방첩업무규정 시행지침[시행 2024. 6. 3.] [훈령 제109호, 2024. 6. 3., 일부개정]
훈령 국토교통부 방첩업무시행지침[시행 2013. 4. 11.] [훈령 제5호, 2013. 4. 11., 일부개정]
훈령 금융위원회 방첩업무규정 시행지침[시행 2013. 7. 1.] [훈령 제44호, 2013. 7. 1., 제정]
훈령 농촌진흥청 방첩업무규정 시행지침[시행 2012. 12. 28.] [훈령 제925호, 2012. 12. 28., 제정]
훈령 문화체육관광부 방첩업무규정 시행지침[시행 2019. 4. 16.] [훈령 제374호, 2019. 4. 16., 일부개정]
훈령 보건복지부 방첩업무규정 운용세칙[시행 2022. 12. 30.] [훈령 제216호, 2022. 12. 30., 타법개정]
훈령 산업통상자원부 방첩업무 시행지침[시행 2013. 5. 23.] [훈령 제2013-7호, 2013. 5. 23., 제정]
훈령 새만금개발청 방첩업무 규정 시행지침[시행 2021. 5. 6.] [훈령 제165호, 2021. 5. 6., 제정]
훈령 식품의약품안전처 방첩업무 운영규정[시행 2014. 4. 1.] [훈령 제56호, 2014. 4. 1., 제정]
훈령 여성가족부 방첩업무규정 시행지침[시행 2013. 7. 5.] [훈령 제52호, 2013. 7. 5., 제정]
훈령 외교부 방첩업무규정 시행지침[시행 2016. 12. 20.] [훈령 제83호, 2016. 12. 20., 폐지제정]
훈령 원자력안전위원회 방첩업무규정 시행지침[시행 2020. 8. 21.] [훈령 제148호, 2020. 8. 21., 일부개정]
훈령 인사혁신처 방첩업무규정 시행규칙[시행 2017. 12. 18.] [훈령 제58호, 2017. 12. 18., 제정]
훈령 중소벤처기업부 방첩업무규정 시행지침[시행 2019. 10. 22.] [훈령 제49호, 2019. 10. 22., 일부개정]
훈령 질병관리청 방첩업무규정 운용세칙[시행 2021. 12. 23.] [훈령 제38호, 2021. 12. 23., 제정]
훈령 특허청 방첩업무규정 시행세칙[시행 2024. 4. 4.] [훈령 제1160호, 2024. 4. 4., 일부개정]
훈령 해양수산부 방첩업무시행지침[시행 2021. 9. 27.] [훈령 제615호, 2021. 9. 27., 일부개정]
훈령 행정안전부 방첩업무규정 시행세칙[시행 2021. 3. 12.] [훈령 제185호, 2021. 3. 12., 제정]
훈령 환경부 방첩업무규정 시행지침[시행 2016. 6. 21.] [훈령 제1220호, 2016. 6. 21., 제정]
예규 방사청 방첩업무 규정[시행 2022. 10. 18.] [예규 제807호, 2022. 10. 18., 일부개정]
예규 중앙전파관리소 방첩업무규정 시행세칙[시행 2024. 5. 20.] [예규 제190호, 2024. 5. 20., 일부개정]
시행령 보안업무규정[시행 2021. 1. 1.] [대통령령 제31354호, 2020. 12. 31., 일부개정]
행정규칙
시행령 사이버안보 업무규정[시행 2024. 3. 5.] [대통령령 제34287호, 2024. 3. 5., 일부개정]
시행령 안보침해 범죄 및 활동 등에 관한 대응업무규정[시행 2024. 1. 1.] [대통령령 제33988호, 2023. 12. 19., 제정]
시행령 우주안보 업무규정[시행 2024. 5. 27.] [대통령령 제34434호, 2024. 4. 23., 전부개정]

5) 용어의 정의(방첩업무규정 제2조)

1. "방첩"이란 국가안보와 국익에 반하는 외국 및 외국인 · 외국단체 · 초국가행위자 또는 이와 연계된 내국인(이하 "외국등"이라 한다)의 정보활동을 찾아내고 그 정보활동을 확인 · 견제 · 차단하기 위하여 하는 정보의 수집 · 작성 및 배포 등을 포함한 모든 대응활동을 말한다.
2. "외국등의 정보활동"이란 외국등의 정보 수집활동과 그 밖의 활동으로서 대한민국의 국가안보와 국익에 영향을 미칠 수 있는 모든 활동을 말한다.
3. "방첩기관"이란 방첩에 관한 업무를 수행하는 다음 각 목의 기관을 말한다.
   가. 국가정보원, 나. 법무부, 다. 관세청, 라. 경찰청, 마. 특허청
   바. 해양경찰청, 사. 국군방첩사령부
4. "관계기관"이란 방첩기관 외의 기관으로서 다음 각 목의 기관을 말한다.
   가. 「정부조직법」 또는 그 밖의 법령에 따라 설치된 국가기관
   나. 지방자치단체 중 국가정보원장이 제10조에 따른 국가방첩전략회의의 심의를 거쳐 지정하는 지방자치단체
   다. 「공공기관의 운영에 관한 법률」 제4조에 따른 공공기관 중 국가정보원장이 제10조에 따른 국가방첩전략회의의 심의를 거쳐 지정하는 기관

6) 방첩업무규정 개정 주요내용[68]

가) 방첩기관 등의 범위 조정(제2조제3호마목 신설, 제10조제3항제1호 및 제2호)

국가핵심기술의 해외유출 방지, 산업재산 분야에서 외국 등의 정보활동에 대한 정보의 수집·작성·배포 및 외국 등의 정보활동 확인·견제·차단 등 대응을 위해 방첩에 관한 업무를 수행하는 기관에 특허청을 추가하고, 국가방첩전략회의의 위원에 교육부 차관급 공무원 및 특허청 차장을 추가하였다.

나) 국민 안전 보호를 위한 대응조치 업무 수행 기관 확대(제3조 각 호 외의 부분 후단 삭제)

종전에는 국가정보원만 할 수 있는 업무로 한정하던 외국 등의 정보활동 관련 국민의 안전을 보호하기 위하여 취하는 대응조치 업무를 앞으로는 법무부 등 모든 방첩기관이 수행할 수 있도록 하였다.

68 「방첩업무 규정」 [시행 2024. 4. 23.] [대통령령 제34435호, 2024. 4. 23., 일부개정] 개정 주요내용.

다) 방첩정보공유센터의 업무범위 명확화(제4조의2제2항 신설)

방첩정보공유센터의 업무를 방첩기관 간 또는 방첩기관과 관계 기관 간 방첩 관련 정보의 원활한 공유를 위한 플랫폼의 구축 · 운영, 방첩 관련 정보의 분석 · 평가, 방첩기관의 외국 등의 정보활동에 대한 대응 지원, 방첩 관련 신고 · 제보의 분석 · 처리 등으로 명확하게 규정하였다.

라) 외국의 정보 · 수사기관의 구성원 접촉 시 사후보고 절차 마련(제9조제2항 신설)

방첩기관 또는 관계기관의 구성원은 법령에 따른 직무 수행 외의 목적으로 외국 정보 · 수사기관의 구성원을 접촉하려는 경우 소속 방첩기관 또는 관계 기관의 장에게 미리 보고해야 하나 부득이한 사유로 미리 보고하지 않은 경우에는 외국 정보 · 수사기관의 구성원과 접촉 후 즉시 소속기관의 장에게 보고하도록 하고, 보고를 받은 방첩기관 또는 관계 기관의 장은 그 내용을 국가정보원장에게 통보하도록 하였다.

마) 신고 및 포상 규정 신설(제15조의2 신설)

국가정보원장은 방첩 업무수행에 도움이 되는 제보 또는 신고를 한 자에게 포상금을 지급하거나 표창을 수여할 수 있도록 하였다.

나. 방산방첩 법제

1) 방사청 방첩업무규정의 목적

방사청 「방첩업무규정」은 「국가정보원법」 제4조, 「방첩업무규정」,「군방첩업무훈령」의 적절한 운영을 기하기 위하여 필요한 사항을 규정함을 목적으로 한다.[69]

2) 방사청 방첩업무규정의 구성

방사청의 「방첩업무규정」은 장 · 절 구분 없이 제1조 목적부터 제19조 재검토기한으로 구성되어 있다.

69 「방첩업무 규정」 [시행 2022. 10. 18.] [방위사업청예규 제807호, 2022. 10. 18., 일부개정] 제1조 목적.

제1조 목적, 제2조 정의, 제3조 적용, 제4조 방첩업무 담당부서 및 담당관, 제5조 개인의 임무와 책임, 제6조 외국인 접촉절차, 제7조 외국인 접촉시 특이사항 등의 신고, 제8조 외국 정보기관 구성원 접촉절차, 제9조 외국 정보기관 방문 등 국제협력 절차, 제10조 해외근무 시 방첩대책, 제11조 외국인 접촉의 부당한 제한 금지, 제12조 방첩교육, 제13조 기타 통보 사항, 제14조 방첩업무 전산시스템 운용, 제15조 서류의 보존, 제16조 조사 및 점검, 제17조 계도장 발부, 제18조 포상 및 방첩 상·벌점, 제19조 재검토 기한

3) 방사청 방첩업무규정 체계도

4) 용어의 정의(방사청 방첩업무규정 제2조)

1. "방첩"이란 국가안보와 국익에 반하는 북한, 외국 및 외국인 · 외국단체 · 초국가행위자 또는 이와 연계된 내국인의 정보활동을 찾아내고 그 정보활동을 확인 · 견제 · 차단 하기 위하여 하는 정보의 수집 · 작성 및 배포 등을 포함한 모든 대응 활동을 말한다.
2. "군방첩"이란 군사상 기밀(군관련 국가기밀을 포함한다)을 탐지 · 수집하는 등 국가안보와 국익에 반하는 북한, 외국 및 외국인 · 외국단체 · 초국가행위자 또는 이와 연계된 군관련 내국인의 정보활동을 찾아내고 그 정보활동을 확인 · 견제 · 차단하기 위하여 하는 정보의 수집 · 작성 및 배포 등을 포함한 군에서 수행하는 모든 대응 활동을 말한다.

3. "외국등의 정보활동"이란 제1호 및 제2호에 열거된 대상의 정보 수집 활동과 그 밖의 활동으로서 대한민국의 국가안보와 국익에 영향을 미칠 수 있는 모든 활동을 말한다.
4. "외국 정보기관"이란 특정국가에서 다른 국가에 대한 정보 수집을 주된 목적으로 설치된 기관을 말한다.

5) 방사청 방첩업무규정의 주요내용

제3조(적용)

이 예규는 방위사업청(청본부 및 소속기관을 포함한다)(이하 "청"이라 한다) 및 산하 모든 기관에 적용한다.[70]

산업통상자원부 방첩업무 시행지침 제3조(적용)[71]
① 이 지침은 산업통상자원부(이하 "본부"라 한다)와 그 소속기관 및 산하 공기업, 준정부기관, 기타 공공기관(이하 "산하 기관"이라 한다)에 적용되는 것을 원칙으로 하며, 관계조항은 산하의 유관 주요기업체 및 단체에도 적용된다.
② 소속기관, 산하 기관, 유관주요기업체 및 단체의 장은 이 지침에 규정되어 있지 않은 사항에 대하여는 각기 업무의 특수성을 감안하여 규정과 본 지침에 저촉되지 않는 범위 내에서 자체 내규를 정하여 사용할 수 있다.

제4조(방첩업무 담당부서 및 담당관)

① 청의 방첩담당관은 운영지원과장이 임명과 동시에 그 직을 수행하고, 직위를 떠난 경우에는 해임된 것으로 본다.

② 분임방첩담당관은 청의 「보안업무규정」(방위사업청훈령, 이하 "청 보안업무규정"이라 한다)상의 분임보안담당관이 겸임한다.

1. 청본부: 각 국장·관이 임명하는 과장 또는 담당관, 비서실장, 대변인, 비상기획보안팀장, 조직인사담당관이 임명하는 팀장
2. 기반전력사업본부, 미래전력사업본부: 각 부(단)장이 지명하는 과·팀장

70 방첩업무 관계 기관에 방산업체 추가 필요성에 대하여는 김영기, "방산안보 환경변화에 따른 국가정보의 역할", 한국국가정보학회 2022 연례학술회의, p.150, 2022.12 참조.

71 산업통상자원부「방첩업무 시행지침」[시행 2013. 5. 23.] [산업통상자원부훈령 제2013-7호, 2013. 5. 23., 제정] 제3조(적용).

③ 방첩담당관의 임무는 다음 각 호와 같다.

1. 「방첩업무규정」(대통령령, 이하 "규정"이라 한다) 제7조제2항, 「군방첩업무훈령」(국방부훈령, 이하 "군훈령"이라 한다) 제7조에 따른 방첩관련 자체훈령 제정 · 시행에 관한 업무
2. 분임방첩담당관의 임무에 대한 총괄역할을 하며, 방첩사고관련 사항 발생 시 국가정보원 및 군사안보지원부대에 통보

④ 분임방첩담당관의 임무는 다음 각 호와 같다.

1. 규정 제8조제1항, 군훈령 제9조에 따른 외국인 접촉 시 특이사항의 접수 및 방첩담당관 보고에 관한 업무
2. 규정 제9조, 군훈령 제10조에 따른 외국정보기관 구성원 접촉 관리에 관한 업무
3. 규정 제13조, 군훈령 제12조에 따른 방첩교육 시행에 관한 확인 업무
4. 기타 방첩업무의 원활한 수행을 위해 필요한 업무

제5조(개인의 임무와 책임)

① 청직원은 외국을 방문하거나 외국인을 접촉할 때에는 외국등의 정보활동에 대응하기 위한 적절한 보호대책을 강구해야 하며 외국인 접촉절차를 반드시 준수하여야 한다.

② 이 예규의 적용을 받는 개인이 규정 제7조에 해당하는 사항을 발견하거나 관련 사항을 인지하였을 때에는 지체없이 분임방첩담당관에 신고하여야 한다.

제6조(외국인 접촉절차)

① 이 예규의 적용을 받는 개인이 다음 각 호의 외국인을 접촉 또는 외국인이 청에 출입하는 경우에는 별지 제1호서식에 의한 접촉 신청서를 작성하여 방첩담당관에 제출하여야 하며, 국제교류 행사 등 단체 접촉에 따라 신청자가 다수일 경우 대표자를 선정하여 접촉 신청서를 작성할 수 있다. 다만, 그 접촉 사실이 보고서 등 공식 문서로 존안하는 경우에는 그 문서로 접촉신청서를 갈음할 수 있다.

1. 駐韓 외국대사관(국방무관부 포함) 직원
2. 訪韓 외국공무원(외국군인 포함) 등 외국 정부기관(외국군 포함) 구성원
3. 외국 언론사 직원
4. 외국 연구기관 또는 사회단체 구성원
5. 외국 방위산업체 임직원
6. 국방·안보 관련 국제기구 구성원
7. 기타 우리 군에 대한 정보활동이 의심되는 외국인

② 제1항 각 호의 외국인과 지속적으로 접촉해야 할 특별한 사유가 있는 경우에는 기간을 정하여 최초 1회만 신고할 수 있으며, 신고내용이 변동되었을 경우에는 이를 지체없이 신고한다.

③ 사전에 외국인 접촉 사실을 보고하지 않은 상태에서 불가피하게 제1항 각 호의 외국인을 접촉한 경우에는 지체없이 별지 제2호서식에 의한 결과보고서를 방첩담당관에게 제출한다.

④ 공·사적 국외여행 및 위탁교육(유학)·연수간 불가피하게 제1항 각 호의 외국인을 접촉한 경우에는 귀국 후 7일 이내 별지 제2호서식에 의한 결과보고서를 방첩담당관에게 제출한다.

제7조(외국인 접촉시 특이사항 등의 신고)

① 이 예규의 적용을 받는 개인(기관에 소속된 위원회의 민간위원을 포함한다. 이하 이 조에서 같다)이 외국인(제8조에 따른 외국 정보기관이 정보활동에 이용하는 내국인을 포함한다. 이하 이 조에서 같다.)을 접촉하거나 통화·우편·SNS·E-mail 등으로 통신한 경우 다음 각 호의 어느 하나에 해당된다고 의심할 만한 상당한 이유가 있을 경우에는 지체 없이 그 사실을 별지 제3호서식의 외국인 접촉시 특이사항 신고서를 작성하여 분임방첩담당관에게 신고하여야 하며 분임방첩담당관은 신고접수 후, 즉시 방첩담당관에게 보고하여야 한다.

1. 접촉한 외국인이 국가기밀, 산업기술 또는 국가안보·국익 관련 중요 정책사항(이하 "국가기밀등"이라 한다)이나 그 밖의 국가안보 및 국익 관련 정보를 탐지·수집하려고 하는 경우

2. 접촉한 외국인이 다음 각 목의 예시와 같이 자신이나 동료 등을 정보활동에 이용하려고 하는 경우

가. 자신의 직무 · 사생활 · 친분인물 등에 대한 과도한 질문

나. 같은 기관에 근무하는 공무원 등의 신상에 대한 지나친 관심

다. 상대방이 밝힌 직업과 관련이 없는 민감한 분야에 대한 질문

라. 지속적이거나 고가의 선물 · 식사 제공 또는 편의 제공

마. 의도가 의심스럽거나 불법적인 활동에 대한 참여 권유

3. 접촉한 외국인이 그 밖의 국가안보 또는 국익을 침해하는 활동을 하는 사람인경우

② 방첩담당관은 제1항의 신고내용을 확인하여 군방첩의 사항은 군사안보지원부대, 기타 방첩사항은 국가정보원에 통보하여야 한다.

③ 공 · 사적 국외여행 및 위탁교육(유학) · 연수간 불가피하게 제1항의 사항을 신고하지 못한 경우 귀국 후 지체없이 즉시 별지 제3호서식 등에 의한 신고서를 작성하여 방첩담당관에게 제출하여야 한다.

④ 이 예규를 적용 받는 개인이 타인에 대한 제1항의 사실을 인지하였을 경우에는 분임방첩담당관에게 신고하여야 한다.

제8조(외국 정보기관 구성원 접촉절차)

① 이 예규의 적용을 받는 개인이 법령에 따른 직무수행 외의 목적으로 외국 정보기관의 구성원을 접촉하려는 경우 별지 제4호서식에 의한 접촉신청서를 작성하여 소속 분임방첩담당관의 승인을 받은 문서를 방첩담당관에게 접촉 1일전까지 보고하고, 접촉 후 7일 이내에 별지 제5호서식에 의한 결과보고서를 작성하여 동일한 절차에 따라 보고하여야 한다.

② 공 · 사적 국외여행 및 위탁교육(유학) · 연수간 불가피하게 제1항에 따른 외국 정보기관 구성원을 접촉한 경우에는 귀국 후 7일 이내 별지 제5호서식에 의한 결과보고서를 분임방첩담당관에게 제출하고, 분임방첩담당관은 즉시 방첩담당관에게 보고하여야 한다.

③ 소속 직원으로부터 제1, 2항에 따른 보고를 받은 분임방첩담당관은 방첩담

당관에게 지체없이 그 사실을 보고하며, 방첩담당관은 국가정보원 및 군사안보지원부대에 통보하여야 한다.

제9조(외국 정보기관 방문 등 국제협력 절차)

① 외국 정보기관과 합동 업무추진, 교육, 훈련 및 세미나 등을 추진하거나 외국 정보기관에게 기술·장비 등을 지원하려 할 때, 기관장이나 소속 직원이 외국 정보기관을 방문하려고 할 때에는 별지 제7호서식에 의한 국제협력 계획을 작성하여 방첩담당관에게 보고하고, 방첩담당관은 최소 1개월 전까지 군방첩에 해당하는 사항은 군사안보지원부대, 그 밖의 사항은 국가정보원을 통해 방첩대책 등을 사전 협의하여야 한다.

② 제1항에 명시된 정보협력 사항을 종료하였을 경우 별지 제8호서식에 의한 국제협력 결과를 작성하여 2주내에 방첩담당관에게 제출하고, 방첩담당관은 국가정보원 및 군사안보지원부대에 통보하여야 한다.

제10조(해외 근무 시 방첩대책)

① 각 부서의 장은 해외 파견 근무자·공무국외출장자·장단기 연수자(이하 "해외 근무 직원"이라 한다)가 외국등의 정보활동에 효율적으로 대응하기 위하여 해외 근무 직원 출국 전에 다음 각 호의 방첩수칙을 포함하여 방첩교육을 실시한다.

1. 출장용 노트북 등 전산통신기기 별도 구비·사용
2. 노트북 등 전산통신기기에 비밀번호 설정 등 보호조치
3. 공항 이용 시 민감 자료는 기내 휴대
4. 숙소에 중요 자료 방치 금지
5. 대중교통수단 등 공공장소에서 민감 내용 언급 자제
6. 숙소 비치 전화기·FAX 등 사용 최소화
7. 호텔·공항·회의장 등 공공장소內 Wi-Fi(와이파이) 활용 자제

② 해외 근무 직원은 현지 체류기간 동안 외국 정보기관 구성원(이하 "외국 정보요원"이라 한다)을 접촉하거나 외국인 접촉 시 다음 각 호의 특이사항이 발견될 경우 방첩담당관을 통해 지체없이 그 사실을 신고하여야 하며, 국내로 복귀 시 현지

체류기간 동안의 방첩상 위해요인에 대해 방첩담당관에게 보고하여야 한다.

1. 접촉한 외국인이 외국 정보기관 구성원으로 추정되거나 외국 정보기관에 포섭된 것으로 의심되는 경우
2. 접촉한 외국인이 대한민국의 대외비 · 민감자료 또는 국가기밀 등 자료를 소지하고 있는 것을 목격하거나 인지한 경우
3. 접촉한 외국인이 대한민국의 산업기밀(방위산업기밀 포함)을 유출하거나 유출을 기도한 사실을 인지한 경우
4. 접촉한 외국인이 해당 기관의 공식 접촉창구 이외에 휴대전화 번호 · e-메일 주소 등 개별 연락처 제공을 요청하는 경우
5. 외국 공관원 · 정보요원이 사적으로 접촉을 제의하거나 금품 · 향응, 특히 USB 등 정보통신기기를 선물로 제공하는 경우

③ 방첩담당관은 해외 근무 직원로부터 제2항의 신고를 받거나 특이사항을 발견한 경우 7일 이내에 그 내용을 국가정보원 및 군사안보지원부대에 통보하여야 한다.

제11조(외국인 접촉의 부당한 제한 금지)

각 부서의 장은 이 예규의 목적이 외국등의 정보활동으로부터 대한민국의 국가안보와 국익을 보호하기 위한 것임을 고려하여 소속 직원의 외국인과의 접촉을 부당하게 제한하여서는 아니 된다.

제12조(방첩교육)

① 방첩담당관은 해당 기관의 업무수행과 관련하여 소속 직원들이 외국등의 정보활동에 효율적으로 대응하기 위하여 반기 1회 이상 방첩교육계획을 수립하여 시행하여야 한다.

② 각 부서의 장은 제10조제1항의 해외 근무 직원 및 사적 국외여행 예정인원에게 제10조에 따라 출국 전 별도의 교육을 실시하고, 결과는 해당 월의 사이버 · 보안진단의 날 행사 결과 보고시 첨부한다.

③ 방첩담당관은 필요한 경우 소속 직원에 대한 방첩교육을 전문기관(국가정보원, 군사안보지원부대)에 위탁하여 실시할 수 있다.

제13조(기타 통보 사항)

각 부서의 장은 다음 각 호에 명시된 사항을 방첩담당관에게 통보하여야 한다.

1. 외국 軍부대·기관 방문 및 외국인 부대 초청 등 외국인과의 공식 교류사업(행사) 개최시 교류사업(행사) 종료 후 10일 이내 별지 제6호서식의 교류계획 및 결과를 작성하여 통보(다만, 교류계획 및 결과가 공식 문서로 존안하는 경우에는 그 문서로 갈음할 수 있다)
2. 청 내에 1개월 이상 고정 출입 및 근무하고 있는 외국인에 대한 신원사항을 별지 제9호서식의 외국인 신원사항을 작성하여 고정 출입증발급일로부터 10일 이내에 통보한다.
3. 해당년도 국제 교류행사(국외출장 및 국내초청 등) 일정, 공무 국외출장 및 해외 파병·파견·유학(국외 위탁교육)·연수 예정 인원 현황을 매년 1월 15일까지 통보하며, 방첩담당관은 1,2호에 대한 사항을 5일 이내, 3호에 대한 사항은 매년 1월 31일까지 군사안보지원부대에 통보한다.

제14조(방첩업무 전산시스템 운용)

방첩업무 효율성 제고를 위해 이 예규에 따른 각종 신고 및 통보사항 처리에 있어 방첩업무 전산시스템을 우선적으로 이용한다. 다만, 불가피한 사정으로 전산시스템 이용이 제한될 경우 공문서로 처리 할 수 있다.

제15조(서류의 보존)

각 부서는 외국인 및 외국 정보기관 구성원 접촉 신청서·결과보고서, 외국인 접촉시 특이사항 신고서, 외국인 교류 계획·결과, 외국인 신원사항, 방첩교육 결과 등의 관련 서류는 1년간 보존한다.

제16조(조사 및 점검)

① 각 부서의 장은 소속직원이 제7, 8조 위반 또는 군사상 기밀 국외 누설 정황을 인지하였을 경우 방첩담당관에게 보고하여야 하며, 방첩담당관은 해당내용

의 조사를 군사안보지원부대에 의뢰하여야 한다.

② 방첩담당관은 필요시 지원 군사안보지원부대와 협의하여방첩업무 수행실태 점검 및 지도방문을 실시할 수 있다.

제17조(계도장 발부)

① 청 직원의 업무수행 과정에서 방첩규정 및 지시 불이행 등 제반 정황이 인정되는 경우 별지 제10호서식의 계도장을 발부하며, 이때 별표 1(방첩 관련 상·벌점 부여 지침에 의한 벌점을 부여하며 청 보안업무규정상의 보안벌점제도와 동일하게 처리한다.

② 계도장은 방첩담당관이 청장 명의로 발부하며, 현황을 유지 및 관리한다.

③ 누적된 방첩벌점은 발부일자로부터 2년간 유효하며 다음 각 호와 같이 가중 처벌한다.

1. 계도장 3회 또는 벌점 20점 이상 시 경고(서면) 조치

2. 서면 경고 2회 또는 벌점 40점 이상시 징계 건의

④ 방첩담당관은 현황을 종합하여 개인성과지표(BSC) 보안분야에 관련 사항을 포함한다.

제18조(포상 및 방첩 상 · 벌점)

① 방첩담당관은 소속직원 중 다음과 같은 방첩유공·과오가 있는 자에 대하여 별표 1(방첩 관련 상·벌점 부여 지침)에 따른 방첩 상·벌점을 부여 한다.

② 누적된 상·벌점은 2년간 유효하며, 방첩 상·벌점은 상쇄가 가능하다. 다만, 청 보안업무규정 제150조(보안계도장 발부) 제3항에 따라 이미 조치된 가중 처벌은 이후 부여된 보안(방첩)상점으로 취소되지 않는다.

제19조(재검토 기한)

「훈령·예규 등의 발령 및 관리에 관한 규정」에 따라 이 예규 발령 후의 법령이나 현실여건의 변화 등을 검토하여 2023년 1월 1일을 기준으로 매3년이 되는 시점(매 3년째의 12월 31일까지를 말한다)마다 그 타당성을 검토하여 폐지 또는 개정한다.

제2편

방위산업의 발전

제4장

방위산업의 역사와 현주소

박영욱

제1절

방위산업이란

1. 방위산업 관련 법적 정의 및 개념

"방위산업"은 일상적인 의미로는 군사적 목적을 위해 군에서 사용하는 물품, 즉 군수품을 개발하고 생산하는 데 관련된 산업을 뜻한다. 그런데 이때 군수품의 종류가 매우 다양하고, 그 범위도 상당히 넓어 여러 기준으로 군수품을 구분하고 분류하게 되는데, 그 구분방식에 따라 군수품의 개발, 생산과 관련된 산업 분야를 모두 방위산업으로 칭할 수 있는지, 그렇지 않은지가 달라질 수 있다.

그런데 법적으로 명시된 방위산업에 대한 정의에 따르면 "방위산업"은 모든 "군수품"의 생산에 관련된 산업이 아니라 군수품 중 일부인 "방위산업물자등"의 연구개발 또는 생산(제조 · 수리 · 가공 · 조립 · 시험 · 정비 · 재생 · 개량 또는 개조를 말한다)과 관련된 산업으로만 한정되어 있다(「방위산업 발전 및 지원에 관한 법률」 제 2조(정의) 1항 2호).

이처럼 방위산업의 법적 정의에서는 일상적 의미에서의 "군수품"이라는 용어를 사용하지 않고 "방위산업물자등"의 산업으로 한정, 명기하고 있기 때문에 방위산업의 의미를 보다 명확히 하기 위해 먼저 "방위산업물자(방산물자)"의 법적 정의에 대해 살펴보고, 더 나아가 군수품과 방위산업물자 사이의 관계에 대해 알아보아야 할 것이다.

먼저 "군수품"은 「방위사업법」과 「군수품관리법」에서 각각 다르게 정의되고 있다. 즉 양 법에서의 "군수품" 용어의 정의와 분류 방식에 다소 차이가 있어서, 관련 법령상으로 군수품의 정의가 통일되어 있지 않고 이원화되어 있다고 할 수 있다.[72]

---

72 박영욱, "미래 과학기술기반의 국방전력발전업무 향상방안 연구", 한국국방기술학회, 국방부

「방위사업법」에 따르면 군수품은 "국방부 및 그 직할부대 · 직할기관과 각 군이 사용 · 관리하기 위하여 획득하는 물품"으로서 무기체계와 전력지원체계로 구분된다고 명시하고 있다(법 제3조).

여기서 무기체계는 "유도무기 · 항공기 · 함정 등 전장에서 전투력을 발휘하기 위한 무기와 이를 운영하는 데 필요한 장비 · 부품 · 시설 · 소프트웨어 등 제반요소를 통합한 것"으로 정의되고 있고(「방위사업법」 제3조),[73] 무기체계가 아닌 전력지원체계는 "무기체계 외의 장비 · 부품 · 시설 · 소프트웨어 그 밖의 물품 등 제반요소"로 정의되어 있다(「방위사업법」 제3조).[74]

한편, 무기체계와 전력지원 체계와 함께 거론되는 군수품의 일종인 "국방정보시스템(정보화 체계)"에 대해서도 함께 살펴볼 필요가 있다. 최근 첨단 정보통신기술의 발전에 따라 무기체계의 성능이 하드웨어보다는 소프트웨어 중심으로 바뀌는 추세이기 때문에 소프트웨어를 기반으로 하는 각종 정보시스템의 비중과 중요성이 날로 커지고 있는 상황이다. 그럼에도 불구하고 국방정보시스템 자체는 법적으로는 전력지원 체계로 구분되고 있기 때문에 무기체계를 규율하는 「방위사업법」이나 관련 법제에서는 국방정보시스템의 법적 지위가 다소 불명확한 편이다.

반면, 국방정보시스템은 국가정보화 관련 법체계에서 파생된 「국방정보화법」에 의해 직접적으로 규율되고 있다는 점에서 일반 전력지원 체계와는 구분되는 독특한 법적 지위를 가지고 있다.[75] 따라서 국방정보시스템의 획득과 관련된 사업

정책연구, p.11, 2021.; 박영욱, "국방전력발전업무체계 법제 개선 연구", 한국국방기술학회, 국방부 정책연구, p.13, 2022.

73 군수품 중 '무기체계'는 다시 「방위사업법」 시행령에 의해 지휘통제 · 통신 체계부터 모의분석 및 훈련 체계까지 총 10대 체계로 중분류(시행령 제2조)되고 있으며, 그 이하의 소분류까지의 세부분류는 「국방전력발전업무훈령」(별표 4)에서 규정하고 있다.

74 과거에는 군수품의 분류를 무기체계와 비무기체계로 구분하였으나 2014년에 비무기체계가 전력지원 체계로 용어변경되었다. 전력지원 체계에 대한 하위 분류기준은 무기체계와 달리 「방위사업법」의 시행령이나 규칙에서는 전혀 규정되어 있지 않고 「국방전력발전업무훈령」에서만 6대 체계로 소분류까지 제시하고 있다.

75 국가적 차원에서 중앙행정 및 지방자치단체가 시행하는 모든 정보화사업은 현재 「지능정보화기본법」과 「전자정부법」을 기본으로 체계화되어 있으며, 각 분야마다 관련 정보화사업의 법률이 제정되어 있다. 이러한 맥락에서 국방 분야의 정보화사업은 「국방정보화법」으로 규율되어

은 다른 전력지원 체계와 달리 별도로 상위 법률인 「국방정보화법」에 법적 근거를 두게 되며, 이와 관련된 국방정보화사업 역시 기본계획이나 조직, 업무절차 등의 토대를 별도로 갖추고 있다. 그러나 정보화시스템의 주무 부처인 국방부의 해당 조직 및 인력의 전문성과 구조가 법적 지위에 맞추어 견고히 갖추어져 있다고 보기는 어려워서 향후 국방정보시스템이나 정보화사업과 관련된 제반 업무체계의 구조적 개선과 발전이 요구되고 있다.

여하간 국방정보시스템은 전체적으로는 전력지원 체계의 하위 분류 체계로 구분이 되고 있으나 필요시 개별 정보시스템을 합참이 무기체계인지 전력지원 체계인지를 분류하게 된다. 가령 정보시스템 중에서도 전장에서 사용되는 전장관리정보 체계는 무기체계로 분류되어 소요와 획득 과정이 이루어지는 반면, 교육훈련에 필요한 정보시스템은 전력지원 체계로 분류되고 있는 실정이다.

한편, 군수품의 법적 정의의 문제로 다시 돌아가면, 「방위사업법」상의 군수품 정의와 달리 「군수품관리법」에서는 군수품을 "물품관리법에 따른 물품 중 국방부 및 그 직할기관, 합동참모본부와 각 군에서 관리하는 물품"으로 정의하고 있다(법 제2조).[76] 또한 군수품을 '전비품'과 '통상품'으로 유형화하고(제3조), 동법 시행령에서 전비품을 다시 '전투장비'와 '전투지원장비'로 구분하는 등 「방위사업법」과는 다른 구분방식을 채택하고 있다.[77] 즉 군수품 관리 법령에서의 분류 방식은 「방위사업법」의 무기체계 분류나 「국방전력발전업무훈령」상의 전력지원 체계 분류 방식과도 차이가 있다.

있다.

76 「군수품관리법」은 국가의 전 자산을 관리하는 모법인 「공유재산 및 물품관리법」의 하위 특례법으로서의 법령 체계상 지위를 가지고 있어서 전체적으로 「물품관리법」의 체계에 따라 관련 용어와 업무의 개념이 정의되어 있다.

77 주로 무기체계에 해당하는 전투장비는 화력, 특수무기, 기동, 일반, 통신전자, 함정, 항공, 기타의 8대 장비로, 전투지원장비는 5종으로 분류되나 두 중분류 체계 모두 「방위사업법」이나 「국방전력발전업무훈령」과는 차이가 있다. 「군수품관리법」 시행령 별표(전비품)에서 전비품을 전투지원장비를 1. 기동, 2. 일반, 3. 통신전자, 4. 화력, 특수무기, 통신전자, 기동, 일반, 함정, 항공, 정밀측정, 5. 기타의 5대 장비로 세분하고 있다.

그림 4-1 무기체계와 전력지원 체계 분류

대분류	중분류		
지휘통제·통신 무기체계	• 지휘통제 체계	• 통신 체계	• 통신장비
감시·정찰 무기체계	• 전자전장비 • 수중감시장비 • 정보분석 체계	• 레이더장비 • 기상감시장비	• 전자광학장비 • 그 밖의 감시·정찰장비
기동무기체계	• 전차 • 지상무인체계	• 장갑차 • 개인전투체계	• 전투차량 • 기동/대기동지원장비
함정무기체계	• 수상함 • 해상전투지원장비	• 잠수함(정) • 함정무인체계	• 전투근무지원정
항공무기체계	• 고정익항공기 • 항공전투지원장비	• 회전익항공기	• 무인항공기
화력무기체계	• 소화기 • 화력지원장비 • 특수무기	• 대전차화기 • 탄약	• 화포 • 유도무기
방호무기체계	• 방공	• 화생방	• EMP방호
사이버무기체계	• 사이버작전 체계		
우주무기체계	• 우주감시 • 우주정보지원	• 우주통제	• 우주전력투사
그 밖의 무기체계	• 국방 M&S 체계		
전투지원장비 (부품)	• 일반차량 • 감시지원장비 • 전투지원일반장비 • 근무지원장비 • 항공장비	• 특수차량 • 정비장비 • 측정장비 • 수리부속	• 전원·동력장치 • 탄약·유도탄 장비 • 통신전자장비 • 개인화기 지원장비
전투지원물자	• 방탄류 • 화학물자류 • 탄약·유도탄물자 • 인쇄물자류	• 피복·장구류 • 유류 • 전기·전자물자	• 식량류 • 특수섬유물자 • 근무지원물자

의무지원물품	• 의무장비	• 의무물자	
교육훈련물품	• 교육훈련장비	• 교육훈련물자	• 교육훈련용탄약
국방정보시스템	• 자원관리정보 체계 • 국방M&S 체계(무기체계로 분류된 전력 제외) • 기반운영환경(무기체계로 분류된 통신 체계 제외)		
그 밖의 전력지원 체계	• 군사시설 • 기 타		

이처럼 군수품의 정의에 대한 법적인 차이는 「방위사업법」이 군수품을 무기체계를 만들거나 구매하여 군에 조달하는 획득 업무의 맥락에서 획득의 대상으로서 정의·구분하는 반면, 「군수품관리법」은 획득 이후 운영 관리의 대상으로서 물품으로 정의·구분하고 있기 때문에 빚어진 것으로 추측된다. 즉 군수품에 대한 정의와 구분방식 모두 국방 관련 법체계에 통일되어 있지 않고 체계화되어 있지 않은 상태이다.

또한 "방산물자"라는 용어는 통상 좁은 의미에서는 전투에 직접 사용되는 군수품으로서 총, 포, 탄약, 함정, 항공기, 전자기기, 미사일 등, 즉 무기체계를 의미한다. 반면 광의의 의미로도 통용되는데, 직접적으로 전투에 사용되는 무기체계뿐만 아니라 피복, 식량 등 비전투용 일반 군수물자, 즉 전력지원 체계 물자를 포함할 수 있어서 군수품과 거의 같은 의미로도 사용되기도 한다. 그런데 이와 같은 통상적 의미에서가 아니라 법적으로는 방산물자가 어떻게 정의되는지, 그리고 일상에서 사용되는 의미와 어떻게 차이가 있는지에 대해 간략히 살펴볼 필요가 있다.

먼저 「방위사업법」(제 34조)에 명시된 "방위산업물자(방산물자)"의 법적인 정의는 무기체계로 분류된 물자 중에서 국가의 지정을 받은 물자를 의미한다. 방위사업청장이 산업통상자원부장관과 협의하여 "무기체계로 분류된 물자 중에서 안정적인 조달원 확보 및 엄격한 품질보증 등을 위하여 필요한 물자를 방산물자로 지정할 수 있으며" 이렇게 지정된 방산물자는 주요방산물자와 일반방산물자로 구분하고 있다.

표 4-1 국방전력발전업무체계의 주요 용어 정의 및 개념과 범위 1
박영욱(2021), 미래 과학기술기반의 국방전력발전업무 향상방안 연구, p. 15

용어		내용	근거법
군수품	정의 및 구분	국방부 및 그 직할부대 · 직할기관과 각군이 사용 · 관리하기 위하여 획득하는 물품으로서 무기체계 및 전력지원 체계로 구분	방위사업법 제3조(정의)2
		「물품관리법」에 따른 물품 중 국방부 및 그 직할기관, 합동참모본부(이하 "국방관서"라 한다)와 "각군에서 관리하는 물품"으로....전비품(戰備品)과 통상품(通常品)으로 구분	군수품관리법 제2조(정의), 3조(구분) *군수품관리법은 물품관리법의 특례법
	분류	규격별, 종류별, 기능별, 통제별, 수요도별, 소모성별, 주종별, 상태별, 그 밖의 분류	군수품관리법 시행규칙 제3조
		기본 분류(장비 · 물자 · 탄약), 종별 분류(1종~10종), 기능별 분류(화력~물자), 전비품 · 통상품 분류, 무기체계와 전력지원 체계 분류, 상태별 분류(신품~폐품)	군수품관리훈령 제8조~13조
무기체계	정의	유도무기 · 항공기 · 함정 등 전장에서 전투력을 발휘하기 위한 무기와 이를 운영하는데 필요한 장비 · 부품 · 시설 · 소프트웨어 등 제반요소를 통합한 것	방위사업법 제3조
	분류	1. 통신망 등 지휘통제 · 통신 2. 레이더 등 감시 · 정찰 3. 전차 · 장갑차 등 기동 4. 전투함 등 함정 5. 전투기 등 항공 6. 자주포 등 화력 7. 대공유도무기 등 방호 8. 사이버전장관리 체계 등 사이버 9. 위성 등 우주 10. 모의분석 · 모의훈련 소프트웨어, 전투력 지원을 위한 필수장비 등 그 밖의 무기체계	방위사업법 시행령 제2조
		- 무기체계와 전력지원 체계의 구분 등 - 방위사업법시행령 제2조 10대 무기체계별 세부 분류 제시	국방전력발전업무 훈령 제7-8조/별표4
전력지원체계	세부분류	무기체계 외의 장비 · 부품 · 시설 · 소프트웨어 그 밖의 물품 등 제반요소	방위사업법 제3조
		1. 전투지원장비(부품) 2. 전투지원물자 3. 의무지원물자 4. 교육훈련물품 **5. 국방정보시스템** 6. 그 밖의 전력지원 체계의 대 분류 아래 세부 중분류 및 소분류 제시	국방전력발전업무 훈령 별표5

국방정보시스템	정의	국방정보의 수집·가공·저장·검색·송신·수신 및 그 활용과 관련되는 기기와 소프트웨어의 조직화된 체계	국방정보화법 제2조
	세부분류	1. 자원관리정보 체계 2. 국방M&S 체계 3. 기반운영환경	국방전력발전업무훈령 별표5
		① 국방정보의 수집·가공·저장·검색·송신·수신 및 그 활용과 관련되는 기기 등 응용소프트웨어와 기반운영환경의 조직화된 체계 ② 정보시스템의 응용소프트웨어는 다음 각 호와 같이 분류한다. **1. 전장관리정보 체계**: 지휘통제, 전투지휘, 군사정보체계 **2. 자원관리정보 체계**: 기획·재정, 인사·동원, 군수·시설, 전자행정, 군사정보지원, 상호운용성 **3. 국방M&S 체계**: 연습·훈련용, 분석용, 획득용 ③ 정보시스템의 기반운영환경은 주장비, 통신망, 단말기, 주변장치, 시설, 정보 보호 체계, 상호운용성 관리에 필요한 시스템, 그 밖의 시스템 소프트웨어를 말한다.	국방정보화 업무훈령 제5조/별표2

표 4-2 국방전력발전업무체계의 주요 용어 정의 및 개념과 범위 2
박영욱(2021), 미래 과학기술기반의 국방전력발전업무 향상방안 연구, p. 19-20

용어		내용	근거법
방위산업물자(방산물자)	정의	①방위사업청장은 산업통상자원부장관과 협의하여 무기체계로 분류된 물자 중에서 안정적인 조달원 확보 및 엄격한 품질보증 등을 위하여 필요한 물자를 방산물자로 지정. 다만, 무기체계로 분류되지 아니한 물자로서 대통령령이 정하는 물자에 대하여는 이를 방산물자로 지정할 수 있다. ②방산물자는 주요방산물자와 일반방산물자로 구분 지정	방위사업법 제34조
방위산업	정의	방위산업물자등(방산물자)의 연구개발 또는 생산(제조·수리·가공·조립·시험·정비·재생·개량 또는 개조)과 관련된 산업	방위산업 발전 및 지원에 관한 법률 제2조

방위산업체(방산업체)	정의	"방위산업체"라 함은 방위산업물자를 생산하는 업체 "일반업체"란 방위산업과 관련된 업체로서 방위산업체가 아닌 업체 "방위산업과 관련없는 일반업체"란 군수품을 납품하는 업체로서 방위산업체 또는 일반업체가 아닌 업체	방위사업법 제3조
	세부분류	①방산물자를 생산하고자 하는 자는 대통령령이 정하는 시설기준과 보안요건 등을 갖추어 산업통상자원부장관으로부터 방산업체의 지정을 받아야 한다. 이 경우 산업통상자원부장관은 방산업체를 지정함에 있어서 미리 방위사업청장과 협의하여야 한다. ②산업통상자원부장관은 방산업체를 지정하는 경우에는 주요방산업체와 일반방산업체로 구분하여 지정한다. * 주요 방산업체는 무기체계 생산업체	방위사업법 제35조
국방정보화사업	정의	국방정보통신망 및 국방정보시스템의 구축 · 운영 등에 관한 사업으로서 국방부령으로 정하는 것을 말한다.	국방정보화법 제2조
	범위	1. 국방정보통신망의 구축 · 운영 및 고도화사업 2. 국방정보시스템의 구축 · 운영 및 고도화사업 3. 국방정보자원관리사업 4. 국방정보기술의 상호운용성 확보 및 표준화사업 5. 국방정보기술에 관한 연구개발 및 시범적용사업 6. 국방정보보호사업 7. 국방정보화에 필요한 인력양성, 국제협력에 관한 사업 8. 국방정보기술 이용 모의실험, 훈련시스템에 관한 사업	국방정보화법 시행규칙 제2조

또한 무기체계가 아닌 물자라도 필요시 방산물자로 지정될 수도 있다. 대부분의 방산물자는 무기체계로 분류된 물자이기는 하나 무기체계가 아닌 일부 전력지원 체계로 분류된 군수품 중에서도 군사전략상 긴요한 소량·다종의 품목, 경제성이 낮은 군 전용 암호 장비, 또는 생명에 직접 관련되어 엄격한 품질보증을 요하는 물자 등은 방산물자로 지정할 수 있다.

여하간 법체계상으로 방산물자는 주로 군수품 중에서도 무기체계를 의미하고 있어서 방산물자를 생산하는 업체인 "방위산업체"(「방위사업법」 제3조)와 방산물자의 연구개발 또는 생산과 관련된 산업인 "방위산업"(「방산발전법」 제2조) 모두 그 법적인 범주가 전체 군수품의 범위가 아닌 무기체계의 범위로 상당히 협소해진다.

그런데 현장에서는 방위산업이라는 용어와 함께 통상 군수품의 개발과 생산, 운영과 관련된 산업으로서 보다 광범위한 "군수산업"이나 "국방산업"이라는 용어가 혼용되어 사용되고 있다. 그러나 위에서 설명한바와 같이 군수산업이나 국방산업은 법적으로 정의된 용어가 아니며 현재 "방위산업"만이 「방위사업법」과 「방산지원법」에 명시된 법적 효력과 지위를 갖는 용어로서, 이러한 법체계가 최근의 과학기술 발전에 따른 무기체계와 전력지원 체계 간의 구분의 모호함과 어려움의 문제 등을 가중시키는 측면이 있다.

역사적으로 1977년 「군수조달에 관한 특별조치법」 개정 당시 이전에 법정 용어로 명시되었던 "군수업"이 "군수산업"으로 변경되었고, 이후 1983년 동법이 「방위산업에 관한 특별조치법」으로 재편되면서 "방위산업" 용어로 대체되었으며, 대신 군수산업은 법적 지위를 소실했다. 당시에는 무기체계와 비무기체계를 모두 아우르는 군수품 관련산업을 모두 방위산업으로 통칭하였다.[78]

그러나 2006년 「방위사업법」이 제정되면서 방위사업의 대상을 이전과 같이 군수품 전체가 아닌 무기체계만으로 분리하여 정의하고 방위사업청이 주관하는 무기체계의 획득과정에 방위력개선사업이라는 용어를 새로 법적으로 정의하게 되면서 방산물자, 방위산업체와 방위산업 모두 무기체계만을 대상으로 하는 범위로 조정되었다. 즉 방위산업의 범위가 법적으로 무기체계 위주로만 협소해졌기 때문에 주로 전력지원 체계인 일반 군수품 관련산업을 포괄하는 군수산업이라는 용어는 법적 지위를 갖지 못하고, 현장 중심의 일상어로 남게 되었다고 할 수 있다.

78 유형곤, "방위산업 혁신을 위한 정책 및 제도 수립방안 연구", 안보경영연구원, 2018.

그림 4-2 국방획득, 국방산업, 방위사업과의 관계 및 법적 정의

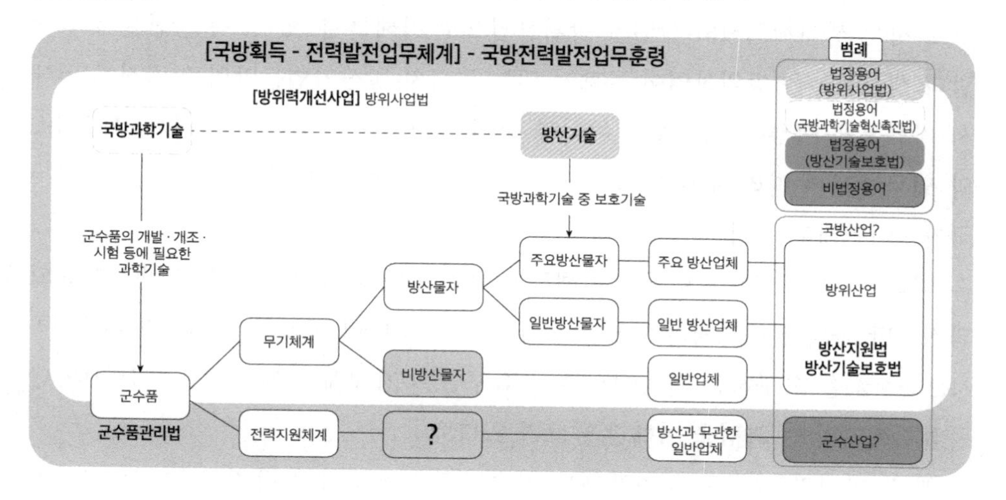

또한 흔히 방위산업과 군수산업을 모두 포괄하면서 민수산업과 대별되는 의미의 "국방산업"도 혼용되어 쓰이고 있다. 국방산업 역시 군수산업과 마찬가지로 근거법률에 의거한 법적 용어로서의 지위를 갖지 못하는 일상어라고 할 수 있다. 이러한 용어 제정 흐름에서 볼 때 현재의 군수품 전반에 대한 획득 업무와 체계가 무기체계만을 대상으로 하는 「방위사업법」 위주로 다소 불균형하게 구조화되어 있음을 알 수 있다. 정리하자면 법체계상으로는 방산물자, 방위산업체, 그리고 방위산업이 모두 무기체계의 연구개발이나 생산과 관련된 문자와 산업, 산업체로 정의되고 있다.

그런데 무기체계의 연구개발이나 생산활동은 생산대상인 무기체계의 특성상 소비자나 구매자가 정해져 있지 않은 시장에서의 판매를 위해 공급자인 생산기업의 자체 판단을 기반으로 자유로운 의사결정에 따라 이루어지는 일반적인 제품, 즉 민수품 개발이나 생산과정과는 근본적으로 다른 성격을 갖고 있다는 점에 주목해야 한다.

무기체계의 연구개발과 생산활동은 무기체계를 사용할 수요자, 즉 소요군이 군사적 목적과 필요에 따라 매우 복잡한 절차를 거쳐 미리 주문한 무기체계 방산물자(공급품)를 엄격한 국가의 관리 체계와 프로세스에 따라 개발하고 생산하여 최종 수요자인 군에게 납품하기까지의 일련의 활동을 의미하고, 이러한 활동의

주체가 공급자로서의 방위산업체이며, 방산업체들을 포함한 공급자 그룹을 중심으로 하는 생태계로서의 산업을 방위산업으로 이해할 수 있다. 즉 방산물자의 개발과 생산활동은 방위산업이 주체가 되는 공급자 방산기업들만의 독립적 영역에서 자유롭게 이루어지는 것이 아니라 관련 법규정으로 정해진 엄격한 프로세스와 업무체계에 따라 수요자(소요군)의 요구에 맞추어 개발과 생산이 이루어지는 국가적이면서도 공적인 활동이다.

따라서 방위산업을 제대로 이해하기 위해서는 공급품의 개발과 생산활동의 과정뿐만 아니라 수요자(소요군)가 군사적 목적에 따라 필요한 무기체계(때에 따라서는 군수품)를 요구하는 과정에서부터, 요구한 무기체계를 개발하고 생산하여 납품하기까지의 전 과정을 이해할 필요가 있다.

뿐만 아니라 공급된 무기체계를 지속적으로 운영하고 유지보수하는 과정에 대해서도 관련된 국가관리시스템을 이해해야 한다. 군에 공급되는 무기체계는 한번 공급, 배치되면 상당히 장기간, 심지어는 30년 정도까지도 사용되기 때문에 그 운용과정에서 무기체계가 지속적으로 성능을 유지하고 발휘하도록 돌봐줘야 하는 일이 발생하게 된다. 따라서 군이 무기체계를 운영하는 과정에서도 개발이나 생산을 담당했던 공급자 기업들이 지속적으로 유지보수(군수 업무)하는 일에 참여해야 할 필요가 크고 이러한 일 역시 정해진 체계와 프로세스에 따라 진행된다.

따라서 방산물자를 개발하고 생산하는 일련의 활동은 이 활동이 이루어지기 전과 후의 여러 과정과 매우 밀접하고 유기적으로 연관되어 있기 때문에 단순히 방위산업활동만이 아니라 이를 포함해서 무기체계를 요구하고 운영하기까지의 전 과정과 프로세스를 종합적, 체계적으로 이해하는 것이 필수이다.

2. 국방전력발전업무와 국방획득, 그리고 방위력개선사업의 개요

군은 국가 방위를 위해 필요한 힘을 기르고 유지해야 하는 의무를 진다. 군이 위협세력을 방어하고 그들과 싸우기 위해 필수적으로 갖추어야 하는 유무형의 힘을 군사력이라고 하는데, 군사력 중에서도 물리적인 유형의 무기체계(더 넓게는 군수품, 또는 전력 체계로 부름)의 성능은 전체 군사력을 좌우할 정도로 핵심적인 요소이다. 특히 첨단 과학기술이 적용된 현대 무기체계는 매우 복잡하고 정교해서 상대방, 적을 압도하기 위해 갖추어야 하는 무기체계의 복잡한 성능을 미리 판단하고, 그러한 무기체계를 제대로 개발하여 갖출 수 있는지가 군사력 유지와 증강의 핵심이 되고 있다.

이처럼 군이 군사적 목적에 따라 필요한 무기체계(더 넓게는 군수품, 또는 전력체계)를 요구하는 일련의 과정을 "소요기획(전투발전 체계)"이라 하고, 군의 요구에 따라 무기체계(군수품)를 개발, 생산하거나 구매하여 군에 납품, 조달하는 과정을 "획득(방위력개선사업)"이라고 한다. 또한 납품 이후 군이 무기체계를 배치하여 장기간 사용하면서 지속적으로 관리하는 전 과정을 "전력운영", 또는 "운영유지"라고 부른다. 그리고 이상의 모든 과정, 즉 무기체계가 탄생하고 사용되며 폐기되기까지의 전 과정을 무기체계의 "총수명주기(total life cycle)"라고 하는데, 제대로 무기체계의 성능을 발휘하여 군사력을 유지하기 위해서는 이 총수명주기에 따른 체계적이고 통합적인 관리가 필요하다. 이처럼 군의 무기체계 성능과 수량 등의 구체적인 요구과정에서부터 무기체계(군수품, 전력 체계)를 만들거나 구매하여 납품하는 과정, 그리고 그 무기체계를 군이 인계하여 배치, 관리하고 운영하는 총수명주기 간의 통합적 업무체계를 통칭하여 "국방전력발전업무체계(이하 전력발전업무체계)"로 부르고 있다.

방위산업과 방위산업활동은 이 국방전력발전업무 전 과정의 한 부분에 속하며, 특히 무기체계를 개발하거나 구매하여 군에 납품(조달)하는 국방획득에 속하는 활동으로 볼 수 있다. 그러나 앞에서도 설명했듯이 무기체계는 군의 요구에 따라 개발과 생산이 이루어지기 때문에 이러한 업무와 활동이 군의 소요기획업무와도 매우 밀접한 연계성을 갖게 된다. 뿐만 아니라 무기체계가 군에 배치되어 운용되는 과정에서도 유지보수나 성능개량을 위해 개발 및 생산업체인 공급기업들이 지속적으로 참여하고 관여해야 하는 일이 발생하기 때문에 단순히 획득 단계를 넘어서서 운영유지 단계에서도 방위산업활동이 지속적으로 이루어져야 한다. 결론적으로 무기체계를 개발하고 생산하는 방위산업체들의 업무, 즉 방산활동은 소요기획부터 획득, 운영유지의 전 단계에서 직간접적인 연계성과 연속선상에서 이루어진다고 할 수 있다. 결국 방위산업과 방위산업활동을 제대로 이해하기 위해서는 국방전력발전업무와 그 안의 각 단계, 그리고 각 단계의 업무체계에 대한 종합적이고 체계적인 이해가 필수적으로 요구된다.

국방전력발전업무는 군의 군사력 건설과 유지활동을 가리키는 가장 상위적이고 포괄적인 개념이다. 현재 직접적인 상위 근거법은 존재하지 않고, 다만 국방부장관 훈령(시행규칙에 해당)인 「국방전력발전업무훈령」(이하 「전력발전업무훈령」)에 의해 규율되고 있다. 반면 국방전력발전업무 하위의 일부 단계인 무기체계를 개발하거나 구매하는 방위력개선사업만이 「방위사업법」으로 규율되고 있기 때문에 업무체계상의 위계와 법령체계 상의 위계가 다소 뒤바뀌어 있는 현 상황에 대한 문제가 지속적으로 제기되고 있다.

여하간 국방전력발전업무의 용어는 훈령상 정의로 "군의 전력증강에 필요한 전력을 조성하는 업무를 의미하며, 무기체계 및 전력지원 체계로 구성되는 군수품에 대한 소요기획 · 획득 · 운영유지 · 폐기 등 전 수명주기에 걸친 관리와 그에 대한 정책인 국방전력정책의 발전을 포괄하는 업무"라고 정의된다.[79]

전력발전업무를 이해하기 위해서는 구체적으로는 군수품, 무기체계 및 전력지원 체계, 그리고 소요기획 · 획득 · 운영유지에 대한 법령상의 정의와 개념에 대한 이해뿐 아니라 각 용어가 의미하는 업무나 활동 간의 관계와 관련성에 대한 보다 넓고 깊은 이해가 필요하다. 그리고 이러한 종합적인 이해를 바탕으로 국방전력발전업무의 행정 체계적 특성과 세부적인 이해가 가능할 것이다.

전력발전업무의 대상인 군수품, 그리고 군수품의 하위 구성요소인 무기체계와 전력지원 체계, 방산물자, 방산기업, 방위산업 등의 핵심 용어에 대해서는 이미 앞 절에서 상세히 소개하였다.

전력발전업무는 군수품, 또는 전력 체계의 탄생과 운영, 폐기까지의 전 과정의 업무를 포괄하기 때문에 업무담당조직과 기관, 이해관계자들이 매우 다양할 뿐만 아니라 각 업무체계들이 매우 복잡하고 유기적으로 얽혀 장기간에 걸쳐 이

79 박영욱, 앞의 책, p.13, 2022.; '전력발전, 또는 전력발전업무'는 「국방전력발전업무훈령」(별표 1. 용어의 정의)에 정의가 규정되어 있다. 법률인 「방위사업법」이나 「군수품관리법」에는 '전력발전'이나 '전력발전업무'에 대한 정의는 존재하지 않는다.

루어지는 업무체계들의 총합으로 볼 수 있다. 따라서 그만큼 업무의 복잡도가 높고, 관계자들의 다양한 이해가 중첩되거나 상충될 가능성도 크기 때문에 고도의 전문성을 갖춘 담당자들에 의해 수행되어야 하며 각 업무 단계 간의 조율과 소통, 협업이 요구되기도 한다. 즉 전력발전업무의 전 과정을 조정통제할 수 있는 고도의 국방전력 거버넌스가 필요하게 된다.

전력발전업무 측면에서는 업무 전 과정에서 [그림 4-3]과 같이 국방기획관리체계의 틀 내에서 크게 전투발전 체계와 획득관리 체계가 매우 복합적이고 유기적으로 연계되어 작동하는 업무체계의 집합체로 볼 수 있다.[80]

그림 4-3 국방전력발전업무체계의 구성

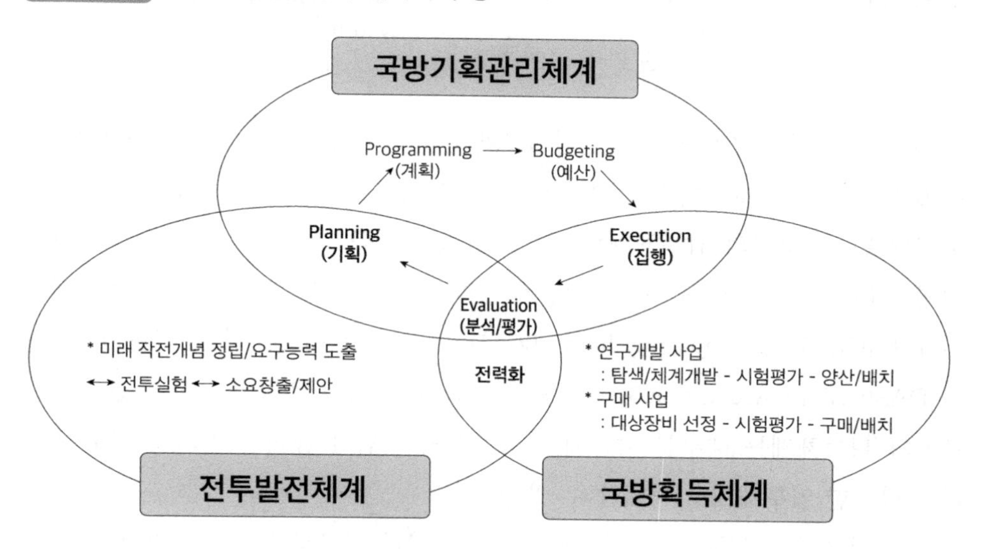

그런데 이러한 전력발전업무체계의 각 요소, 즉 기획관리 체계와 전투발전 체계, 그리고 획득관리 체계의 관계와 범위는 우리 고유의 체계라기보다는 [그림 4-4]와 같이 미국 국방부의 군사력 증강 업무체계를 벤치마킹하여 차용한 개념이라고 볼 수 있다.

80 국방기획관리 체계는 미 국방부의 기획관리예산체계(PPBE)를 1980년대 벤치마킹하여 도입한 이래 우리 국방부의 군사력 건설의 기본 체계로 자리잡았으며, 상위 법률 없이 국방부 훈령인 「국방기획관리훈령」에 의해 규율되고 있다.

그림 4-4 미국 국방부의 군사력 증강 시스템
"DoD Decision-Support Systems, DoD PPBE: Overvew & Selected Issues for Congress", July 2022, CRS

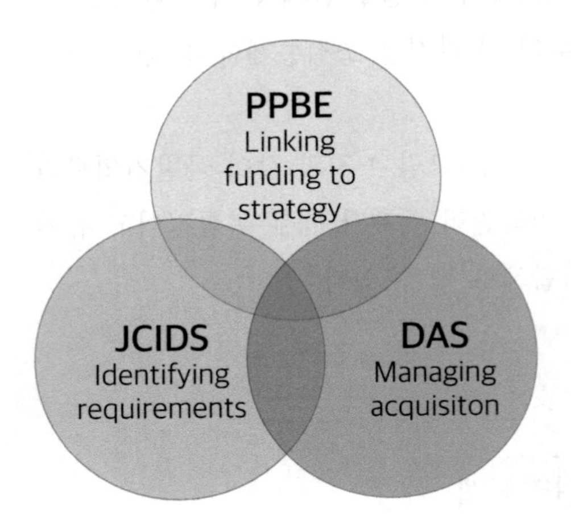

PPBE
Planning, Programming, Budgeting, and Execution System

JCIDS
Joint Capabilities Integration and Development System

DAS
Defense Acquisition System

군사력 증강 시스템인 전력발전업무체계의 전 범위를 미국에서는 광의의 획득(Defense Acquisition)이라고 부르고 있는데, 이는 다시 독립적이면서도 중복되고 연계된 세 분야의 업무체계로 구성되어 있다. 국방기획관리 체계가 아래에서 설명할 PPBE 시스템이고, 소요기획 체계, 또는 전투발전 체계가 합동능력통합발전체계 JCIDS(Joint Capability Integration Development System)이며, 국방획득체계가 DAS(Defense Acquisition System)을 의미한다. 이처럼 우리의 군사력 건설 프로세스와 획득체계는 대부분 미국의 획득체계의 개념과 용어를 거의 그대로 차용하여 발전한 업무체계로 이해할 수 있다.

국방전력발전업무는 "소요", 또는 "소요기획" 업무로부터 출발한다. 소요란 통상 군의 전력 건설과 투사를 위해 특정 시기 또는 특정 기간에 있어 인원, 장비, 보급, 자원, 시설 또는 근무 지원이 특정량만큼 필요하다는 것을 표시하는 계획을 의미하는데, 역시 획득과 마찬가지로 광의와 협의의 의미를 동시에 가지고 있다.[81]

현재 우리의 소요기획 체계는 1980년대 미국의 기획관리예산체계가 도입된 이래 수차례 변혁을 겪었으며, 가까이는 2006년 방위사업청 개청을 기점으로 대

81 법률에 명시된 소요, 소요기획의 정의는 없으며, 「전력발전업무훈령」상의 용어로 정의되어 있다(「국방전력발전업무훈령」 [별표1] 용어의 정의).

상 전력 체계, 즉 무기체계와 전력지원 체계, 그리고 국방정보 체계에 따라 업무 절차와 책임기관과 조직이 이원화, 때로는 삼원화되는 매우 복잡한 구조로 체계화되었다. 소요기획 체계는 대체로 무기체계의 최종 사용자인 소요군을 통해 합참으로 요구사항이 전달되어 최종 합동참모회의에서 결정되는 일련의 복잡한 프로세스로 절차화되어 있으며, 이 과정은 국방부 장관 훈령인 「국방기획관리훈령」에 의해 이루어지고 있다. [그림 4-5]는 무기체계의 소요기획과정에서 작성되는 법 및 규정상에 명시된 공식 문서(작성)체계를 보여주고 있다.

그림 4-5 국방기획관리체계의 주요 문서 간 상호 관계
합참(2022), 전력업무지침서, p. 6

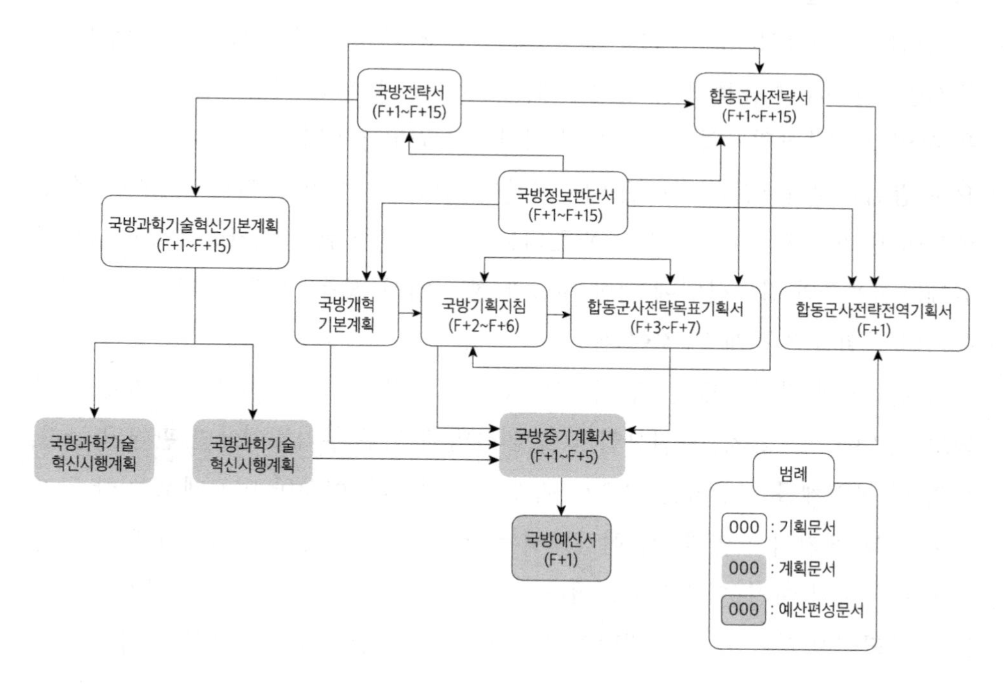

소요기획 체계에 이어 후속적으로 진행되는 절차가 "획득"이다. 통상적으로 획득은 이중적인 의미로 사용되고 있다. 좁은 의미의 획득은 「방위사업법」 제3조(정의)상 "군수품을 구매(임차를 포함)하여 조달하거나 연구개발 · 생산하여 조달하는 것"을 뜻하는 법정 용어로서, 전체 국방전력발전업무의 일부분을 구성하는 단

계를 지칭한다.

그러나 이와 동시에 획득은 업무현장을 중심으로 전력발전업무와 거의 유사한 범위를 지칭하는 광범위한 용어로도 사용되기도 하고, 맥락에 따라 소요기획체계에 이어서 획득과 운영유지 전반을 아우르는 업무단위를 의미하기도 하며, '국방획득체계' 또는 '획득체계'라는 용어와도 혼용되고 있다. 통상 「방위사업법」에 적시된 용어를 협의의 획득으로, 전력발전업무 전 범위를 광의의 획득으로 볼 수 있다.[82]

소요기획과 마찬가지로 획득체계 역시 대상 전력 체계에 따라 별도의 업무절차와 책임조직이 분리되어 있는데, 무기체계의 획득사업은 "방위력개선사업"으로 규정되어 절차화되어 있다.

방위력개선사업(방위사업)은 "군사력을 개선하기 위한 무기체계의 구매 및 신규개발·성능개량 등을 포함한 연구개발과 이에 수반되는 시설의 설치 등을 행하는 사업"으로 「방위사업법」(제3조)에 명시되어 있고, 「방위사업법」이 상위 근거법으로 방위력개선사업과 관련된 업무절차를 법령화하고 있다. 따라서 앞에서 설명했듯이 방위력개선사업과 직접 관련되는 방위산업물자(방산물자), 그리고 방위산업체(방산업체)와 방위산업에 대한 개념과 정의 역시, 모두 「방위사업법」상의 법정 용어의 지위를 가지게 된 것이다.

한편, 현재 방위력개선사업의 범위가 법체계적으로 명백히 무기체계에 국한되고 있기에 방산물자, 방위산업 및 방위산업체 모두 무기체계에만 관련된 물자, 산업 및 산업체를 지칭하는 것으로 귀결되고 있으나, 이러한 법체계로 인한 문제점이 일부 제기되고 있다. 즉 현장에서는 전력지원체계와 무기체계의 특성을 엄밀히 구분하기 어려운 사례가 늘어나고 있고, 기존의 방산물자 중 전력지원 체계로 분류되어야 하는 경우도 빈발하고 있어서, 생산 현장과 법체계상 용어 정의의 불일치 현상이 발생하고 있다.

또한 앞에서 언급했듯이 방위산업 용어의 대상이 법적으로 무기체계 분야로

82 이러한 용어와 개념은 미 국방부의 군사력 건설 프로세스로부터 유래하였다. 전체 획득체계는 크게 3가지 관리시스템으로 구성된다. 군의 미래 요구능력을 도출하는 소요시스템(JCIDS, Joint Capability Integrated Development System)과 재원을 관리하는 기획관리프로세스(PPBEE), 그리고 협의의 '획득체계(DAS, Defense Acquisition System)'로 구성된다.

국한되어 있는 반면, 군수품의 개발 및 생산과 연관된 산업을 지칭하는 군수산업이나 보다 포괄적인 국방산업이라는 용어가 현장에서 혼용되고 있어, 각각의 용어의 정의와 범위, 그리고 상호 간의 관계에 대한 법체계적인 정리가 요망되고 있기도 하다. 이러한 상황으로 인해 현재의 방위력개선사업 중심의 법령 체계를 군사력 증강과 관련 산업에 관한 거시적인 시각에서부터 출발하여 보다 균형적이고 체계적으로 개선, 발전시켜야 한다는 세간의 요구가 점차 커지고 있다.

요약하자면 무기체계 획득의 범주를 지칭하는 방위력개선사업의 용어와 같이 전력지원 체계와 군수품 전반의 획득을 지칭하는 상위법상의 법정 용어는 현재까지 정립되어 있지 않다. 동시에 무기체계의 획득업무인 방위력개선사업은 그 절차를 규율하는 「방위사업법」의 법률로 규정되어 있는 반면, 무기체계 외 전력지원 체계(정보 체계)에 대한 소요기획, 획득, 운영유지 등 전 수명주기에 걸친 전력발전업무는 사실상 행정규칙 수준의 「국방전력발전업무훈령」에 근거하고 있어서 전력업무 전 범위의 절차를 법적으로 규율해줄 수 있는 법령이 상대적으로 취약하다고 평가할 수 있다.[83]

이상에서 설명한 업무체계와 관련된 주요 용어의 법령상 정의는 [표 4-3]과 같다.

표 4-3 국방전력발전업무체계의 주요 용어 정의 및 개념과 범위 3
박영욱(2021), 미래 과학기술기반의 국방전력발전업무 향상방안 연구, p. 19-20

용어		내용	근거법
국방전력발전업무	정의	무기체계 및 전력지원 체계에 대한 소요기획·획득·운영유지·폐기 등 전 수명주기에 걸친 관리와 그에 대한 정책 발전을 포괄하는 개념으로 전력을 조성하는 업무	국방전력발전업무훈령 별표1
국방기획관리	정의	국방목표를 설계하고 설계된 국방목표를 달성할 수 있도록 최선의 방법을 선택하여 보다 합리적으로 자원을 배분·운영함으로써 국방의 기능을 극대화시키는 관리활동을 말한다.	국방기획관리기본훈령 제4조

83 박영욱, 앞의 책, p.2, 2022.

소요	정의	가. 광의의 소요란 승인된 군사목표, 임무 또는 책임을 완수할 수 있는 능력을 갖출 수 있도록 하기 위해서 적절한 자원배분을 합법화하는 확실한 필요성이라 할 수 있다. 이는 기획이나 계획수립과정에서 사용한다. 즉, 국방목표를 달성하기 위하여 군사전략을 수립하고, 이러한 전략을 실천하기 위하여 군사조직을 편성하며, 편성된 조직체에 임무가 부여된다. 나. 협의의 소요란 어떤 부대가 일정기간 또는 시기에 어떤 임무를 수행하기 위하여 필요한 지정된 품목의 총수량을 뜻한다.	국방전력발전업무훈령 별표1
		다. 통상적으로 소요란 특정시기 또는 특정기간에 있어 인원, 장비, 보급, 자원, 시설 또는 근무지원이 특정량만큼 필요하다는 것을 표시하는 계획을 말한다.	
획득		군수품을 구매 또는 임차하여 조달하거나 연구개발 또는 생산(제조 · 수리 · 가공 · 조립 · 시험 · 정비 · 재생 · 개량 또는 개조)하여 조달하는 것을 말한다.	방위사업법 제2조/국방전력발전업무훈령 별표1
획득관리체계(광의)	정의	군이 필요로 하는 무기체계, 전력지원 체계 등 군수품을 시의 적절하게 경제적으로 조달하여 운영하도록 하는 제도와 절차, 조직, 문화를 총칭하는 말. 여기서 획득이란 군수품총수명주기 간에 이루어지는 모든 활동으로서 개념형성, 소요결정, 연구개발, 조달, 운영유지, 폐기 등을 포함	문헌
방위력개선사업(방위사업)	정의	군사력을 개선하기 위한 무기체계의 구매 및 신규개발·성능개량 등을 포함한 연구개발과 이에 수반되는 시설의 설치 등을 행하는 사업	방위사업법 제3조(정의)1
국방과학기술	정의	군사적 목적으로 활용하기 위한 군수품의 개발, 제조, 개량, 개조, 시험, 측정 등에 필요한 과학기술	국방과학기술혁신촉진법 제2조 2항

또한 [그림 4-6]은 현행 전력발전업무체계를 구성하고 있는 소요-획득-운영유지의 각 단계별 수행기관과 근거 법규, 그리고 관련 예산 체계를 개략적으로 보여주고 있다.

그림 4-6 국방전력(발전)정책업무의 법체계, 조직 체계 및 예산 체계

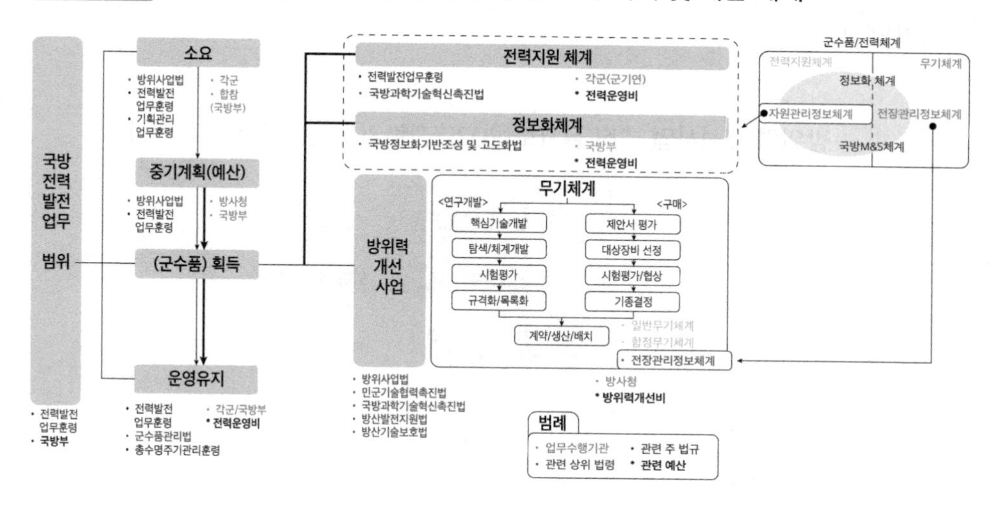

이미 설명했듯이 먼저 군수품은 무기체계와 전력지원 체계, 그리고 국방정보화 체계로 구분되고, 각 체계별 업무조직과 절차, 법제도 등이 상이하게 구성되어 있다.[84]

미래 중장기 소요결정 업무는 주로 각군과 합참을 중심으로 이루어지고 있고, 소요를 현실화시키는 중기계획 예산편성과 결정 권한은 국방부가 보유하고 있다. 무기체계의 소요기획은 각 군의 소요제안과 소요제기를 거쳐 합동전략회의와 합동참모회의에서 결정되는 반면, 전력지원 체계와 국방정보시스템의 소요제기와 결정은 각각 국방부 군수관리관실과 정보화기획관실 주관으로 진행되고 있어서 소요 단계에서부터 전력 체계별 절차가 별도 분리되어 있음을 알 수 있다.

이후 획득 단계 역시 이원화되어 있어서 무기체계 획득, 즉 방위력개선사업은 방위사업청이, 전력지원 체계 획득 업무는 각군과 국방부를 중심으로 절차화되어 있다. 전력지원 체계 중에서도 정보화 체계 획득은 국방부 정보화기획관실의 거

84 미국 등 주요국들은 대부분 군수품을 이원화하여 구분하지 않는다. 미국은 획득대상을 전력체계사업(DAP, Defense Acquisition Program)과 정보화사업(AIS, Automated Information System)으로만 구분하며, 사업을 개발비와 획득비의 금액별 기준에 따라 3단계(전력 체계의 주요 체계는 ACAT I (MDAP), 그 이하는 ACAT II 와 ACAT III로 구분한다. 정보화 체계의 주요 체계는 ACAT I A(MAIS), 그 이하는 II A, III A)로 구분하며, 카테고리별로 사업관리주체와 의사결정 구조가 다르다.

버넌스 아래 소요군과 소요제기기관이 획득사업을 관리하는 방식으로 업무가 이루어지고 있다.

그림 4-7 방위력 개선사업 추진 절차도(2022 전력업무지침서, p. 19, 합참)

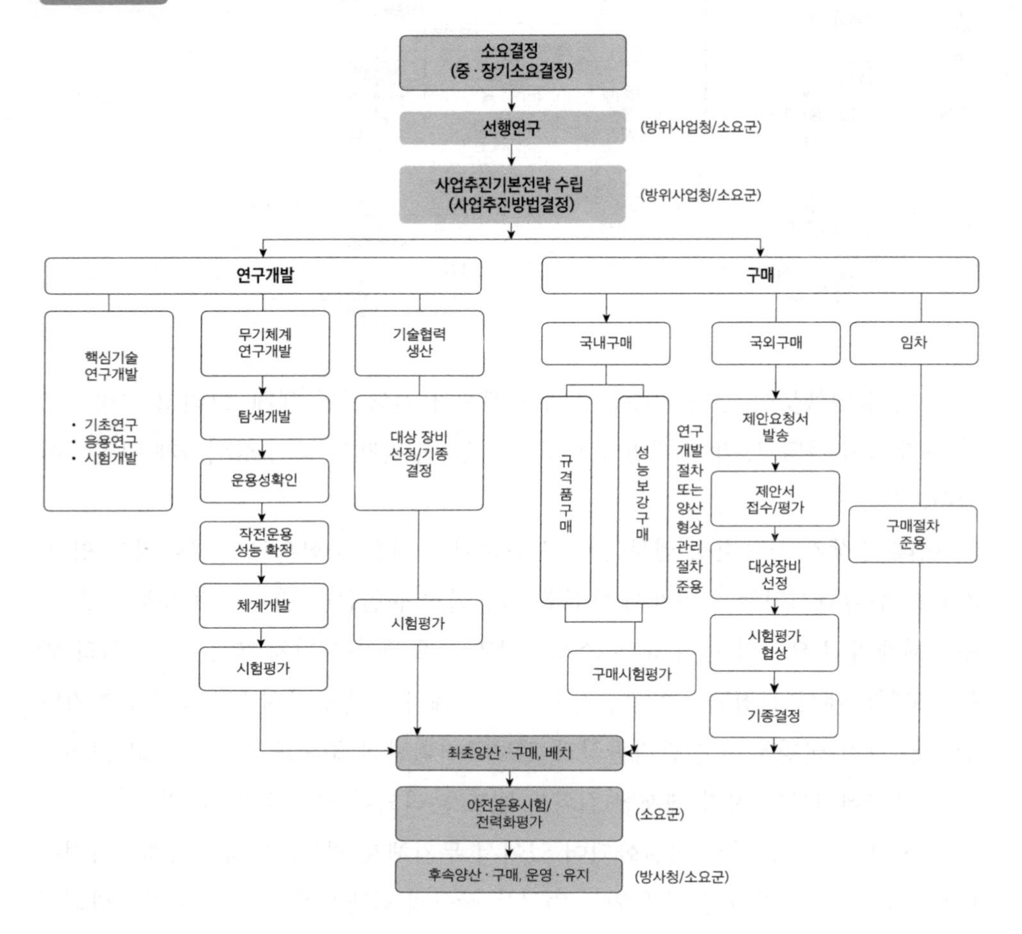

그림 4-8 전력지원 체계 획득 절차도(전력발전업무훈령 별표3)

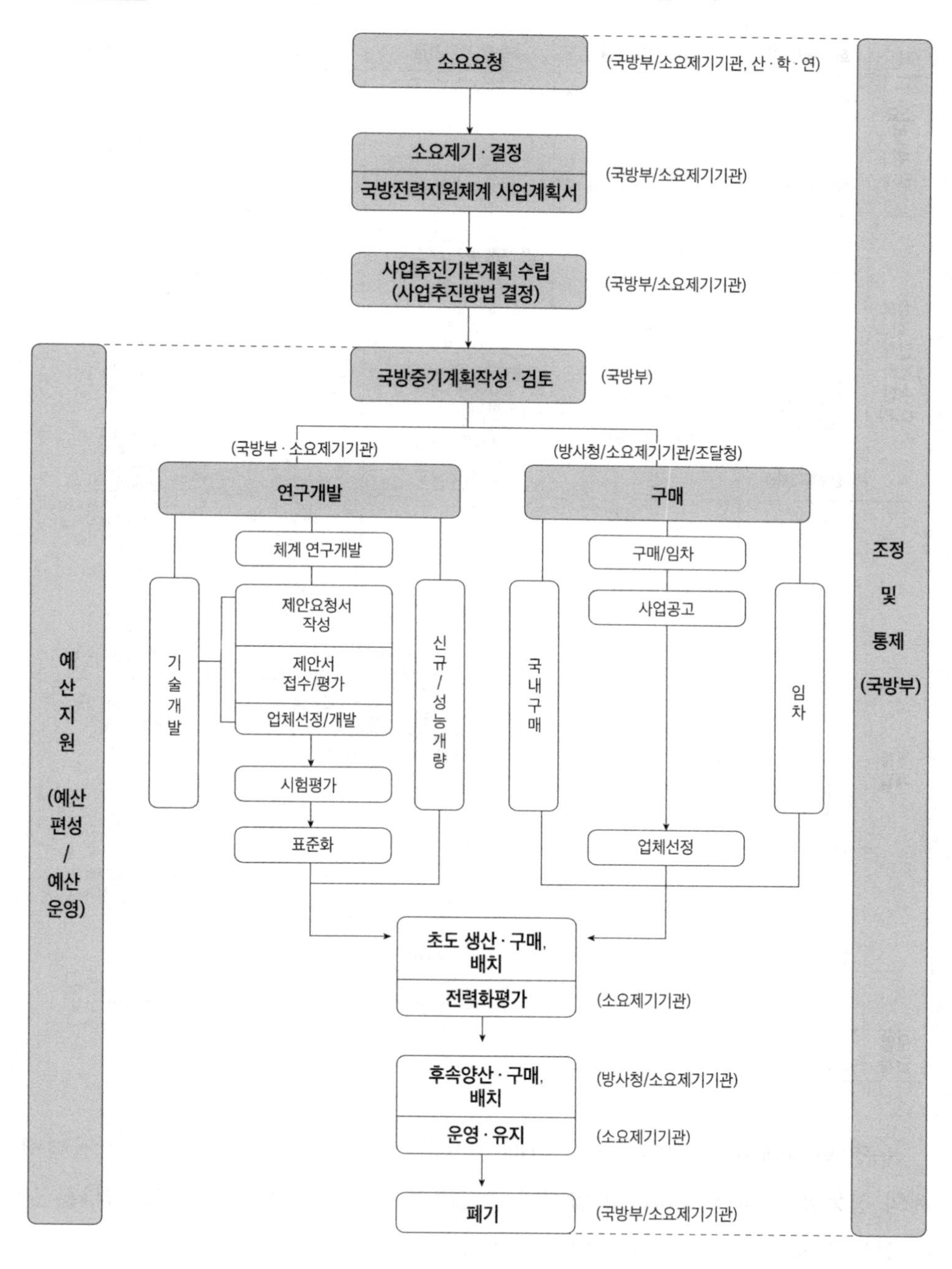

그림 4-9 국방정보화사업 업무 흐름도(국방정보화업무훈령 별표 8)

구분	회의체/승인	정보화기획관실	소요 제기기관	집행기관	주요산출물
소요 및 계획 단계	CIO(실무)협의회 정보화기획관	소요 결정 중기계획 및 예산요구서 검토/승인	소요 제기 ISP 결과 중기계획 및 예산요구서 작성/조정		• 소요제기서 • 소요결정서 • 중기계획서 • ISP 산출물
정보화 전략 계획 수립 (ISP)	정보화기획관 정보화사업 조정협의회 정보화기획관	ISP 주요 단계 및 수행 결과 검토/본사업 추진 결정 (집행기관 지정)	사업TF 편성 (전군지원 및 기관 주요사업) PMO 발주 사업계획서 (ISP) 작성 ISP 수행 • 사업 착수 보고 • 현실태 분석 • 개선 모델 • 이행 방안 수립 사업종결보고	체계규격서 작성 지원	• 사업계획서(ISP) • 사업착수보고서 • 운용개념기술서 • 체계규격서 • 연동합의서 • 사업계획서 (시스템개발, 기반체계도입 등) • 국방아키텍처 산출물 (제157조 대상사업) • 사업종결보고서
체계 개발	정보화사업 조정협의회		사업발주 및 관리 • 제안요청서 작성, 업체선정, 계약 • 사업 착수 보고 • 시스템요구사항분석 및 설계 • S/W 요구사항분석 및 S/W 설계 • S/W 구현 및 자격시험 • 시스템 통합 및 자격시험 사업 조정 요청(필요시) 시험평가 계획 수립 시험평가단 구성 및 위원장 수행 시험평가 수행/결과조치 군사용 적합·부적합 판정	사업TF 편성 (전군지원 및 기관 주요사업) PMO 발주 사업계획서 (시스템개발/기반도입) 작성(완성) 사업 조정 요청(필요시) 감리 시험평가 제반사항 지원 검수/체계인수 (획득 정보자원 등록) 사업종결보고	• 사업계획서 (시스템개발, 기반체계도입 등) • 사업착수보고서 • 개발산출물 • 시험평가계획서 • 시험평가결과 보고서 사업종결보고서 사업실적보고서
운영 단계			운영/유지보수		

운영 단계에서는 국방부 통제 아래 소요군이자 사용군인 입장에서 각 전력체계의 성능을 최대한 유지하고 발휘할 수 있도록 각 군이 관련 업무, 즉 대부분 군수 업무로 지칭되는 활동을 수행하고 있다.

위의 그림들은 무기체계와 전력지원 체계, 그리고 정보시스템의 전력발전업무 흐름을 보여주고 있다.

이상과 같은 전력발전업무는 표면적으로는 군사력 건설과 운용을 책임지는 국방부(장관)의 통합적 거버넌스 체계를 주축으로 구조화되어 있으나, 실제 세부 업무수행 과정에서는 주관 수행기관과 조직에 따라 분절적으로 업무가 이루어지고 있으면서도 내부적으로는 전 과정에 걸쳐 매우 복잡한 조직 간의 관계가 형성되어 있다.

특히 방위산업활동, 더 나아가 국방획득 및 방위력개선사업, 그리고 전력발전 업무는 전 과정에 걸쳐 국방부 본부 외 각 군과 합참, 방위사업청과 여러 국직부대 및 출연기관에 이르기까지 모든 조직이 직간접적으로 관여되어 있어서 소요, 획득 및 운영의 각 단계가 유기적으로 연계된 매우 복잡한 시스템으로 작동하고 있다고 볼 수 있다.

제2절

우리나라 방위산업의 역사

1. 방위산업의 출발과 기반조성기(1970-80년대 말)

가. 태동기

우리나라 방위산업의 역사는 우리 스스로 국가안보를 위해 무기체계를 개발하기 시작했던 역사와 일치하면서도 국가 경제부흥을 위해 중공업과 중화학을 중심으로 기간 산업을 키우고자 했던 한국 근대화의 역사와도 궤를 같이하고 있다.

관련 전문가들은 우리나라 방위산업 출발의 직접적인 계기를 1969년도 미국의 닉슨 독트린 선언으로 보고 있다.[85]

1948년 대한민국 정부가 수립되면서 우리 국군도 바로 육해공 3군 체제를 갖추게 되었다. 그러나 제대로 군사력을 정비하기도 전에 6·25 전쟁을 겪으면서 거의 모든 장비와 물자를 미군의 보급과 지원에 의존할 수밖에 없게 되었고, 병력 규모 역시 철저히 미군의 지시와 통제에 따를 수밖에 없었다. 이처럼 절대적으로 미국에 군사력을 의존해야 하는 상황이 전후부터 1960년대 후반까지도 이어졌다.

당시 1960년대 말, 미국은 베트남전과 푸에블로호 피랍, 정찰기 피격사건 등 동아시아에서 미국에 부담이 되는 일련의 군사안보적 사건들을 겪으면서 대 아시아 외교정책을 근본적으로 변화시키게 되었다. 1969년 7월 미국은 "아시아에 지상군을 투입하지 않겠으며, 방위의 일차적 책임을 각 나라가 직접 담당해야 한다"라는 괌(닉슨) 독트린을 발표하기에 이르렀다. 우리나라는 1·21 김신조 사태와 울진·삼척 무장공비 침투사건 등 북한의 도발사건을 겪은 직후이기도 했다.

85 서우덕 외, "방위산업 40년 끝없는 도전의 역사", 플래닛미디어, pp.26~27, 2015.; 안동만 외, "백곰, 도전과 승리의 기록", 플래닛미디어, pp.30~34, 2016.

닉슨 독트린은 미국을 다시 전쟁의 수렁으로 끌어들일 수 있는 베트남과 한국에 스스로를 지켜야 하는 책임을 돌려주겠다는 뜻이었고, 이는 곧 주한미군의 대폭감소와 철수로 가시화되었다. 국가의 운명을 건 협상의 결과 한국은 주한미군의 일부 철수와 함께 한미상호방위조약에 입각한 한국 방위와 추가 군사원조를 약속받았다. 이를 바탕으로 박정희 대통령은 "국군 현대화 5개년 계획"을 수립하여 전차와 미사일, 전투기 등의 군사력 증강과 함께 M-16 보병 소총의 국내생산을 허용받는 등 무기와 탄약을 처음으로 국내생산할 수 있는 발판을 만들었다. 비록 국제정치적 상황 변화 등 외부적 여건 변화에 따른 결과이기는 했지만, 결국 현재 우리나라 방산 기반의 출발이자 "자주국방"의 출발이었다.

표 4-4 우리나라 주요 무기체계 연구개발 및 방위산업 성장 단계
(국방과학연구소(2020), 국방과학연구소 50년 연구개발 성과분석서, pp.6-7)

태동기(1970년대) 120개 개발 완료 - 기본병기 국산화	성장기(1980년대) 81개 개발 완료 - 선진국무기 개량개발	도약기(1990년대) 39개 개발 완료 - 고도정밀무기 독자개발	선진권 진입(2000년대) 27개 개발 완료 - 세계수준무기 독자개발	선진화기(2010년대) 27개 개발 완료 - 세계수준 연구개발
• 81미리 박격포 (1937) • M60 기관총 (1974) • M203 유탄발사기 (1977) • 155미리견인곡사포 (1977) • 105미리 전차포탄 (1979)	• 전차용 방독면 (1981) • 한국형 기관총 (1981) • 한국형 소총 (1982)잠수정 (1984) • 155미리 자주곡사포 (1984) • 전투용 장갑차 (K-200)(1985) • 분대급 경기관총/탄 (1987)	• 30미리 자주대공포 (비호)(1991) • 교량전차(1992) • 차기 FM무전기 (1992) • 항공기 탑재형 ECM장비(88AK) (1993) • 포격 사격 지휘소용 장갑차(1994) • 한국형 장갑차 성능개량(1995) • 화생방 정찰차 (1995)	• 어뢰음향대항체계 (2000) • 단거리 지대공 유도무기(천마)(2000) • 함정용전자전장비 (2001) • 정찰용 무인항공기 (2001) • 함대함 유도무기 (2003) • 항만감시체계 (2004)	• 철매-II(천궁) (2011) • 화생겸용 자동탐지기(2011) • 울산-I급 음탐기체계(2012) • 울산-I급 전투체계 (2012) • 중거리 GPS 유도킷트(2012) • 자동측지장비 (2012) • 전술정찰정보수집체계(2013)

	• 탄도미사일(현무)(1987) • 대전차 지뢰(K442)(1988)	• 열상감시장비(1996) • 전차포수 조준경(1997) • 휴대용 주야간 관측장비(1998) • 훈련지원기(KT-1)(1998) • 잠수함/정 탑재용 중어뢰(K-731)(1998) • 신형 155미리 자주포(1998) • 예인음탐기체계(1999) • K1A1전차(1999)	• 전투기외장형전자방해장비(2004) • 휴대용대공유도무기(2004) • 신형경어뢰(2004) • 차기보병전투장갑차(2007) • 군위성통신체계(2007) • 대형 수송함(LPX) 전투체계(2007) • K2전차(흑표)(2008) • 검독수리-A급 전투체계(2008) • 홍상어(2009)	• MS-GRPS(2014) • 한국형 합동전술 데이터 링크 체계(2014) • 보병용중거리유도무기(2015) • 2.75인치 유도로켓(2016) • 철매-II 성능개량(2017) • 130mm 유도로켓(2017) • 전술함대지유도탄(2017) • 701체계(2018) • 전술정보통신체계(2018) • 대함유도탄방어유도탄(2018) • 전술지대지유도무기(2019)

1970년 1년 안에 박정희 대통령의 지시로 국방부에 방위산업 육성 전담부서가 설치되고 방위산업 추진전략이 수립되었으며, 자주국방 확립을 위해 육해공군의 연구개발 기능을 통합수행할 국방과학연구소가 설립되었다.

최고의 엘리트 과학기술 인재를 영입하여 출발한 국방과학연구소는 1971년 바로 박정희 대통령의 기본 병기의 국산 시제품 개발 명령을 하달받았다. 더이상 미국 병기에 기댈 수 없는 절박한 상황에서 수입병기를 대체하기 위한 목적에서 소총과 기관총, 박격포, 수류탄, 지뢰, 로켓발사기, 탄약과 신관의 최초 국산 시제 생산이 지상과제로 주어졌던 것이다. 프로젝트가 너무 촉박하게 진행되어 번개사업이라는 별명이 붙었던 우리나라 최초의 전력증강, 획득사업의 출발이었다. 대통령의 전폭적인 지원과 연구원들이 혼신의 노력을 바쳐 만든 기본화기는 미국

무기의 모방과 역설계를 통한 소량의 무기체계 시제품들이었으나 3차까지 급박히 하달된 대통령의 명령에 따라 진행된 번개사업의 결과물의 성능은 매우 우수했다.

곧 부산 지역에 국방부 산하의 조병창의 생산시설을 설립하여 양산체제를 갖추었는데, 조병창은 이후 1981년 민영화되어 대우정밀공업, 그리고 이후에는 S&T대우로, 다시 S&T모티브로 이어진 우리나라 최초의 방산기업이자 방위산업의 효시가 되었다. 또한 1970년대 초 국가산업전략의 일환으로 기계공업단지로 지정된 창원이 방위산업의 실질적 모태가 되었고, 동시에 전자산업 부흥을 목표로 조성된 구미 전자산업단지 안에도 방위산업 생산시설들이 자리잡게 되었다.[86]

번개사업에 이어 1974년부터 1981년까지 방위세를 포함한 대규모 국가예산이 투입되는 전력증강사업으로 1차 율곡사업이 진행되었다. 율곡사업으로 팬텀기 등 전투기 도입과 같은 대규모 해외도입사업이 시행되기도 했으나, 대한민국 최초의 한국형 유도탄 백곰 미사일을 개발하고 한국형 고속정을 건조하는 등 무기체계를 국산화하고 방위산업을 성장시키는 성공의 역사를 쓸 수 있었다.

이처럼 1970년대에 최고 통수권자의 강력한 리더십과 전폭적 지원을 받아 자주국방을 위한 전력증강사업이 진행되면서 소총 등 기본화기와 박격포, 곡사포 등 총 120여 종의 기본병기가 개발되고 생산되면서 바로 우리나라 방위산업의 토대가 갖추어지기 시작했다.

동시에 산업기반을 갖추기 위해 국가 차원에서 보호하고 육성하기 위한 일련의 방산에 특화된 정책과 법제도가 하나씩 갖추어져 갔다. 방산물자 개발, 생산기업에게 금융 및 세제 지원과 보조금 지급 등의 혜택과 의무가 부여되었고, 「방위산업 육성을 위해 군수조달에 관한 특별조치법」(1972, 이하 군수특조법)이 제정되었다. 또한 방산물자·기업 지정제도(1973)가 시행되기 시작했으며, 방위세 신설과(1975) 방산원가제도(1978) 도입 조치가 이어지면서 대부분의 기본적인 방위산업 정책과 제도의 틀이 갖추어졌다.[87]

특히 「군수특조법」의 제정으로 방산업체는 방산시설의 설치 보완에 필요한

86 서우덕 외, 앞의 글, pp.51~55.; 안동만 외, 앞의 글, pp.65~75.

87 김선영, "최신 방위사업 개론", 북코리아, p.94, 2020.

자금을 지원받을 수 있게 되었으며, 각종 세금 면제와 감면이 가능해졌다. 방산업체 종사자들은 병역특례를 받을 수 있게 되어 업체보호뿐만 아니라 인력보호 차원에서도 큰 진전을 이룰 수 있는 산업적 토대가 마련되었다. 역시 특조법에 명시된 방산물자 지정제도는 군이 필요로 하는 무기체계를 획득함에 있어서 개발을 수행한 업체에게 일정 기간(최소 5년) 양산 독점권을 부여하는 제도로서, 방산기업의 안정적 성장에 큰 도움이 되었다. 이로써 정부는 품질이 보장된 제품을 안정적으로 공급받을 수 있는 기반을 확보·유지하고, 방위산업의 보호·육성을 위한 산업적 토대를 마련하게 되었다.[88]

나. 보호·육성기

제5공화국의 시대였던 1980년대에 방위산업은 국방전략과 정책 환경에 따라 일부 변화를 겪게 된다. 번개사업과 1차 율곡사업을 거치면서 점차 규모를 키워간 전력증강사업에는 2차 율곡사업(1982-86)과 3차 율곡사업(1987-92)을 통해 더 큰 규모의 예산이 투입되었다. 또한 무기체계를 조달하는 획득체계의 조직과 사업절차도 확대 분화되면서 체계화되어가는 등 전반적으로 획득과 방위산업의 국가시스템이 발전해갔다.

이제 모방과 역설계로부터 출발한 기본병기를 넘어서서 155미리 자주곡사포와 자주대공포, 장갑차를 자체 개발하고, 백곰에 이어 현무급의 탄도미사일과 수상함, 잠수정 등 총 80여 개의 선진국 무기의 개량과 국산화 개발을 완료하였다.[89]

88 서용원 외, "성장 위해 숨 가쁘게 달려온 50년, 미래 50년을 위해 준비할 것은?", 월간 국방과 기술, 2020.3.

89 국방과학연구소, 앞의 책, p.607, 2020.

그림 4-10 우리나라 방위산업의 기반조성기
(유형곤, 국내 방위산업 성장과 현실태, 2023(국방기술학회 내부자료)과 외부자료를 취합)

국방과학연구소 설립

번개사업의 재래식 기본병기 국산화

율곡사업 추진(1974~92년)

중화학 공업육성과 연계한 방산육성책

또한 방위산업을 보호하고 보전하기 위한 일련의 보호 육성시책들도 다양하게 시행되었다. 방산육성기금이 설치(1980)되었고, 지나친 경쟁으로 인한 방산기업들의 이윤감소와 불안정한 생산 및 산업구조를 방지하기 위한 보호책으로서 전문화·계열화제도(1983)가 시행되었으며, 해외에서 이미 보편화된 절충교역제도를 도입(1982)하여 국외구매사업의 계약조건으로서 최초로 국내 생산 방산물자를 수출하기도 하였다.

그러나 한편으로 이 시기에는 1970년대와 비교하여 자주국방을 위한 강력한 독자개발 추진보다는 무기체계의 해외구매, 특히 미국무기의 도입 비중이 상대적으로 높아졌다는 점에 주목할 필요가 있다. 정권 교체와 정치적 격변으로 인해 국방연구개발 예산이 축소되고, 국방과학연구소의 특정 사업부 폐지와 대규모 감원을 비롯하여 국방관련 연구소들이 위축되었다. 방산기업들 역시 개발사업과 양산

사업의 상대적 감소로 가동률 저하와 생산성 저하 등의 어려움을 겪어야 했다.

특히 박정희 대통령의 강력한 의지와 추진력으로서 국가 핵심산업으로 성장하던 방위산업 육성에 대한 동력이 상대적으로 저하되었던 측면이 있었다. 무기체계 국산화 개발을 포함한 전력증강사업의 주체가 대통령에서 국방부 장관으로 상대적으로 낮아짐과 동시에 첨단기술력을 무기로 하는 해외선진국, 특히 미국무기의 적극 도입 우선 정책으로 막 싹트기 시작했던 국내 방위산업 성장세가 상대적으로 후퇴했다는 평가를 받기도 한다.

표 4-5 율곡사업 재원의 군별 및 연구개발사업의 자원 배분
서우덕 외, 앞의 책, p. 151

단계	육군	해군	공군	연구개발/ 통합사업	계
1차(1974년 ~1981년)	1조 3,601 (43.3%)	4,970 (15.8%)	6,892 (22%)	5,939 (18.9%)	3조 1,402
2차(1982년 ~1986년)	2조 6,471 (49.7%)	1조 658 (20.2%)	1조 3,389 (24.9%)	2,761 (5.2%)	5조 3,279
3차(1987년 ~1992년)	6조 6,506 (48%)	2조 8,971 (21%)	3조 1,882 (23%)	1조 513 (7%)	13조 7,872
계	10조 6,578 (47.9%)	4조 4,599 (20.0%)	5조 2,163 (23.4%)	1조 9,213 (8.6%)	22조 2,553

1980년대에 진행된 2, 3차 율곡사업의 재원 배분 현황을 살펴보면, 전체 예산 규모가 2배와 3배 이상씩 획기적으로 늘었음에도 불구하고 연구개발/통합사업의 예산 비중은 70년대에 진행된 1차 율곡사업에 비해 현격히 감소한 것을 알 수 있다. 이는 위에서 설명한 바와 같이 80년대의 전력증강사업이 70년대의 국산화와 국내개발에 비해 해외도입 구매사업의 비중이 상대적으로 커졌음을 보여 주는 단적인 예라고 할 수 있다.

그러나 1970년와 80년대는 선진국 무기체계의 면허생산과 모방 및 역설계를

통한 기본병기의 생산능력과 함께 기본적인 지상무기체계와 함정무기체계 등 선진국의 복합무기체계를 개조 및 개량 개발할 수 있는 기술 능력을 확충했다는 점에서 우리나라 방위산업이 태동하여 성장을 시작하는 기반조성기로 평가내릴 수 있다.

정책제도 발전의 측면에서 보면 1970년대 초 국방부가 최초의 획득사업인 율곡사업을 통해 본격적으로 전력증강계획을 추진하면서 국방획득체계의 틀을 갖추기 시작하였고, 1980년대 미국의 기획관리시스템(PPBEES)을 도입하여 제도적 기반을 갖추었으며, 1990년대에는 91년의 8·18군 구조개편에 따라 「기획관리규정」과 「획득관리규정」에 따른 업무체계를 정립하게 되었으며, 그에 따라 자연스럽게 무기체계의 생산에 관여하는 방산의 기반조성도 이 시기에 함께 이루어지게 되었다.

2. 방위산업의 성장기(1990-2000년대 중반)

1990년대부터 2000년대 중반까지는 우리 방위산업의 본격적인 성장기이자 도약기에 해당된다.

1990년대는 1980년대의 해외 무기도입 위주의 정책 동향에서 일부 탈피, 회귀하여 다시 무기체계의 획득 과정에서의 국산화 및 국내 연구개발 우선 정책을 강조하는 방향으로 전환하게 되었다. 1970-80년대를 걸쳐 해외도입된 무기체계의 모방과 역설계의 학습을 거치면서 꾸준하게 국내의 독자적인 국방기술력을 축적하기 위한 국방과학연구소와 외부 산학연의 공동의 노력이 성과를 거두기 시작했다. 꾸준히 KIAI 전차를 비롯하여 신형 155미리 자주포 K9 등 지상무기체계의 개조개발과 성능개량을 통한 국산모델 개발이 본격화되었고, 지휘통제 통신 체계의 각종 단말기와 영상감시장비 또한 국내개발이 시작되었다. 훈련지원기 KT-1의 자체 설계와 개발 과정에서 항공방산기업의 기술력과 생산력을 시험해가고 있었고, 한국형 구축함 KDX II와 잠수함, 그리고 해상 및 각종 유도무기 역시 국산화되는 확실한 성과를 내기 시작하였다.

이제 본격적으로 기본 병기가 아닌 첨단·정밀·복합무기체계의 국내개발이 진행될 수 있는 방산의 기틀을 마련했다고 볼 수 있다. 또한 일부 무기체계의 해외도입 과정에서 절충교역제도를 통해 얻은 해외 방산기술과 기술인력에 대한 교육과 현지 경험 역시 국내 개발 인프라 조성에 기여했다고 볼 수 있다.

당시에 국내 연구개발을 주도하던 국방과학연구소에 따르면 1990년대에 달성한 고도정밀무기의 독자개발 사업이 39개에 이르며, 2000년대 들어서는 27개의 체계개발 사업을 완료함으로써 거의 세계 수준의 무기체계 독자개발의 기틀이 마련되었다고 평가받고 있다.[90]

그러나 한편, 1992년까지 매년 전체 국방비의 30-40% 정도의 대규모 예산이 투자된 율곡사업이 3차로 종결된 후 그동안 전력증강사업 계획의 일환으로 진행되었던 국내 국방과학기술의 발전의 눈부신 성과에도 불구하고 해외도입 등 일부 율곡사업 비리에 대한 부정적 여론이 일었고, 이로 인해 대대적인 감사가 진행되었다.

그 결과 일부 무기체계 획득 과정의 주요 의사결정을 담당했던 최고 지휘부의 비위사실이 드러나면서 그간의 비체계적이고 다소 투명하지 않았던 획득체계 전반에서 투명성과 효율성, 전문성에 대한 개혁이 필요하다는 국민적 공감대도 형성되었다. 오늘날 무기체계의 조달과 개발사업을 둘러싼 방위사업 비리, 속칭 방산비리의 기본적인 이미지 프레임이 이 당시 율곡사업의 비리사건에서부터 형성되었다고도 볼 수 있다.

그러나 이러한 율곡비리의 여파가 반드시 방산에 대한 부정적 이미지 생산에만 영향을 미쳤던 것은 아니었다. 율곡사업 감사가 종결된 후 국방 획득체계가 보다 전문화되고 분화되면서 체계화될 수 있는 정책환경이 조성되었다고도 볼 수 있다. 국방부 일부 부서를 중심으로 해서 다소 폐쇄적으로 진행되던 대형 장기 무기체계 획득사업 프로세스가 보다 전문적이고 체계적인 제도와 투명성을 중시한 업무체계로 발전되기 시작했다.

90 국방과학연구소, 앞의 책, p.6-7.

3. 방위산업의 도약기(2000년대 중반-현재)

이전의 율곡사업의 비리감사로 드러났던 국방획득체계의 혁신이 국정과제로 채택되었고, 투명성, 전문성, 효율성과 경쟁력 강화를 기치로 하여 획득 업무담당 부처가 신설되고 업무 프로세스가 새롭게 정립되는 대대적인 변화가 시작되었다.

그림 4-11 2000년대 이후 국내개발된 주요 무기체계
국방과학연구소, 앞의 책, p. 7

그림 4-12 방위사업청 개청(2006)
대한민국 정책브리핑, "국방획득 사업 '신뢰' 높아졌다", 2007년 1월
(https://www.korea.kr/news/policyFocusView.do?newsId=148616146&pkgId=49500195&pkgSubId=&pageIndex=11#policyFocus).

2006년 무기체계 획득사업이 방위력개선사업으로 명칭이 변화되었고, 이전의 「획득관리규정」이었던 국방부 장관 시행령이 「방위사업법」의 상위법으로 제정되었다. 국방부 내에서 수행되던 무기체계 획득업무가 분리되고 이 업무를 전담하는 차관급 행정부처인 방위사업청이 신설되었다. 국방부의 획득실 등 최상의 정책부서로부터 각 군의 무기체계사업 업무를 담당하던 육군의 전력단과 해군의 조함단, 그리고 공군의 항공사업단의 조직과 업무도 모두 방위사업청으로 이관되었다. 국방조달계약과 품질 업무를 담당하던 국방품질관리소는 국방기술품질원으로 명칭을 바꾸고, 국방부 장관의 통제를 받던 국방과학연구소 등도 방위사업청 예하로 소속이 변경되었다. 당연히 방위산업의 육성과 진흥을 담당하는 방산정책 업무도 방위사업청의 업무로 포함되었다.

방위사업청은 국방부 장관의 포괄적인 감독을 받지만, 예산부터 업무 집행까지 대부분의 무기체계 획득 업무에 대한 세부 의사결정은 방위사업청장 중심으로 진행하는 것으로 설계되었다. 이전에 비해 대체적으로 획득 업무의 전문성과 분화, 그리고 양적 확대가 진행되었다는 점에 대해서는 관련 분야와 전문가들의

의견이 일치하는 편이다.

그러나 현재까지 당시의 방위력개선사업과 방위사업청의 독립과 분화에 대해 완전히 긍정적이고 일치된 평가만 존재하는 것은 아니다.

특히 과거 국방부로 일원화되어 있던 군수품 획득 및 운영관리의 전 과정을 포괄하는 획득 거버넌스가 국방부와 방위사업청으로 이원화되면서 관련 조직과 업무 및 의사결정 프로세스, 예산 체계 등 일련의 제도들이 근본적으로 변화하게 되었다는 점에 긍정과 부정적 평가가 동시에 존재한다.

방위사업청 개청 이후 국방부는 무기체계를 제외한 비무기체계(2012년 비무기체계를 전력지원 체계로 변경)의 획득과 군수 업무를 총괄하는 기능과 권한을 행사하고 있으나 무기체계 획득, 즉 방위력개선사업에 대해서는 중기계획 예산편성 업무와 전력정책을 통한 일부 제한적인 역할을 수행하는 데 그침으로써 전력발전 업무 전 분야의 일관된 거버넌스 구조가 분절화되는 결과가 초래되었다는 의견이 제기되고 있다.

이처럼 방위사업청의 개청과 국방부로부터의 독립이라는 획득제도의 대대적 변화에 대한 다양한 시각과 평가가 상존하고 있는 가운데, 방위산업 역시 이상과 같은 획득제도의 분화와 진화에 따라 여러 변화와 발전을 겪게 되었다. 아직 최고 사양의 첨단전력 체계가 모두 국내 개발되거나 될 수 있는 여건이 조성되지는 않았으나, 이제 지상무기체계를 비롯하여 대부분의 무기체계를 국내 개발하는 사업이 추진되었거나 진행 중이라고 해도 과언이 아닐 정도로 국산화 무기체계의 종류는 거의 모든 분야를 망라하여 대폭 확대되었다.

특히 체계종합 위주의 개발방식에서 탈피하여 핵심기술의 독자개발 능력을 확대할 수 있는 국방연구개발정책과 범정부적인 방산 수출 지원정책이 급격히 강조되고 시행되기 시작하였다. 우리나라의 방위산업이 세계의 선진권에 진입할 수 있도록 발판이 되어 주는 법제도와 정책지원이 본격화되었다. 2000년대 들어 국방과학연구소가 설계와 개발을 주도했기는 하나 첨단정밀 무기체계 중 27종이 국내개발이 완료되거나 전력화되기 시작하였다. 이 중 K2 흑표전차와 K9 자주포, 고등훈련기와 천마와 같은 유도무기 등 상당수가 현재 글로벌 시장을 석권하는 주력 수출상품이 되고 있으며, 곧 수출상품으로 개조개발이 되거나 일부 성능개량이 진행되는 품목이 많다.

한편 방위사업청 개청 이후 경쟁력 강화의 일환으로 이전까지 방산기업의 보호와 육성의 기본정책이었던 전문화·계열화 제도가 폐지되었다. 물론 현재까지 이 제도의 폐지에 대한 평가가 엇갈리는 경향도 있기는 하지만, 새로운 경쟁체제 도입으로 방산기업 간, 또는 외부 비방산기업의 진입 장벽을 낮춘다는 점에서 경쟁의 효과에 대한 긍정적 평가도 상당히 우세적인 편이다.

특히 2010년 이후 방위사업청은 국내 핵심기술 및 체계의 연구개발사업에서 설계를 비롯한 전체적인 사업관리를 국방과학연구소 주관으로 진행하던 방식에서 탈피하여 산학연, 특히 방산기업의 기술경쟁력 확보를 위해 산학연주관 사업의 종류와 비중을 대폭 늘리기 시작하였고, 이러한 정책적 의지에 따라 상대적으로 방산기업 주도의 국방연구개발 방식이 자리잡기 시작했던 점은 상당한 성과로 평가되고 있다.

이상과 같이 2000년대 중반 이후 꾸준히, 확대되어 진행된 무기체계의 국내 연구개발의 성과는 2010년대 후반부터 본격적으로 추진된 방산 수출 지원 정책 기조와 맞물리고, 우크라이나 전쟁 발발 등 외부 여건의 조성에 따라 급격한 방산 수출의 성과로 나타나기 시작하였다. 폴란드를 비롯한 일부 유럽국가와 중동권, 그리고 호주 태평양 권역을 중심으로 전차와 자주포, 고등훈련기와 수상함 등 복합무기체계의 수출계약이 성사되면서 국내외를 망라하고 K-방산의 긍정적인 이미지가 조성되고 국민적 호응이 뒤따르고 있다. 모처럼의 방산 수출 호기를 맞아 그동안 다소 위축되어 있고 구조적 어려움을 겪고 있는 국내 방위산업계가 글로벌 방산시장으로 진출하면서 국제적인 경쟁력을 확보할 수 있도록 세심하고도 균형 잡힌 정책적 배려와 적극적 추진이 필요한 시점이다.

그림 4-13 우리나라 방산 수출 실적 추이(2007-)
2023 방위사업통계연보 및 언론자료 종합

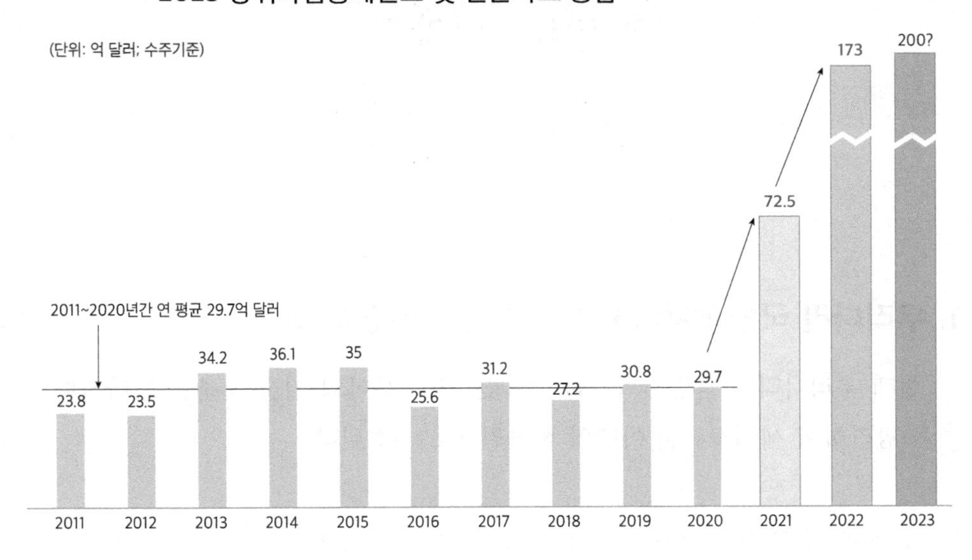

그림 4-14 국내 주요 방산수출 실적 사례
유형곤(2023.9.5), 구자근의원실 토론회 자료, p. 5

우리 방위산업의 현주소

1. 우리나라 국방과학기술의 수준과 방산경쟁력

현재 우리나라의 국방과학기술 수준은 모든 분야의 기술 수준을 망라하여 수준을 망라하여 세계 9위권 이내의 선진권으로 추정된다.

표 4-6 우리나라와 세계주요국 국방과학기술 수준조사
방위사업청, 2023 방위사업통계연보, p. 175

국가	2015년		2018년		2021년	
	기술수준	순위	기술수준	순위	기술수준	순위
미국	100	1	100	1	100	1
프랑스	91	2	90	2	89	2
러시아	90	3	90	2	89	2
독일	90	3	89	4	87	4
영국	89	5	89	4	87	4
중국	84	6	85	6	85	6
이스라엘	84	6	84	7	83	7
일본	84	6	84	7	81	8
한국	**81**	**9**	**80**	**9**	**79**	**9**
이탈리아	81	9	80	9	78	10
스웨덴	80	11	-	-	74	11

인도	73	13	73	11	71	12
캐나다	74	12	73	11	71	12
스페인	72	14	70	13	68	14
네덜란드	-	-	68	14	66	15
호주	-	-	68	14	66	15

무기체계	지휘통제/통신			감시정찰					기동			함정			항공/우주				화력				방호		기타	
	지휘통제	전술통신	사이버전	레이더	SAR	EO/IR	수중감시	전자전	기동전투	지상무인	개인전투	수상함	잠수함	해양무인	고정익	회전익	항공무인	우주무기	화포	탄약	유도무기	수중유도무기	방공무기	화생방	국방M&S	국방SW
한국의 기술수준	81	80	79	79	75	78	78	76	86	80	76	82	85	77	75	78	82	69	87	81	82	84	81	77	77	73
한국의 순위	6	8	10	12	12	10	10	10	7	7	8	8	8	12	11	10	8	10	4	8	9	9	9	10	6	9

국방기술진흥연구소는 매 3년마다 국가별 국방과학기술 수준조사를 진행한다. 이는 「국방과학기술혁신촉진법」에 따라 이루어지는 조사로서 국방과학기술 개발 전략수립과 국방 R&D 정책방향의 설정을 위해 주요 방산선진국(2021년, 16개국)들의 26대 무기체계 유형별 국방과학기술 수준 비교·분석을 목적으로 국내 전문가들을 대상으로 수행되고 있다.[91]

최근의 국방과학기술 수준조사 결과에 따르면 미국의 국방과학기술 수준을 100으로 산정했을 경우 우리의 수준은 프랑스와 러시아, 독일, 영국, 중국, 이스라엘과 일본에 이어 9위 정도로 조사되었다. 특히 우리나라는 자주포 성능개량, 무인화 및 자동화 등을 통해 화포 분야의 기술수준이 최상위권에 근접한 세계 4위로 조사되었고, SLBM(잠수함발사 탄도유도탄) 수중발사 시험을 성공하는 등의

91 「국방과학기술혁신촉진법」 제12조, 동법 시행령 제18조 및 「방위사업관리규정」 제173조에 의거하여 이루어진다. 방위사업청, "2023 방위사업통계연보", 2023.

성과를 기반으로 2018년 조사 때의 이탈리아와 공동 9위에서 2021년에는 단독 9위로 어느 정도 성장한 것으로 드러났다.

2. 국방예산과 국방연구개발 예산

2024년도 우리나라의 국방예산은 약 59조 4천억에 달해 전체 정부재정 대비 점유율은 13.2%에 해당한다. 세계적으로는 미국을 위시한 해외 주요국 중에서 9위(2022년도 기준)에 이를 정도로 우리나라의 국방비 규모는 상당히 큰 편이다.[92]

국방예산의 구성을 보면 병력 인건비와 장비의 유지, 그리고 시설물 건설 등 군사력을 운영하는데 필요한 전력운영비가 전체의 70%를 차지하고 있고 무기체계의 구매와 개발, 성능개량을 통해 군사력을 개선하는데 필요한 방위력개선비가 30% 정도인 17조에 달하고 있다. 전력운영비는 주로 국방부에서 집행되며, 방위력개선비는 방위사업청이 집행의 주체가 되고 있다.

전력운영비와 방위력개선비 등 무기체계를 포함한 군수품의 수요 및 계약 주체가 국방부와 각군, 방위사업청 등 모두 정부이고, 그 재원이 결국 국방예산이기 때문에 우리나라 방위산업의 내수 매출 규모와 산업 규모 역시 국방예산에 직접적이고 절대적이고 영향을 받는다. 따라서 국방예산의 증감에 따라 방산기업의 매출액이나 영업이익, 시설 등의 가동률이 모두 연동되어 순차적인 영향을 받는다고 할 수 있다.

물론 최근 몇몇 국내 방산대기업이 글로벌 시장으로의 방산 수출을 통해 해외 매출을 일으키고 있기는 하지만, 아직 대다수 우리 방산기업은 주로 군과 국방부처와의 조달계약을 통해 대부분의 매출을 얻고 있어서 방위산업의 현황을 분석하기 위해서는 국방예산의 전체적인 변화와 추이를 살펴보아야 한다.

전력운영비 중에서도 장비와 물자의 유지와 운영에 필요한 부품교체와 장비 등 주로 군수 업무와 전력지원 체계의 조달에 소요되는 전력유지비(29.5%, 16.8조)

92 2024년도 국방예산 수치는 국방부 홈페이지를 참조할 것. 세계 각국의 국방예산 현황은 SIPRI, Global Arms Military Expenditure 2023, The Share of world military expenditure(www.sipri.org).

예산은 방산기업 외에도 일반물자를 생산하거나 조달하는 군수기업들의 매출에 보다 직접적인 영향을 끼친다.

그림 4-15 2023년도 국방비 구성과 우리나라 국방비와 국방R&D 예산 추이(2017-2023)
국방부홈페이지, www.mnd.go.kr

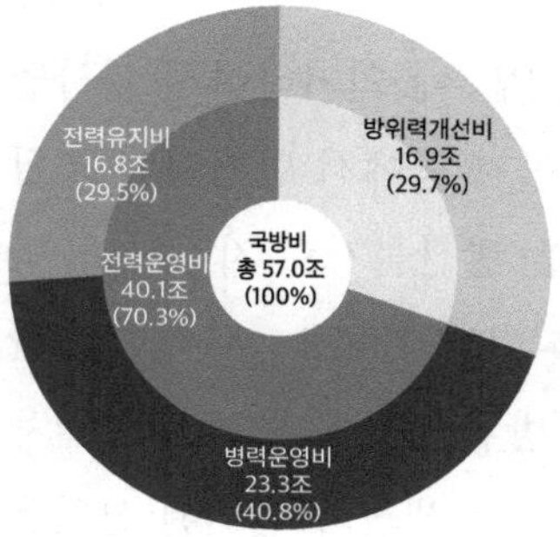

전력유지비
16.8조
(29.5%)
방위력개선비
16.9조
(29.7%)
전력운영비
40.1조
(70.3%)
국방비
총 57.0조
(100%)
병력운영비
23.3조
(40.8%)

(단위 : 억원, %)

구분 \ 연도	2017년	2018년	2019년	2020년	2021년	2022년	2023년
국가R&D[1] (A)	194,615	196,681	205,328	242,195	274,005	297,770	310,764
증가율	1.9	1.1	4.4	18.0	13.1	8.7	4.4
국방비 (B)	403,346	431,581	466,971	501,527	528,401	546,112	570,143
증가율	4.0	7.0	8.2	7.4	5.4	3.4	4.4
국방R&D[2] (C)	27,838	29,017	32,285	39,191	43,314	48,310	50,823
증가율	8.9	4.2	11.3	21.4	10.5	11.5	5.2
국가R&D 대비 점유율(C/A)	14.3	14.8	15,7	16.2	15.8	16.2	16.4
국방비 대비 점유율(C/B)	6.9	6.7	6.9	7.8	8.2	8.8	8.9

1) 국가R&D : 국방R&D를 포함한 국가 전체 연구개발 투자
2) 국방R&D: 군이 필요로 하는 첨단무기체계의 독자적 개발능력 확보 및 이의 기반이 되는 기초/핵심기술 확보를 위한 연구개발 투자

한편 무기체계나 무기체계를 구성하는 방산물자를 주로 개발하고 생산하는 방산기업들은 전력운영비보다 방위력개선비에 대부분의 국내 매출을 의존하고 있다. 그중에서도 국방 연구개발예산은 기술개발과 체계개발에 전적으로 투입되고 있기 때문에 방위산업의 매출 활성화에 직접적인 요인이 되고 있다. 특히 최근에는 국방과학연구소가 주관하는 개발사업보다 산학연이 주관이 되는 개발사업의 비중이 높아지는 추세로서, 국방연구개발의 재원 추이가 방산 생태계 활성화와 규모 확대에 더욱 큰 영향력을 발휘하게 된다.

현재 국방연구개발 예산은 상대적으로 타 부처 정부 연구개발 예산의 증가율과 국방비 전체 증가율을 상회하고 있어서 국가가 이 분야에 정책적으로 힘을 싣고 있음을 보여주고 있다. 특히 지난 정부에는 전체 국방비와 국가 연구개발 투자액에서 차지하는 국방연구개발 예산 비중을 급격히 증가시켰으나 현 정부 들어 그 증가폭이 둔화되고 있는 편이다. 2023년 기준으로 5조 823억의 국방연구개발 예산은 국방비의 8.9%, 전체 국가 연구개발예산의 16.4%를 점유하고 있다. 방위산업 매출에 관련된 내용은 이후 방산매출과 조달계약 현황 절에서 보다 상세하게 소개하도록 한다.

3. 방산물자와 방산업체 지정 현황

앞의 방위산업의 역사 절에서 1972년에 자주국방과 기본병기 국산화의 국가 시책에 따라 「군수조달에 관한 특별조치법」이 제정되었고, 이 법에 의거하여 1973년부터 방산물자 품목과 방산물자를 생산하는 방산기업 지정제도가 도입되었다고 설명하였다.

그간 몇 차례 소소한 변화를 거쳐 현재는 「방위사업법」에 의거하여 방위사업청이 산업통상자원부와 협의하여 무기체계로 분류된 물자 중에서 안정적인 조달원 확보 및 엄격한 품질보증 등을 위하여 필요한 물자를 방산물자로 지정하며, 방산물자도 주요방산물자와 일반방산물자로 나누고 있다(「방위사업법」 제34조). 또한 이렇게 법적으로 명시된 방산물자를 생산하는 업체를 방위산업체, 또는 방산업체로 정의하고(「방위사업법」 제3조), 방산물자의 연구개발 또는 생산과 관련된 산업을 방위산업으로 정의하고(「방산지원법」 제2조) 있다는 점도 앞 절에서 소개하였다.

그런데 대부분의 방산물자는 무기체계에 속하나 무기체계가 아닌 전력지원체계로 분류된 물품이라하더라도 군사전략상 긴요한 소량·다종의 품목, 경제성이 낮은 군전용 암호장비, 생명에 직접 관련되어 엄격한 품질보증을 요하는 물자 등은 산업통상자원부 장관과 협의하여 방위사업청장이 방산물자로 지정할 수 있다(「방위사업법」 제34조 1).

표 4-7 방산물자 및 방산업체 지정 현황
2023 방산통계연보, pp. 150-151

(단위 : 품목)

구분	계	화력	탄약	기동	항공유도	함정	통신전자	화생방	기타
2006년	1,391	175	324	137	432	104	125	34	60
2007년	1,423	176	327	138	439	120	127	34	62
2008년	1,476	184	331	154	455	135	117	34	66
2009년	1,528	187	311	164	486	152	124	35	69

2010년	1,543	189	315	154	492	159	129	36	69
2011년	1,521	169	292	155	504	164	136	36	65
2012년	1,285	131	245	118	432	146	125	26	62
2013년	1,309	134	246	123	435	148	134	26	63
2014년	1,336	152	239	123	439	149	138	27	69
2015년	1,305	135	222	118	453	149	132	26	70
2016년	1,364	133	223	119	507	152	141	26	63
2017년	1,427	144	224	125	536	155	138	33	72
2018년	1,472	142	221	126	579	158	138	33	75
2019년	1,471	138	223	131	575	151	136	36	81
2020년	1,503	138	224	131	602	149	144	34	81
2021년	1,507	136	224	129	610	149	144	34	81
2022년	1,527 (100%)	135 (8.8%)	223 (14.6%)	128 (8.4%)	151 (9.9%)	480 (31.4%)	155 (10.2%)	143 (9.3%)	33 (2.2%)

(단위 : 업체)

구분	계	화력	탄약	기동	항공 유도	함정	통신 전자	화생 방	기타
2006년	85	12	8	12	13	8	15	2	15
2007년	88	13	8	12	15	9	14	2	15
2008년	90	13	9	12	15	9	14	3	15
2009년	91	13	8	14	15	9	14	3	15
2010년	91	13	8	14	16	9	16	3	12
2011년	95	13	8	14	17	12	16	3	12
2012년	96	11	8	15	18	12	16	3	13
2013년	97	11	8	15	18	11	16	3	15
2014년	95	11	8	14	17	11	16	3	15
2015년	96	11	8	14	18	11	18	3	13

2016년	100	11	8	15	20	12	18	3	13
2017년	101	12	8	13	20	13	18	3	14
2018년	91	10	8	14	18	11	16	3	11
2019년	87	9	8	14	16	10	16	4	10
2020년	88	10	8	14	16	10	16	4	10
2021년	85	9	10	14	16	8	16	3	9
2022년	84 (100%)	8 (9.5%)	10 (11.9%)	14 (16.7%)	16 (19%)	8 (9.5%)	16 (19.0%)	3 (3.6%)	9 (10.7%)

먼저, 지정된 방산물자의 종류는 제도 도입 초기부터 꾸준히 증가하여 2001년 1,136품목에서 2010년 1,543품목으로 증가하였으나, 방산물자 정기검토와 기반조사 등을 통해 일부 품목이 취소되면서 2021년에 1,507품목이 지정되어 현재까지 유지되고 있다.

방산업체는 방산물자를 생산하고자 하는 기업 중에서 시설기준과 보안요건 등을 갖추었는지를 확인한 후 역시 방위사업청장과 협의하여 산업통상자원부 장관이 지정하게 되는데, 그 지정순서는 방산물자를 먼저 지정하고, 해당 물자의 생산에 관여하는 업체를 방산업체로 지정하게 된다.

2006년 방위사업청 개청 이후 1물자 多업체 지정제도를 확대하면서 방산업체 지정수는 2001년 78개에서 2017년 101개로 증가했으나, 망분리 등 보안요건 미충족 업체 취소 등으로 이후 일부 감소하여 2021년 85개 업체가 지정되어 현재까지 유지되고 있다.

이처럼 1,500여 개의 방산물자를 90개 이하의 지정 방산업체가 개발과 생산을 담당하는 우리 방위산업 규모는 아직 주요 글로벌 방산선진국에 비해 그리 큰 규모라고 볼 수 없는 상황이다. 2020년 이후 최근 들어 일부 무기체계의 해외수출이 크게 증가하고 있는 추세이기는 하나 전체적으로 매출 규모와 영업 형태는 글로벌 방산대기업보다는 국내의 내수형 구조를 가지고 있다. 방산 수출도 전체 방산기업과 방산기업의 하위 협력업체 전체가 담당하기보다는 일부 체계업체를 중심으로 대형계약 위주로 이루어지고 있는 경향이 커서 우리 방산 전체의 글로벌 경쟁력 확보와 선진 방산기업형으로의 체질개선에는 다소 시간과 노력이 필요할 것으로 예상된다.

현재 주요 방산업체 중 대기업의 비중이 압도적이어서 83%에 달한다. 심지어 방산기업으로 지정된 기업도 비방산 민수 영역의 사업을 겸업하는 경우가 많다. 지정 방산기업에 종사하는 전체 고용인원은 12만 명 정도에 달하나 방산부문만의 고용인력을 추린다면 2021년 현재 3만 3천여 명에 지나지 않아 국내 일반 산업 부문에 비해 방산부문의 양적 규모는 매우 작은 편이다. 최근 방산 수출에 힘입어 수출 기업 중심으로 인력 규모를 빠르게 늘이고 있기는 하나 전체 방산기업군에서 차지하는 중소기업의 비중이 지나치게 낮고 영세한 편이어서 방산중소기업의 육성과 고용규모 확대가 보다 절실히 요구되고 있는 상황이다.

표 4-8 방산 고용인원 현황
2023 방산통계연보, p. 153

(기준일 : 2022.12.31.) (단위: 명)

구분	회사전체	방산부문
2017년	130,971	32,377
2018년	120,743	32,609
2019년	122,897	33,722
2020년	121,911	33,144
2021년	120,045	32,989

이상에서 살펴본 방산물자와 방산업체 지정제도는 제도 도입부터 현재까지 대체로 방위산업의 보호와 육성에 상당한 기여한 것으로 평가받고 있고, 앞으로도 민수품과 근본적으로 다른 무기체계와 군수품의 특수성에 따라 어느 정도 제도의 틀이 지속될 것으로 예상되고 있다. 그러나 과거의 방산물자와 업체 지정제도가 매우 급속하게 발전하고 있는 민수기술이나 국방과학기술의 발전속도에 따라 새로운 기술 경쟁력을 가진 외부의 경쟁력 있는 기업과 산학연이 방위산업 영

역의 진입을 다소 저해하면서 기존의 지정업체만을 보호하는 측면이 있다는 일각의 부정적인 평가에 귀를 기울일 필요가 있다. 따라서 방산보호와 육성이라는 제도 자체의 도입 취지를 살리면서도 현재의 과학기술 및 획득, 그리고 방산정책 환경에 맞도록 유연하고 개방적인 제도 개선 방안을 적극 논의하고 검토해야 할 시점이다.

4. 방위산업 매출 규모

우리 방위산업의 매출 규모를 알기 위해서는 일단 먼저 국방부와 군, 방위사업청에서 집행하는 군수품 관련 국내 조달 규모를 파악해야 한다.

통상 국방비를 비롯해 대형 국가예산은 단년의 예산 규모로 전체 변화와 경향성을 살피는 데 한계가 있기 때문에 대체로 5년 단위의 추이를 살피게 된다.

국방비 중 계약을 통해 국내외를 망라하여 외부 공급주체가 군에서 필요한 무기체계를 포함한 장비, 물자, 시설 및 용역을 공급하고 지급받는 총 국방조달 규모는 최근 5년간 약 77조 6,643억 원으로, 연평균 약 16조가 조금 넘는 금액이다. 이 중 방위력개선사업 예산이 전체의 약 73.8%를 차지하고 있으며, 전력운영사업 예산은 약 26.2%를 차지하고 있다.

국방조달은 국내조달과 국외조달로 구분된다. 국내조달은 국내 시장에서 원화를 기반으로 조달하는 것으로 중앙조달, 부대조달, 조달청에 의한 조달로 구분된다. 국외조달은 국내조달에 대응하는 개념으로 「외국환관리법」 규정에 의해 대외지급수단으로 물자 또는 용역을 획득하는 것을 의미하며, 군에서는 대외군사판매(FMS, Foreign Military Sales)와 직접상업구매(DCS, Direct Commercial Sales)로 구분하여 조달하고 있다.

한편 우리 방산기업에 직접적으로 관련된 조달은 국내계약으로서 전체 조달의 약 70%를 차지하고 있어서 국외조달에 비해 약 2배 이상 많은 비중을 차지하고 있으나, 2022년 기준으로 연간 약 11조에 불과하다. 또한 5년간 국내외를 망라한 각 군별 총 계약집행액은 육군 39.6%, 공군 31.5%, 해군이 가장 낮은 23.6%

를 차지하고 있다.

그런데 물자조달 중 최근 5년간 방산물자 계약이 차지하는 비중 측면에서 비방산물자에 비해 방산물자가 61% 정도로 상대적으로 높은 편임을 알 수 있다. 2022년 한 해 현재 약 11.6조 정도의 물자 계약 중 방산물자계약은 6.4조 정도이다.

표 4-9 국방조달 규모와 국내외 조달계약 집행 현황과 추이
2023 방위사업통계연보, pp. 106-7

(단위: 억 원)

구분	계	2018년	2019년	2020년	2021년	2022년
방산	324,952	52,479	65,952	74,870	67,840	63,811
방산 외	207,723	43,470	33,191	25,469	53,573	52,020
계	532,675	95,949	99,143	100,339	121,413	115,831

표 4-10 방산과 비방산의 물자계약 현황과 추이
2023방위사업통계연보, p. 114

(단위: 억 원)

구분	계	방위력 개선사업	전력운영 사업
2018년	144,778	103,306	41,472
2019년	164,538	120,840	43,698
2020년	163,888	120,657	43,231
2021년	161,121	119,952	41,169
2022년	142,318	108,501	33,817
계	776,643 (100.0%)	573,256 (73.8%)	203,387 (26.2%)

(단위: 억 원)

구분	계	국내 조달	국외 조달
2018년	144,778	101,857	42,921
2019년	164,538	106,278	58,260
2020년	163,888	117,518	46,370
2021년	161,121	110,039	51,082
2022년	142,318	109,749	32,569
계	776,643 (100.0%)	545,441 (70.2%)	231,202 (29.8%)

그런데 우리 방위산업의 매출 규모는 무기체계와 직접 관련된 국내 조달계약

이나 방산물자계약, 그리고 전력지원 체계보다는 방위력개선사업의 계약 규모가 보다 더 직접적인 영향을 끼치게 된다. 이상에서 살펴본 바와 같이 국방비 중 차지하는 국내조달, 특히 방위력개선사업이나 방산물자계약의 규모는 대강 10조를 넘지 못하고 있어서 국내 방산규모가 아직은 양적으로 그리 크지 않음을 짐작할 수 있다.

표 4-11 방산업체 매출액, 영업이익, 평균 가동율 현황
2023 방산통계연보, p. 152

(기준일 : 2022.12.31.) (단위: 억 원, %)

구분	매출액	영업이익	영업이익률(%)		가동률(%)	
			방산업체	제조업평균	방산업체	제조업평균
2006년	54,517	2,673	4.9	5.3	61.0	81.0
2007년	61,955	2,629	4.2	5.8	59.8	80.3
2008년	72,351	3,625	5.0	5.9	60.3	77.2
2009년	87,692	5,338	6.1	6.1	61.8	74.6
2010년	93,303	6,898	7.4	6.9	59.5	81.2
2011년	93,095	5,323	5.7	5.6	59.4	79.9
2012년	93,429	4,230	4.5	5.1	59.0	78.1
2013년	104,651	2,435	2.3	5.2	58.0	76.2
2014년	119,883	5,352	4.5	4.2	66.8	76.1
2015년	142,651	4,710	3.3	5.1	68.6	74.3
2016년	148,163	5,033	3.4	6.0	68.6	72.6
2017년	127,611	602	0.5	7.6	69.2	72.6
2018년	136,493	3,252	2.4	7.3	71.2	73.5
2019년	144,521	4,875	3.4	4.4	72.0	73.2
2020년	153,517	5,675	3.7	4.6	72.9	71.3
2021년	158,801	7,229	4.6	6.8	85.1	74.4

방산기업들은 방위력개선사업을 포함하여 무기체계 납품 이후에도 무기체계를 운영하는 기간 동안 부품교체와 유지정비 과정에서 국방부처와의 계약을 통해 일부 매출을 발생시키고 있다. 가장 최근에 공개된 2021년도 통계조사 결과에 따르면 우리나라 전체 방산기업의 총 매출은 16조가 조금 안되는 작은 규모이다. 영업이익율은 대체로 제조업평균에 비해 상당히 떨어지는 편인데, 그나마 2010년대 후반 영업율이 거의 0에 가까운 상태에서 최근 K방산의 열풍으로 방산 수출 호조와 일부 내수 조건의 변화에 힘입어 영업이익율이 상승하는 추세이고, 덩달아 평균 가동율도 높아지는 편이다.

그러나 최근의 호조에도 불구하고 아직은 소수의 방산 수출 체계업체를 제외한 방산업계 전체적으로는 국내 매출이 차지하는 비중이 절대적이고, 총 매출액 안에 최종 납품기업이 해외에서 도입하는 부품이나 기술지원의 금액이 함께 포함되어 있기 때문에 국내에서 방산기업들의 순수 매출과 부가가치 생산은 총 매출액보다 훨씬 더 작은 규모로 짐작할 수 있다. 결국 우리나라 전체 방산기업들이 모두 합해 10조에서 16조 사이 이내의 매출액을 달성하고 있다는 점을 고려해보면 아직 글로벌 방산기업들과의 현격한 외형적 격차를 짐작할 수 있다.

또한 주목할 통계 중 하나는 중소기업 제품 구매현황이다. 아무래도 무기체계 위주의 방산물자를 조달하는 기업이 대기업 위주이고, 방산물자 계약이 전체 국방조달계약에서 차지하는 비중이 상대적으로 크기 때문에 방산물자와 비방산물자 모두를 망라해도 중소기업제품의 구매비중은 그리 높지 않은 편이다.

최근 5년간 중소기업제품[93] 구매액은 5.1조 원(연평균 1.02조 원)으로 전체 구매비중에서 상당히 낮은 수치를 보여주고 있다. 최근 들어오히려 중기제품 구매액이 급격히 감소하고 있다. 2022년 구매 실적이 4.5조로 전년에 비해 급증한 이유도 순수 구매 비중이 높아졌다기보다는 2021년 대비 장기계약 상환액 증가로 인한 것으로서, 국가에서 의무적으로 중소기업 정부 구매를 늘이는 정책을 시행하고 있으나 국방 분야의 군수품 구매에서는 그 실적이 매우 저조한 편으로 이에 대한 국방 부처의 정책적 지원이 더욱 필요한 상황이라고 할 수 있다.

---

93 중소기업(자)는 「중소기업기본법」 제2조에 따른 중소기업(자), 「중소기업협동조합법」 제3조에 따른 중소기업협동조합을 의미.

그림 4-16 국방 물자계약 중 중소기업제품 구매현황 및 추이
2023 방위사업통계연보, p. 117

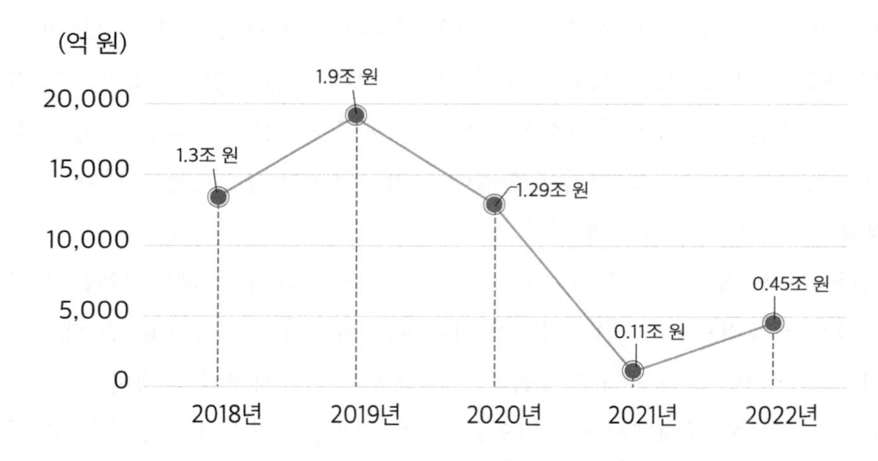

구분	계	2018년	2019년	2020년	2021년	2022년[1)]
금액	50,949	13,413	19,027	12,888	1,107	4,514

1) 전년 대비 장기계약 상환액 급증

그럼에도 불구하고 최근 그동안 각고의 노력을 기울여 국내 기술력을 축적하여 국산화에 성공한 주요 무기체계들이 방산 수출의 효자상품으로 떠오르고 있어 우리나라 방산의 전망이 상당히 밝아지고 있다는 평가가 지배적이다. 물론 앞에서 지적했듯이 아직은 일부 대기업 방산체계 업체 위주의 대형 계약이 수출 건수의 대부분을 차지하고 있어서 방산업계 전체의 동반 수출 효과를 크게 느끼지 못한다는 점, 그리고 우크라이나전이나 해외 안보불안 정세가 급변할 가능성이 있다는 점 등 앞으로 도전하고 극복해야 하는 내외의 어려운 사항들이 있다. 지금 우리는 내수 위주인 우리의 방산기반을 글로벌 경쟁력이 바탕이 되는 수출지향 산업으로 질적 변화를 시키면서 중장기적인 군사력 건설과 방위산업 정책을 개혁하고 혁신해야 하는 중요한 기로에 서 있다.

제5장

글로벌 방위산업 트렌드

장원준

제1절

방위산업의 특성

1. 방위산업의 개념과 산업적 특성[94]

방위산업(defense industry)은 방위산업물자(이하 방산물자) 등의 연구개발 또는 생산과 관련된 산업으로 정의된다.[95] 여기서, 방산물자란 방위산업에서 생산되는 제품을 의미한다. 방산물자는 협의와 광의로 구분되며, 협의의 의미로는 국방력 형성에 중요한 요소가 되는 총, 포, 탄약, 항공기, 함정, 미사일, 전자기기 등을 의미한다. 광의의 의미로는 이러한 협의의 의미에 추가하여 직접적인 전투에 사용되는 물자뿐만 아니라 피복, 식량 등 비전투용 일반 군수물자까지 포함하고 있다.[96] 아울러 생산이란 방산물자의 제조, 수리, 가공, 조립, 시험, 정비, 재생, 개량 또는 개조를 포함하고 있다.[97]

이러한 방위산업은 일반 산업과는 몇 가지 차별화되는 산업적 특성을 가지고 있다. 먼저, 연구개발(이하 R&D) 측면에서는 전차, 장갑차, 항공기 등을 개발하기 위한 대규모 R&D 투자 비용이 소요된다는 점이다. 이는 자국의 안보 유지와 국방력 강화를 목적으로 대부분 정부예산으로 투자된다는 점에서 기본적으로 정부의존형 투자 형태를 갖는다. 기업 측면에서는 무기체계 개발을 위한 천문학적 예산이 투자된다는 점과 규모의 경제 창출이 어렵다는 점에서 기업 주도적인 투자

94 김정호 외, "방위산업의 특성에 대한 경제학적 분석과 정책적 시사점", 산업연구원, 2012.5를 기초로 수정보완 작성.

95 방위사업청 「방위산업 발전 및 지원에 관한 법률」 제2조(정의) ①의 2, 2021.12.

96 김정호 외, "방위산업의 특성에 대한 경제학적 분석과 정책적 시사점", 산업연구원 월간산업경제, 2012.5.

97 방위사업청 「방위산업 발전 및 지원에 관한 법률」 제2조(정의) ①의 2, 2021.12.

가 제한된다는 측면이 존재한다.

둘째, 제품 측면에서는 첨단기술과 소재, 부품을 활용하여 이를 시스템 통합(SI, System Integration) 방식으로 개발한다는 점에서 일반 산업과 상당히 차별화된다. 전투기와 항공모함, 함정, 전차 등과 같이 핵심부품과 구성품들이 하나의 시스템으로 통합되어 필요로 하는 전투 역량을 발휘할 수 있다는 점에서 고도의 기술적 역량이 요구되는 특성을 가지고 있다. 아울러 고온과 혹한, 폭우, 사막 등의 악천후 조건에서도 일정 정도의 성능과 품질을 유지해야 하기 때문에 단순한 개발뿐만 아니라 성능에 대한 엄정한 시험평가를 거쳐야 한다는 점에서도 차별화된다. 아울러, 방위산업은 다양한 전후방 산업과 연계하여 부가가치를 확대할 수 있는 산업으로 평가된다. 국방력 강화를 위해 정부 주도 대규모 투자로 개발된 무기체계는 타 유사 산업과 연계하여 국방기술 민수이전(spin-off)과 우수한 민수기술의 국방활용(spin-on), 민군 겸용 개발(spin-up) 등을 통해 산업 파급효과를 제고하고 투자 효과를 극대화할 수 있는 산업적 특성을 갖는다.

셋째, 생산 측면에서는 최초 방산물자를 생산하기 위해서는 통상적으로 대규모 설비 투자와 막대한 유지비용이 소요된다는 특성이 있다. 대규모 장치산업적 특성으로 인해 소량의 무기체계 개발을 위해서라도 막대한 생산시설과 장비가 필요하다는 점에서 다른 여러 일반 산업과 차별화된다. 이에 따라, 투자 비용의 회수를 목적으로 한 규모의 경제(또는 범위의 경제) 확보가 중요한 산업이라는 점에서도 특징적이다. 이러한 산업적 특성에 따라 천문학적인 대규모 예산 투자가 요구되는 첨단 전투기, 항공모함 개발 등에 있어서는 국가 간 공동개발 및 생산방식이 선호되며, 향후 해외수요(수출) 확보를 통한 투자비용의 회수 여부가 중요한 고려 요소가 된다는 점도 방위산업이 갖는 중요한 산업적 특성이다.

마지막으로, 시장 측면에서는 수요(정부)와 공급(기업)이 각각 독점적 성격을 갖는 쌍방독점(Bilateral Monopoly) 시장이라는 점에서 일반 산업과 크게 차별화된다. 쌍방독점은 공급독점(monopoly)과 수요독점(monopsony)이 함께 존재하는 시장을 의미한다.[98] 먼저, 공급독점(monopoly) 시장에서는 독점적 공급자(기업)가 자신의 이윤을 극대화하려고 하며, 이때 한계수익(MR: Marginal Revenue)과 한계비

98 Erich Schneider, “Einfuhrung in die Wertschaftstheorie”, 1947~52 외 참조.

용(MC: Marginal Cost)이 일치하는 점에서 공급량(Qm_1)이 결정된다. 아울러, 수요독점(monopsony) 시장에서는 공급독점과는 반대로 독점적 수요자(정부)가 자신의 편익을 극대화하려 하며, 이때 한계 가치(MV: Marginal Value)와 한계지출(ME: Marginal Expenditure)이 일치하는 점에서 수요량(Qm_2)이 결정된다.[99] 이러한 공급독점과 수요독점 시장에서는 다수의 수요자와 다수의 공급자가 경쟁하는 완전경쟁 시장과는 달리 경쟁 최적 수준보다 적은 양의 제품을 공급(또는 수요)하게 되어 사회적 비효율성을 초래한다. 가격 또한 공급독점 시장에서는 경쟁 최적 가격보다 높은 공급독점 가격을 형성한다. 반대로 수요독점 시장에서는 경쟁 최적 가격보다 낮은 수요독점 가격을 형성하게 된다.[100]

그림 5-1 **쌍방독점과 방위산업**

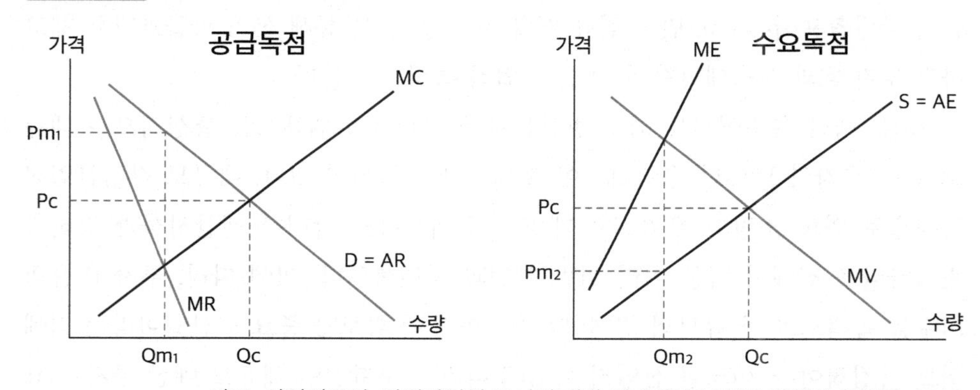

자료: 산업연구원, 방위산업의 특성에 대한 경제학적 분석과 정책적 시사점, 2012.

방위산업은 이러한 공급독점과 수요독점의 성격이 동시에 발생하는 쌍방독점 시장의 특성을 갖는다. 이에 따라, 완전경쟁 시장 대비 적은 생산량이 거래되는 구조적 한계를 보인다. 동시에, 가격은 완전경쟁 시장과 같은 경쟁가격이 아닌 수요자와 공급자 간 계약 또는 협상에 의해 결정되는 구조를 갖게 된다. 다시 말하면, 공급자(기업)와 수요자(정부) 중 어느 쪽이 비대칭 정보(asymmetric information)

99 김정호 외, "방위산업의 특성에 대한 경제학적 분석과 정책적 시사점", 산업연구원, 2012.5를 기초로 수정보완 작성.

100 상동.

를 보다 충분히 확보하느냐에 따라 가격이 달라진다는 점에서 크게 차별화된다.[101]

표 5-1 방위산업의 특성

구분	산업적 특성
R&D 특성	• 대규모 R&D 투자비용 소요 • 정부 의존형 투자 방식 • 악천후 조건에서 고도의 성능과 품질 요구
제품 특성	• 첨단기술, 소재, 부품의 시스템 통합(System Integration) 방식으로 개발 및 융합 • 국방기술의 민수 이전(Spin-Off)과 우수 민수기술의 국방분야 활용(Spin-On), 민군겸용 기술개발(SPin-Up)을 통한 산업 파급효과 제고 가능 • 개발기간 장기화, 고가의 가격 발생 구조
생산 특성	• 자본집약적 장치산업 특성에 따른 대규모 시설, 설비 투자 및 유지비용 소요 • 규모의 경제(또는 범위의 경제) 확보의 중요성
시장 특성	• 공급(기업)과 수요(정부, 소요군) 간 공급독점과 수요독점이 함께 존재하는 쌍방독점적 시장 • 경쟁가격이 아닌 수요자와 공급자 간 계약 또는 협상에 따른 가격결정 방식

자료: 산업연구원, '방위산업의 특성', 강의자료, 2022 등을 기초로 수정 보완 작성.

2. 방위산업의 특성에 따른 구조적 문제점과 해결방안[102]

앞서 살펴본 바와 같이 방위산업은 R&D와 제품, 생산 및 시장 등이 여러 측면에서 일반 산업과는 상당히 차별화되는 특성을 가지고 있다. 이에 따라, 일반 산업과는 다른 방위산업의 산업적 특성을 정확히 이해하고 이에 대한 문제점과 해결방안을 적극적으로 모색해 나감으로써 방위산업의 강점을 극대화하고 약점을 최소화하는 노력이 매우 중요한 과제라고 할 수 있다.

먼저, 방위산업의 R&D 특성에 따른 기업 투자 부족 문제는 타 산업과는 다

101 상동.

102 김정호 외, "방위산업의 특성에 대한 경제학적 분석과 정책적 시사점", 산업연구원, 2012.5를 기초로 수정보완 작성.

른 정부 의존형 투자 방식에 매몰되는 상황을 야기시켜 왔다. 이러한 정부의존형 투자 방식에 따른 기업투자 저조 문제와 내수 및 국방 분야 위주의 수동적 R&D 투자의 한계, 높은 규제와 감시감독 문제 등의 한계를 극복하기 위한 노력은 최근 들어 강화되고 있는 추세다. 미 국방부는 기업들의 자발적인 국방 R&D 투자 확대를 위한 방안의 하나로 업체 주도 연구개발 투자(IR&D) 제도를 운영하고 있다.[103] 기업이 선제적으로 국방기술 분야 개발에 투자하여 성공한 경우, 해당 기술이 정부의 무기체계 개발에 필요한 기술이라고 인정되면 기업 투자 비용의 일정 부분(최대 80%)을 보전해 주는 제도이다. 또한, 최근 국내 방산기업이 독자적으로 개발한 수출형 무기체계인 레드백 장갑차의 경우도 기존 정부의존형 국방 R&D 투자 방식과는 다른 사례로 주목되고 있다. 호주 등 주요국에 수출을 목적으로 개발된 레드백 장갑차는 국내 소요와는 무관하게 기업 자체투자로 개발되었다. 2023년 8월에는 호주군에 우선협상대상자로 선정되어 이를 생산, 납품할 예정이다. 이에 따라, 향후 우리나라 육군에서도 레드백 장갑차에 대한 군 시험평가를 시행함과 아울러 이를 기반으로 한 차세대 장갑차 사업도 추진되고 있다는 점에서 기존 정부주도형 투자 방식과는 차별화된다. 이러한 기업주도형 투자 방식이 보다 활성화되기 위한 보다 적극적인 정책과 제도 마련이 요구된다.

둘째, 제품적 측면에서 방산물자의 시스템 통합(system integration)적 특성과 고도의 성능과 품질 요구조건을 충족해야 하는 엄격한 시험평가가 요구되는 특성이 있다. 이에 따라, 방산물자는 최초 소요군의 높은 수준의 ROC 요구에 따른 방산제품 개발과 생산기간이 오래 걸리고, 제한된 수요에 따라 가격이 비싸게 책정되는 구조적 한계를 가지고 있다. 이에 대한 문제점을 해결하기 위해 미국, 독일 등 선진국들은 2010년대 이후부터 무기획득 시스템 혁신에 노력해 오고 있다. 미국의 경우, 수십 년 전부터 대부분의 무기체계 개발 시 유연한 ROC 적용과 소량생산(LRIP: Low Rate Initial PProduction) 등의 진화적 개발방식을 채택하고 있다. 특히 2010년대 중반 이후부터는 개발과 생산, 군 전력화에 이르는 전 주기 차원에서 방산물자의 특성을 고려하여 보다 신속하고 저렴하게 이를 개발, 생산하기 위한 방안의 하나로 기존 무기체계의 성능개량이나 핵심부품, 구성품 개발 등

103 https://defenseinnovationmarketplace.dtic.mil/about/(접속일: 2024년 6월 7일).

을 중심으로 신속획득 프로세스(MTA: Middle Tier of Acquisition), 소프트웨어 개발에 특화된 SW 획득 프로세스(SW: Software Acquisition) 등을 신설하여 운영하고 있다.[104] 아울러, 2010년대 중반 이후 4차 산업혁명 시대가 도래하면서 인공지능(AI), 드론, 로봇, 우주, 자율주행 등 첨단 민간신기술의 국방 분야 적용(Spin-on)을 통해 보다 빠르고 저렴하게 수요자(정부, 소요군)에게 방산물자를 공급하기 위한 국방혁신단(DIU) 신설 등의 노력도 크게 확대되는 추세다.[105] 심지어 2022년 러-우 전쟁의 영향으로 2023년 9월 미 국방부가 채택한 Military Replicator Initiative[106]와 같이 기존 소수의 첨단 유인무기체계와 다수의 무인무기체계를 통합하여 전투력 향상을 도모하기 위한 유무인복합(MUMTi: Manned and Unmanned Teaming) 추세도 한층 강화될 것으로 전망된다. 이는 방위산업의 제품적 특성에 따른 개발 및 생산, 군 전력화에 이르는 장기간 소요와 고가의 비용 문제 등을 해소하기 위한 노력의 일환으로 평가된다.

셋째, 방위산업의 생산적 특성에 따라 일부 소량의 무기체계라도 이를 개발, 생산하기 위한 대규모 자본과 시설, 장비가 필요하다는 점과 이에 따른 민간기술 기업들의 방위산업 진입이 어렵다는 점, 정부의 예산적 제약에 따라 전시가 아닌 경우 생산규모가 제한된다는 점, 통상적으로 일부 방산물자를 제외하고는 소량 다품종 생산방식에서 벗어나기 어렵다는 점 등에서 민간산업과는 달리 규모의 경제 확보가 매우 어렵다는 한계가 존재한다. 이를 극복하기 위해 국내 수요만이 아닌 해외 수요 창출이 방위산업 성장에 필수적인 요소로 자리 잡고 있다. 이미 미국, 러시아, 프랑스, 이스라엘 등 선진국들은 수십 년 전부터 이를 직시하고 방위산업의 규모의 경제 확보를 위한 수출 산업화를 추진해 왔다. 군 소요 제기 단계부터 수출을 최대한 고려한 ROC 설정, 기업의 수출을 고려한 제품 개발 지원, 우방국과의 공동소요 도출과 공동개발, 생산, 마케팅을 통한 선제적 시장 선점과 비용 절감 등은 이러한 방위산업의 생산적 한계를 고려한 피치 못할 선택으로 평

104 https://aaf.dau.edu/(접속일: 2024년 6월 7일).

105 https://www.diu.mil/(접속일: 2024년 6월 7일).

106 DoD, "Hicks discusses Replicator Initiative", 2023년 9월(https://www.defense.gov/News/News-Stories/Article/Article/3518827/hicks-discusses-replicator-initiative/).

가된다.

마지막으로, 방위산업의 쌍방독점적 시장 특성에 따라 필연적으로 발생되는 생산량 과소에 따른 규모의 비경제 해소 방안도 해결해 나가야 할 숙제다. 완전경쟁과는 다른 형태의 수요 및 공급 독점에 따른 생산량 과소 문제는 필연적으로 이윤을 추구하는 기업에게 낮은 수익성과 가동률 저하를 야기한다. 이러한 생산량 과소는 수요(정부)와 공급(기업)의 독점적 구조로부터 발생한다. 이에 따라, 방위산업에서 수요와 공급의 독점적 구조를 해소하기 위한 방안 마련이 요구된다. 먼저, 수요(정부) 측면에서는 방산물자가 국내 정부 수요만이 아닌 글로벌 수요를 고려한 제품이 되어야 한다는 점이다. 이러한 수요독점의 한계를 극복하기 위한 사례들은 쉽게 찾아볼 수 있다. 세계 10대 방산 수출국가인 이스라엘은 자국의 부족한 수요만으로는 기업 영위가 어려운 현실을 깨닫고 개발 시점부터 글로벌 시장 수요를 고려한 제품 개발로 유명하다. 무인기, 레이더, 미사일 등을 중심으로 하는 적극적인 해외 시장형 제품 개발로 IAI, 엘빗, 라파엘 등 핵심 방산기업들의 매출액 중 수출비중은 70~80%를 상회하고 있다. 미국의 유명한 F-35 전투기도 영국, 네덜란드 등 9개국 이상의 참여로 공동개발한 전투기로 전 세계 3,000여 대 이상의 5세대 전투기 시장 판매를 목표로 개발된 제품이다. 이러한 방위산업의 공급독점의 한계를 해소하기 위해서는 최초 무기체계 개발 시부터 최대한 글로벌 시장 수요를 고려하여 개발하고, 내수 시장뿐만 아니라 해외 시장 진출을 통해 규모의 경제를 확보하려는 노력을 배가해 나가야 한다는 사실을 분명히 인식할 필요가 있다. 또한, 공급(기업)독점 측면에서도 1물자 1업체의 공급독점 시장 구조에서 벗어나 특정 방산물자를 생산하는 기업들이 다수가 될 수 있도록 공급 측면에서의 업체 다변화 노력을 강화해 나가야 한다. 특정 방산물자를 생산하는 기업들이 단수 업체일 경우, 앞서 제시한바와 같이 정부는 높은 독점가격(Pm) 지불과 함께 생산량 과소의 문제를 해소할 수 없기 때문이다. 이에 따른 부작용은 우리나라 방산물자 지정제도하에서 독점적 지위를 인정받은 일부 기업들의 도덕적 해이(moral hazard) 사례들에서 분명히 이해할 수 있다. 향후 방위산업에 진입하고자 하는 기업들의 획득 창구를 다변화하고 새로운 기업들의 기존 방위산업 참여에 대한 진입장벽을 낮추며, 첨단기술로 무장한 민간기업들이 보다 용이하게 방위산업에 참여할 수 있도록 관련 정책과 제도를 다양화해 나가야 하는 이유이다.

표 5-2 방위산업 특성에 따른 구조적 문제점과 해결방안

구분	산업적 특성	문제점	해결방안
R&D 특성	• 대규모 R&D 투자비용 소요 • 정부 의존형 투자 방식 • 악천후 조건에서 고도의 성능과 품질 요구	• 기업 자체 투자 저조 • 내수 및 국방분야 위주의 수동적 R&D 투자의 한계 • 정부의존형 투자방식에 따른 높은 규제와 감시감독 상존	• 기업 선제적 투자 유도를 위한 정부 지원제도(IR&D 등) 마련 • 업체 자체 R&D 투자 시 제품에 대한 군 시험평가 지원 등 확대
제품 특성	• 첨단기술, 소재, 부품의 시스템 통합(System Integration)을 통해 개발 및 융합 • 국방기술의 민수이전(Spin-Off)과 민간 우수기술의 국방분야 활용(Spin-On), 민군겸용 기술개발(SPin-Up)을 통한 산업 파급효과 제고 가능 • 악천후 조건에서 고도의 성능과 품질 요구 • 개발기간 장기화, 고가의 가격 발생 구조	• 과도한 ROC 요구 등에 따른 개발과 생산 장기화, 고가의 가격 구조 • 4차 산업혁명 시대 첨단기술의 국방 분야 적용 곤란, 진부화 문제 발생 • 고도의 성능과 품질 중시에 따른 과도한 규제, 지체상금 문제 등 발생 등	• 진화적 개발 방식으로 전환 • AI 등 민간첨단기술 적용 확대, 유무인복합체계 구축을 위한 무기획득 시스템 혁신 지속(MTA, SW 획득 등) • 과감한 민군협력 확대를 위한 규제 해소 등
생산 특성	• 자본집약적 장치산업 특성에 따른 대규모 시설, 설비 투자 및 유지비용 소요 • 규모의 경제(또는 범위의 경제) 확보의 중요성	• 대규모 자본과 시설, 장비 투자 필요 • 민간기술기업들의 방산 분야 진입 애로 • 정부 예산 제약에 따른 내수 수요 제한	• 해외 시장을 고려한 수출산업화 적극 추진 • 초기 단계 수출을 최대한 고려한 ROC 설정 필요 • 우방국과의 공동소요/개발/생산/마케팅 확대 등

<table>
<tr><td rowspan="5">시장
특성[107]</td><td rowspan="4">경쟁 대비 적은 생산량</td><td>• 규모의 비경제
• 제조업 대비 낮은 생산량과 가동률</td><td>• 공급경쟁(신규진입 허용, 업체다변화), 수요경쟁(해외 수출) 병행</td></tr>
<tr><td>• 관계특수 자산 (예: 방산전용 생산 설비, 인력, 기술 등)
• 관계 속박에 따른 기업의 가격 협상 불리, 기업경영 유연성 부족</td><td>• 민군 겸용성 강화
(시설 · 기술 · 인력 측면)</td></tr>
<tr><td>• 비용(원가), 생산, 품질 등에 대한 정보의 비대칭성
• 공급자(방산기업)의 비용 실적에 근거한 가격 결정 방식
→ 도덕적 해이 상존, 감독비용 및 거래비용 증가</td><td>• 기업의 자발적 노력을 유도하는 유인 체계 설정</td></tr>
<tr><td>• 수요자(정부)의 제한된 예산에 의존한 공급
• 방산기업의 매출 결정 소요 물량 변동에 따른 생산능력(production capability) 조정 애로
• 유휴 설비의 유지비용 부담 등</td><td>• 수출을 통한 수요 확대, 업체 주도형 생산</td></tr>
<tr><td>계약 또는 협상에 의한 가격 결정</td><td>• 시장실패 가능성 존재 (정부개입 강도 높음)
• 정부실패 가능성
• 정부의 무차별적 지원이나 일괄적 보조금 지급은 민간투자를 구축하거나 방산제품 가격을 더 높일 가능성 존재</td><td>• 정부 개입 · 규제 방향 설정 중요
→ 정부 지원의 선택과 집중</td></tr>
</table>

107 김정호 외, “방위산업의 특성에 대한 경제학적 분석과 정책적 시사점”, 산업연구원, 2012.5.

제2절

글로벌 방위산업 발전과정의 변화[108]

글로벌 방위산업은 1900년대 이후 1, 2차 세계대전을 거치며 근대 산업적 기반을 마련하였다고 평가된다. 이후 냉전(1950년대~1990년대)과 탈냉전(1990년대~2000년대), 2009년 글로벌 재정위기를 거쳐 2022년 러-우 전쟁 발발에 따른 신냉전(2020년대~)에 이르는 일련의 변화를 거쳐 발전하여 오고 있다.

글로벌 방위산업의 구조 변화를 살펴보면, 지난 70여 년(1950~2023)간 태동기를 거쳐 글로벌 안보환경과 국방예산의 변화에 따른 3차례의 구조 조정기와 3차례의 구조 고도화기로 나누어 볼 수 있다. 먼저, 태동기(1940년대)를 거쳐, 1차 구조 조정기(~1960년대 중후반)와 1차 구조 고도화기(~1990년대 초), 소련 붕괴의 탈냉전기 도래에 따른 2차 구조 조정기(~1990년대 후반)를 거쳐 2000년대 이후 2차 구조 고도화기(~2009)와 2009년 이후 3차 구조 조정기(~2020년대 초반)를 거쳐 2022년 러-우 전쟁 발발과 미중 전략경쟁(Great Power Competition) 등에 따른 3차 구조 고도화의 7단계로 구분할 수 있다.[109] 다음 [그림 5-2]는 글로벌 국방예산 변화에 따른 글로벌 방위산업의 구조 변화를 개략적으로 나타내 주고 있다.

108 산업연구원, "주요국 방위산업 발전정책의 변화와 시사점", 2014를 기초로 수정보완 작성.

109 이러한 글로벌 방위산업의 구조변화적 측면에서의 시대별 구분은 KIET와 미 CSIS 간 공동연구(2014)로 미국, 이스라엘 등의 사례분석, 문헌연구와 인터뷰, 영국 등 유럽 주요국가들의 선행연구, SIPRI 인터뷰(2022, 2023), 최근 러-우 전쟁 이후 글로벌 방산시장의 변화 보고서(산업연구원, 2022; 2023 등)들을 종합적으로 분석하여 얻어진 결과를 기초로 구분한 것이다.

그림 5-2 U.S DoS, World Military Expenditure and Arms Transfers Report, 1999; SIPRI, SIPRI Military Expenditure Database, 각년호를 기초로 재작성

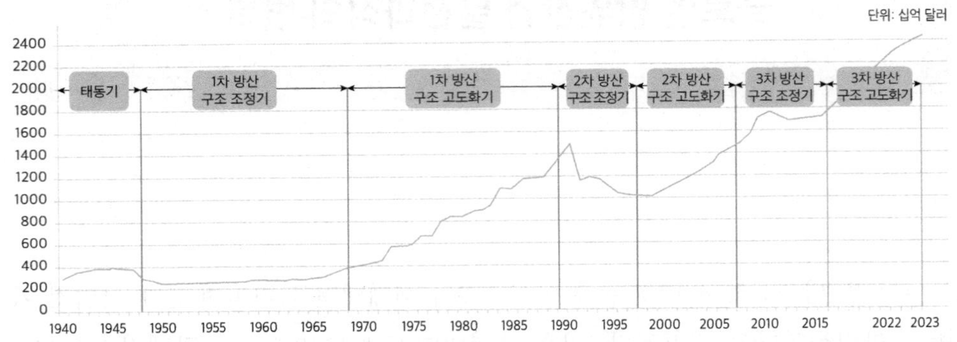

주: 1988년 이전 글로벌 국방예산은 미 국무성, 1989년 이후는 SIPRI Military Expenditure DB를 참조하였으며, 1940~1987년까지는 미 국무부 WMEAT Report, 1999를 기초로 추정

먼저, 1, 2차 세계대전이 일어났던 1950년대 이전은 '글로벌 방위산업의 태동기'라고 할 수 있다. 이 시기에는 미국과 유럽 주요국, 러시아, 일본 위주의 전시 경제체제로 전쟁 주도국을 중심으로 높은 수준의 국방예산 투자와 내수 위주의 자급자족적 무기생산체제를 갖추었다는 점 등으로 요약할 수 있다. 당시에는 정부 주도하에 군 연구소, 병기창, 정비창 등을 중심으로 하는 국가주도형 무기개발 및 생산체제가 대부분을 차지하였다.

둘째, 1950년 2차 세계대전 이후 1960년대 중후반까지 미국, 영국, 프랑스 등을 중심으로 전시 경제체제에서 평시 민영화 체제로 일부 구조 조정이 일어난 '1차 글로벌 방산구조 조정기'로 구분할 수 있다. 미국은 2차 대전 승전국으로서 국방부(DoD) 설립과 공군본부 창설 등 방위산업 총괄 정부부처 설립과 병기창 등의 민영화 정책(1953)을 추진하였다. 영국도 1957년 난립해 오던 항공산업의 구조 조정 등을 통해 평시 방위산업의 형태로 전환을 추진하는 등, 전 세계적으로 방위산업은 1,2차 세계대전 종료에 따른 방위산업의 민영화 정책 등을 통해 서서히 하나의 통합된 산업적 형태로 변화하였다.

셋째, 1960~1980년대는 미 · 소 간 냉전(Cold War)기로 베트남 전쟁(1970년대) 등 전 세계에서의 크고 작은 전쟁과 분쟁 등으로 방위산업의 중요성이 부각된 '1차 글로벌 방산구조 고도화기'로 평가된다. 이에 따라, 대부분의 국가가 국방비

를 크게 증액하여 편성하는 등 안보·전략·군사적 관점에서 방위산업 구조가 형성되는 시기였다. 이를 '1차 글로벌 방산구조화기'로 구분할 수 있으며, 이 시기는 자국의 국방력 강화를 위한 감시정찰, 정밀유도무기 등 첨단기술 개발 및 생산에 집중하는 시기로 평가된다. 아울러, 미국과 소련의 냉전체제 지속에 따른 우방국 간 안보협력이 중시되면서 미국은 1968년 해외무기판매제도(FMS, Foreign Military Sales)를 신설하는 등 과거 자급자족적 무기생산체제에서 벗어나 글로벌 차원에서의 무기거래가 확대되는 시기로 구분할 수 있다. 이에 따라 방위산업은 국가 주요산업의 하나로 인식되기 시작하였고 점차적으로 방위산업의 규모를 크게 확대하며 성장했던 시기로 평가된다.

넷째, 1980년대 후반에서 1990년대 후반까지 소련의 붕괴에 따라 미·소 냉전체제에서 탈냉전(Post Cold War)기로 전환되면서 전 세계적으로 국방예산이 크게 감축된 '2차 글로벌 방산구조 조정기'로 구분된다. 이 시기에는 그간 방위산업 성장 기반인 내수 시장이 축소되면서 미국의 Last Supper(1993), 영국의 Tough Love(1981, 1983), 이스라엘의 Qualitative Edge(1980년대 중반) 정책이 본격화되었다. 이에 따라, 미국, 유럽 주요국 위주로 방산 효율성 제고 목적의 인수합병(M&A)과 유휴시설 매각, 방산 수출 지원 정책, 제도 마련 등 본격적인 방위산업의 글로벌 경쟁구조가 시작된 시기로 평가된다.

다섯째, 1990년대 후반에서 2000년대 후반까지 미국, 유럽 주요국 중심의 구조 조정과 이를 통한 생산성 향상, 기업 대형화가 확대되는 '2차 방산구조 고도화기'가 도래하였다. 이 시기에는 주요 선진국들을 중심으로 규모의 경제 확보와 생산성 향상 등을 위한 글로벌 방산 수출이 본격화되기 시작하였다. 이러한 글로벌 방산구조 고도화를 통해 Boeing, Lockheed Martin, BAE, EADS 등 주요국 대형 방산기업들의 글로벌 시장 점유율이 크게 높아지는 시기로 평가된다.

여섯째, 2000년대 들어서는 미국과 유럽 경제위기 등에 따라 국방예산이 감소세로 돌아서면서 탈냉전기에 이은 '3차 방산구조 조정기'로 평가된다. 아울러, 기존 미국과 유럽 중심의 글로벌 방산시장 경쟁구도에서 이스라엘, 한국, 중국과 같은 중·후발국들이 진입하기 시작하면서 글로벌 방산시장의 경쟁이 증가하는 시기라고 할 수 있다. 아울러 2010년대 중반부터 시작된 인공지능(AI), 드론, 로봇, 사이버보안 등 4차 산업혁명 시대가 본격화하기 시작하면서 전통적인 장기간, 고비용의 무기개발 및 생산 방식에서 단기간, 저비용의 무기획득 방식으로 변화를 추구하는 시기라는 점에서도 차별화된다.

마지막으로, 2020년대 초반 러-우 전쟁으로 발발된 글로벌 안보환경의 변화는 글로벌 방위산업이 새로운 전환점을 맞이하고 있는 것으로 평가되고 있다. 2022년 2월 러시아의 우크라이나 침공은 1년 반을 넘어서 장기화되는 가운데, 전 세계는 미국과 NATO, 일본, 호주, 한국 등의 자유민주주의 진영과 러시아-중국-벨라루스-북한 등의 권위주의 진영으로 블록화되는 추세다. 이에 따라, 전 세계 국방예산도 급증하고 있으며, 동북유럽, 중동, 아시아/태평양, 북미에 이르기까지 무기공급이 수요를 따라가지 못할 정도의 호황세를 나타내고 있다. 이른바, 전 세계 방위산업은 글로벌 방산 골드러시 시대로 불리며, 기존의 3차 방산구조 조정기를 끝내고 '3차 방산구조 고도화기'로 진입하고 있는 것으로 보인다. 이에 따라, 글로벌 방산시장은 러-우 전쟁의 영향으로 크게 요동치고 있다. 특히 기존 방산 수출강국인 러시아의 추락과 중국의 정체 속에서 한국, 튀르키예 등 신흥방산 수출국가의 위상이 크게 상승하는 모습이 특징적이다. 다음의 [표 5-3]에서는 1940년대부터 최근까지 글로벌 방위산업 발전과정에 대한 패러다임의 변화를 보여주고 있다.

표 5-3 글로벌 방위산업 발전과정 패러다임의 변화

구분	단계	특징	비고
태동기	-50년대	• 전시 경제체제로 인한 높은 국방예산 편성 • 내수 시장 위주의 자급자족 생산체제	• 전쟁 승리가 최우선 • 온전한 형태의 방위산업 기반 미약
1차 방산 구조 조정기	50-60 년대 중반	• 전시의 국영화 체제에서 평시의 민영화 추진 • 방위산업의 민영화로 인한 일부 구조 조정	• 미 국방부 설립('47) 공군본부 창설 등

1차 방산 구조 고도화기	60년대 중반 - 80년대 후반	• 미국과 소련의 대립으로 인한 군비경쟁 심화 • 냉전시대 지속에 따른 방위산업 성장 및 구조 고도화 • 국방력에서의 우위 달성을 위한 첨단 기술 개발 및 생산	• 미-소 간 냉전(Cold War) 시대 • 안보/전략적 관점의 방위산업 구조 형성
2차 방산 구조 조정기	80년대 후반 - 90년대 후반	• 국방예산 대폭감소(20~30%↓)로 인한 내수 시장 축소 • 방위산업 효율성 제고를 위한 M&A 다각화 등 구조 조정 (미국 Last Supper, 영국 Tough Love, 이스라엘 Qualitative edge 등)	• 경제적 관점에서의 방위산업 구조 형성 • 미국, 유럽 중심의 구조 고도화
2차 방산 구조 고도화기	90년대 후반 - 00년대 후반	• 구조 조정을 통한 생산성 향상과 대형화 지속 (미국 Boeing, LM, 영국 BAE, EADS, 이스라엘 IAI, Rafael 등) • 주요 선진국들의 방산 수출 본격화	• 글로벌 차원의 구조 고도화 진행 • 대형 방산업체들의 시장 점유율 확대
3차 방산 구조 조정기	00년대 후반 - 10년대 후반	• 미국, EU 등 글로벌 경제위기로 인한 국방예산 감축 • 방산 수출 시장에서의 글로벌 경쟁 가속화 • 방산업체 간 M&A 다각화 등의 재편 지속	• 23년까지 국방비 4870억 달러 감축 계획(미) • 중국 등 중후발국들의 방산 수출 본격화 • 보안/사이버/무인기 등 신시장 진출 가속
3차 방산 구조 고도화기	10년대 후반-현재	• 러-우 전쟁 발발에 따른 글로벌 국방예산 급증 추세 • 방산 수출 시장에서 러시아, 중국의 추락과 정체, 한국, 튀르키예 등 신흥국의 부상으로 커다란 판도 변화 • 전쟁 장기화에 따른 무기수요 급증 추세와 함께 무기구매국의 자국 방산 역량 강화 기조 확대	• 22년 글로벌 국방예산은 2조 2,400억 달러로 역대 최대치 경신 • 향후 10년(2023~32)간 글로벌 국방예산은 누적 기준으로 기존 전망치 대비 2조 달러 증가 전망 • 22년도 미국 방산 수출 2,000억 달러 돌파, 한국, 튀르키예, 이스라엘 등도 역대 최대치 경신

자료: 장원준 외, "우리나라 방위산업 구조고도화를 통한 수출산업화 전략", 2013의 내용을 기초로 수정·보완 작성

제3절

글로벌 방위산업의 트렌드 변화와 전망

1. 글로벌 국방예산 최근 동향과 전망[110]

2022년 2월 러시아의 우크라이나 침공으로 본격화된 신냉전(New Cold War) 시대는 전쟁의 장기화 추세와 미중 전략경쟁(Great Power Competition) 심화, 자유민주주의 진영과 권위주의 진영의 블록화 심화 등으로 당분간 지속될 것으로 보인다. 러-우 전쟁이 종전되더라도 러시아와 중국으로부터의 안보위협이 높은 국가들을 중심으로 국방예산 증가와 국방력 제고 노력은 쉽게 가라앉지 않을 것으로 전망된다.[111] 2023년 글로벌 국방예산은 2조 4,430억 달러로 전년 대비 6.8%의 높은 증가세를 보였다. 이는 2015년 이후 9년 연속 증가세를 보이고 있으며, 유럽, 중동, 아시아·태평양에서의 전쟁과 분쟁 가능성 등으로 당분간 글로벌 국방예산의 증가세는 지속될 것으로 보인다.

특히 이번 러-우 전쟁을 통해 그동안 전쟁 준비에 소극적이었던 유럽, 중동, 아시아·태평양 등에서 전 세계적인 군비경쟁이 가속화되고 있다는 점도 특징적이다. 미국은 2023년 8,160억 달러, 2024년 8,860억 달러의 국방예산 편성으로 전 세계 국방예산 증가세를 주도하고 있다. 우크라이나 인접국인 폴란드는 2023년 GDP 대비 국방예산을 4%인 31.6억 달러로 전년 대비 75% 증액했다.[112] NATO 회원국들은 2025년까지 GDP 대비 2%로의 국방예산을 상향하기로 합의했다(Janes, 2022).

110 장원준, "우크라이나 전쟁 이후 글로벌 방산시장의 변화와 시사점", 산업연구원 월간산업경제, 2023을 기초로 수정보완 작성.

111 산업연구원-SIPRI Zoom Call, 2023.9.

112 SIPRI, "Trends in World Military Expenditure, 2023", SIPRI Fact Sheet, 2024.4.

그림 5-3 글로벌 국방예산 추이(2011~2022)

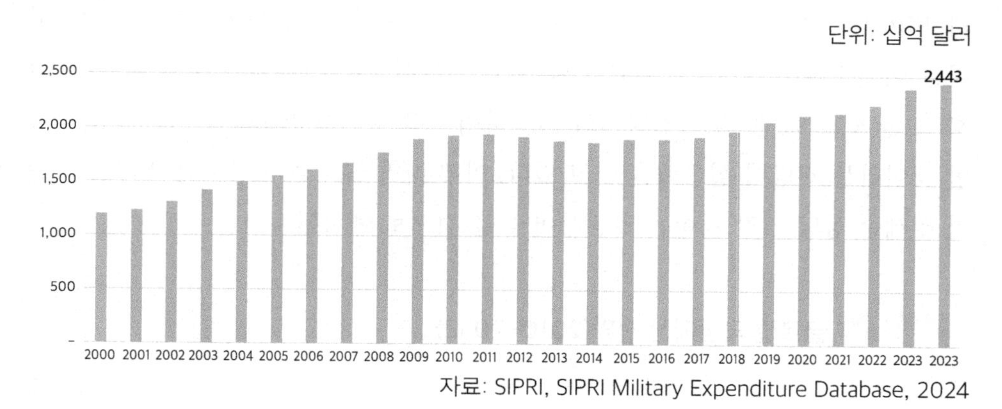

자료: SIPRI, SIPRI Military Expenditure Database, 2024

그림 5-4 NATO 동맹국들의 GDP 대비 국방예산 비중 추이(2014~2022)

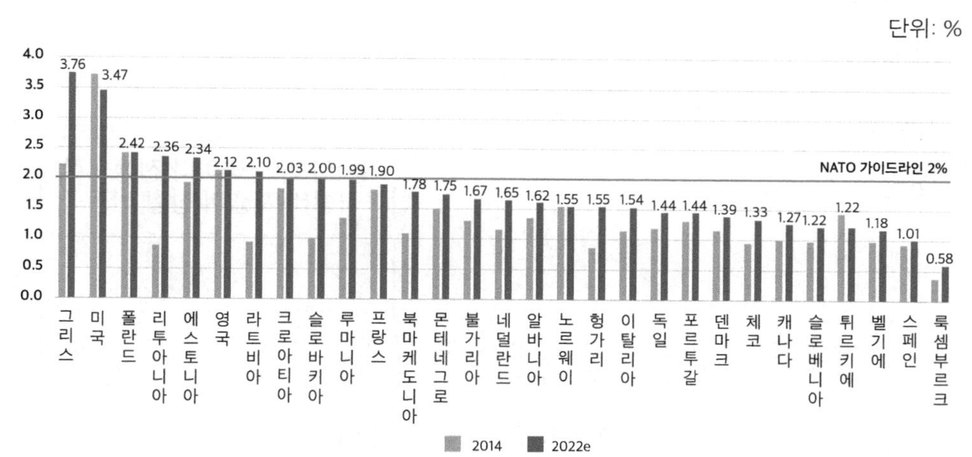

자료: NATO, 'Defense Expenditure of NATO countries(2014~22), 2022.6.

아시아/태평양 권역도 마찬가지다. 일본은 향후 5년(2023~27)간 GDP 대비 2%인 43조 엔으로 증액을 추진하고 있으며, 인도도 올해 역대 최대인 89조 원 규모의 국방예산을 편성하여 세계 4위에 올랐다. 중동 권역에서도 사우디아라비아, UAE, 이집트 등을 중심으로 유가 상승에 따른 정부 재정여력 확충에 힘입어 최근 무기구매를 확대하고 있다.

Aviation Week(2022)에 따르면, 2022년 러-우 전쟁의 영향으로 전 세계 국방예산은 2032년까지 2조 5,000억 달러 이상으로 증가할 것으로 전망하였다. 특히, SIPRI(2023)에서는 Aviation Week(2022)의 2022년 전망치인 2조 2,000억 달러를 이미 넘어서서 2조 2,240억 달러의 역대 최대 실적을 올렸다고 밝혔다. 향후 10년(2023~32)간 기존 전망치와 비교하여 무려 2조 달러(2,600조 원) 이상 증가할 것이라는 전망이 설득력을 얻고 있다. 이에 따라 글로벌 국방예산의 가파른 증가 추세는 상당 기간 지속될 가능성이 높을 것으로 예상된다.

그림 5-5 글로벌 국방예산 전망(2010~2032)

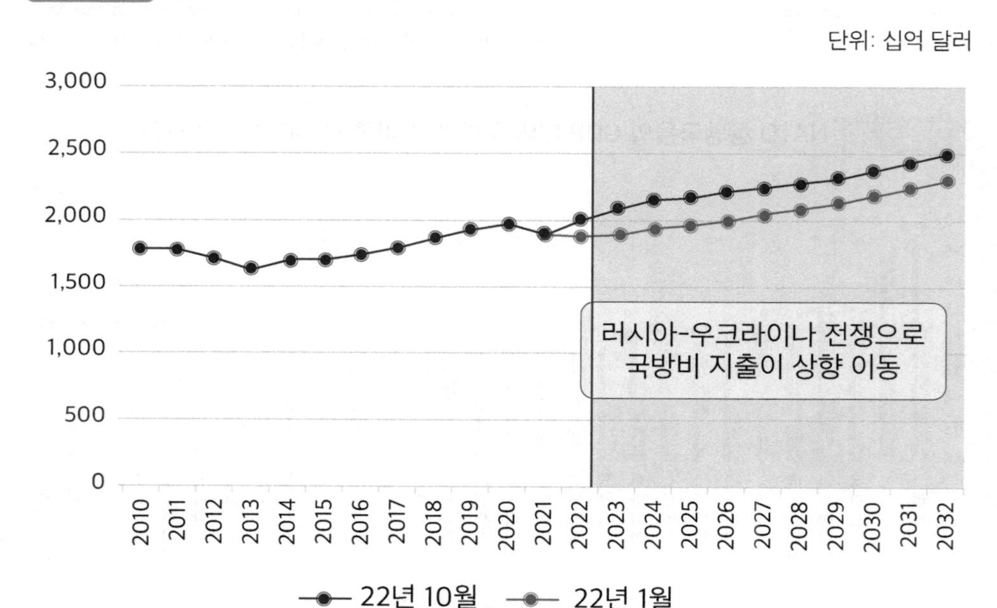

자료: 산업연구원, 우크라이나 전쟁 이후 글로벌 방산시장의 변화와 시사점, 2023.3.

2. 글로벌 무기획득예산 최근 동향과 전망[113]

무기획득예산도 글로벌 국방예산 증가 추세와 비례하여 상승세를 나타내고 있다. Aviation Week(2022)에서 글로벌 무기획득예산은 2021년 5,500억 달러 규

113 장원준, "우크라이나 전쟁 이후 글로벌 방산시장의 변화와 시사점", 산업연구원 월간산업경제, 2023을 기초로 수정보완 작성.

모에서 2032년 7,500억 달러를 상회할 전망이다. SIPRI(2023)에 따르면, 2021년 기준 글로벌 100대 방산기업 생산액은 5,920억 달러로 전년 대비 7.6% 증가하였다. 전 세계 무기획득예산의 80% 수준을 차지하는 100대 방산기업 생산액이 이미 Aviation Week(2022)의 전망치(5,500억 달러)를 넘어섰다는 점에서 무기획득예산도 증가 폭이 더욱 커질 것이라는 예상이 공감대를 얻고 있다. 이에 따라, 향후 10년(2023~32)간 누적 기준으로 기존 전망치와 비교하여 6,000억 달러(780조원) 이상 증가할 것으로 예상된다.

그림 5-6 글로벌 무기획득예산 전망(2010~2032)

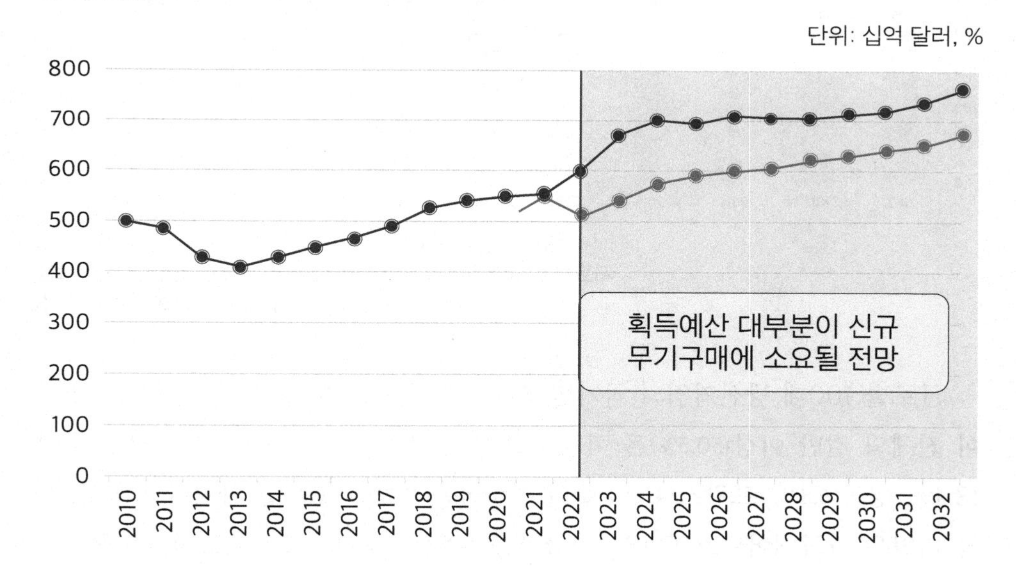

자료: 산업연구원, 우크라이나 전쟁 이후 글로벌 방산시장의 변화와 시사점, 2023.3.

3. 글로벌 방위산업 생산 최근 동향과 전망[114]

최근 10년(2012~21)간 글로벌 방위산업 생산액은 2014년 이후 꾸준한 성장세를 보여주고 있다. 2021년 글로벌 방위산업 생산액은 5,920억 달러로 전년 대비

114 장원준, “글로벌 방위산업의 최근 동향과 전망”, 서울대-산업연구원 공동세미나 발표자료, 2023.9를 기초로 수정 보완 작성.

7.6% 급증하였다. 이는 2015년 이후 가장 높은 증가 폭이다. 글로벌 100대 방산업체 매출액 기준을 전체 방산 생산액의 80%로 가정할 경우, 2021년 기준 글로벌 방산 생산액은 약 7,400억 달러로 추정된다. 이는 같은 기준 글로벌 국방예산(2.2조 달러)의 약 1/3을 차지하는 규모다.

그림 5-7 글로벌 방위산업 생산액 추이(2012~2021)

단위: 십억 달러

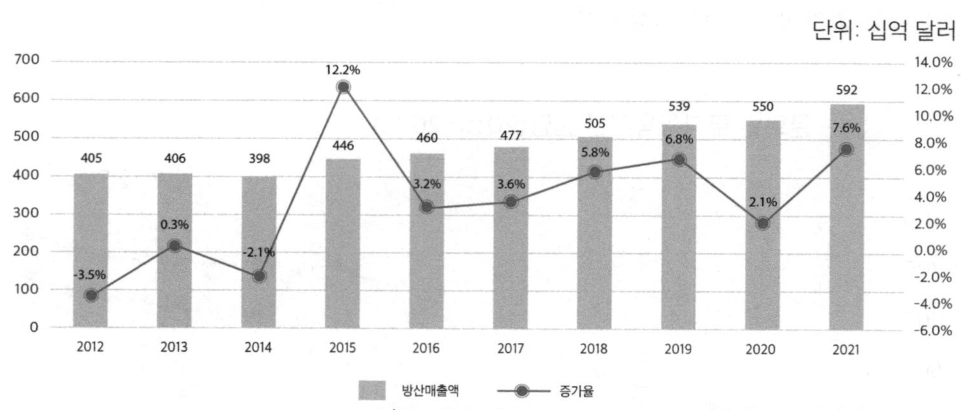

자료: SIPRI, SIPRI Database, 2023을 기초로 산업연구원 작성
주: 글로벌 100대 방산업체 매출액 기준

글로벌 100대 방산기업의 국가별 분포도를 살펴보면, 2021년 기준으로 미국이 전체의 절반 이상(50.5%)을 차지하고 있는 것으로 분석된다. 이어서 중국이 18.4%, 영국(6.8%), 프랑스(4.9%) 순이며 한국은 1.2%로 11위를 차지하고 있다. 한국 기업은 한화에어로스페이스, 한국항공우주산업(KAI), LIG 넥스원, ㈜ 한화의 4개 업체가 글로벌 100위 이내에 포함되어 있다. 최근 한화 방산계열사들의 통합 추세와 폴란드 등 무기 수출 증가세 등에 따라 현대로템 등 주요 방산기업들의 신규 진입과 기존 방산대기업들의 글로벌 순위 상승이 예상된다.

그림 5-8 글로벌 100대 방산기업 국가별 분포도(2021)

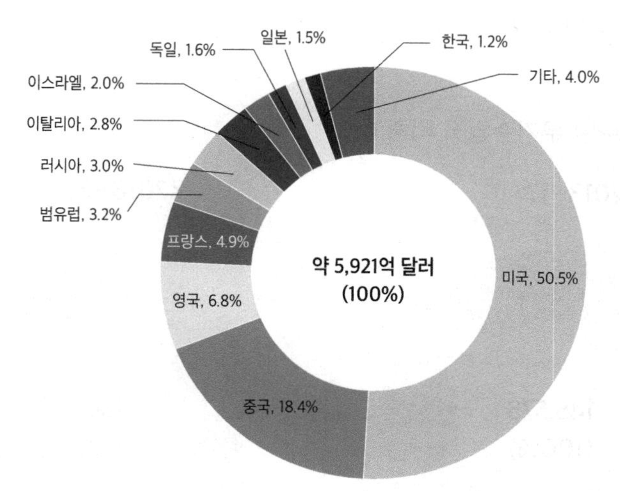

자료: SIPRI, SIPRI Database, 2023을 기초로 재작성
주: 글로벌 100대 방산업체 매출액 기준

4. 글로벌 무기수요 최근 동향과 전망[115]

과거 5년(2013~17) 대비 최근 5년(2018~22)의 글로벌 무기수요는 1,456억 TIV에서 5.3% 감소한 1,382억 TIV로 추정된다. 그러나 2022년 러-우 전쟁 발발 이후 글로벌 국방예산 급증과 무기수요 확대로 향후 큰 폭의 증가세가 예상된다. 과거 5년(2013~17) 대비 최근 5년(2018~22)의 글로벌 10대 무기수입국 비중은 59.1%에서 54.5%로 4.6% 포인트 감소하였다. 이는 인도, 사우디, 카타르, 호주, 이집트 등 무기수입국들의 무기구매 방식이 과거 완제품 구매에서 현지생산, 기술이전 등으로 다양화되는 추세를 반영하고 있는 것으로 풀이된다.

인도가 여전히 세계 1위(11.2%)를 차지하는 가운데, 중동의 사우디(9.6%), 카타르(6.4%)가 2, 3위를 차지하고 있다. 특히, 카타르는 과거 5년 대비 무려 311% 급증하며 세계 3위 무기수입국에 자리하고 있다. 일본과 한국, 쿠웨이트도 과거 5년 대비 각각 171%, 61%, 146% 증가하여 높은 무기수입 증가세를 기록했다. 반면

115 장원준, "글로벌 방위산업의 최근 동향과 전망", 서울대-산업연구원 공동세미나 발표자료, 2023.9를 기초로 수정 보완 작성.

UAE, 알제리, 튀르키예는 과거 5년 대비 각각 -38%, -58%, -49%를 기록하여 무기수입 비중이 상당히 감소했음을 알 수 있다.

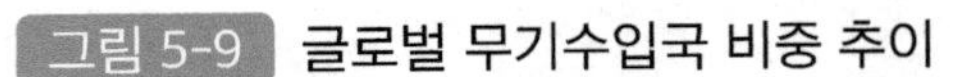
그림 5-9 글로벌 무기수입국 비중 추이

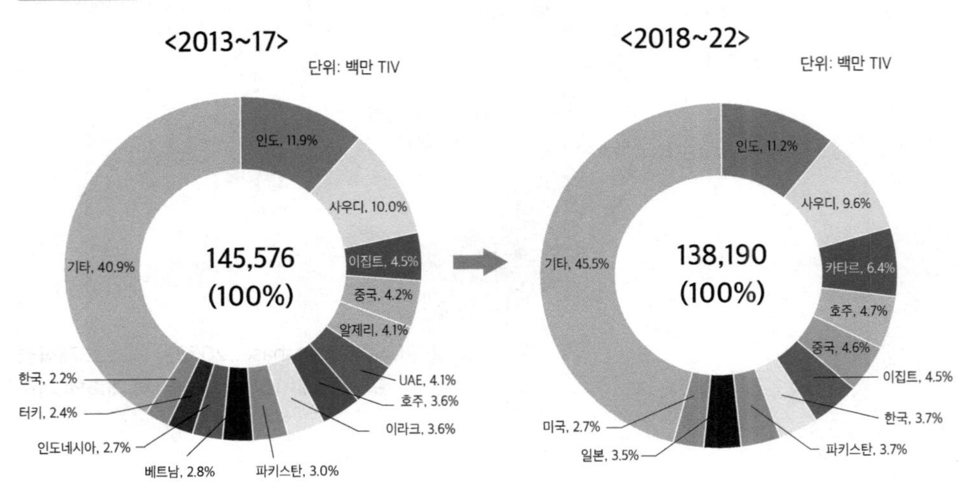

자료: SIPRI, SIPRI Arms trade Database, 2023을 기초로 재작성

2022년 러-우 전쟁 발발 이후 글로벌 무기수급 동향을 살펴보면 다음과 같다. 먼저, 무기수요 측면에서는 러-우 전쟁 발발에 따른 글로벌 국방예산과 무기획득 예산 급증은 주요 구매국들의 무기수요(수입) 증가를 초래하고 있다. 우크라이나 인접국인 폴란드는 2022년 우리나라 K-2 전차 등 4종 무기체계에 대해 최대 450억 달러 이상[116]의 구매계약을 체결하였다. 러-우 전쟁에 따른 안보불안은 특히 우크라이나 주변국인 폴란드, 루마니아, 동북유럽 국가들을 중심으로 무기수요를 증가시킬 것으로 예상된다.

특히 러시아에 대한 경제, 금융, 방산 제제로 인해 기존 러시아로부터 무기를 구매하던 인도, 베트남, 이집트, 알제리 등의 무기수요가 다변화되고 있다는 점도 주목된다. 기존 러시아 무기구매국들은 러시아 무기에 대한 대 서방 제재와 러-우 전쟁에서 드러난 러시아 무기체계의 신뢰도 추락, 러시아 무기구매 시 대 서방

116 탄약류 및 후속군수지원 포함.

제재 가능성 등에 따라 무기체계의 다변화를 모색할 수밖에 없는 실정이다. 이는 미국, 프랑스 등 기존 무기 수출국뿐만 아니라 한국, 튀르키예, 이스라엘 등 신흥 방산 수출국에게도 상당한 기회로 작용할 전망이다.

글로벌 무기수요 트렌드 변화 중 주목해야 할 사안으로는 단연 무기수입국의 자국 방위산업 육성을 위한 기술이전, 현지생산 등의 반대급부(절충교역) 요구가 확대되고 있다는 점이다. 인도는 Make in India 정책에 따라 무기체계 구매 시 외국업체에게 구매가격의 최소 50% 이상의 완성장비, 조립, 부분조립, MRO 시설 등을 절충교역으로 요구하여 자국 기업을 통해 조달하는 Buy Global Manufactured India 정책을 추진하고 있다. 호주의 경우에도 2016년부터 AIC(Austrailian Industrial Capability) 정책을 도입하여 2,000만 호주달러 이상 규모의 무기획득사업 추진 시 자국기업 참여를 의무화하였다. 기타, 네덜란드, 노르웨이, UAE, 사우디아라비아, 이집트, 이스라엘, 튀르키예 등 주요 무기수입국들은 절충교역을 통한 기술이전, 현지생산, 수출금융 등 다양한 형태의 반대급부를 요구하고 있어 이에 대한 충족 여부가 무기 수출 성공의 핵심요인으로 작용하고 있다.

표 5-4 주요 무기수입국들의 수입정책 변화

국가명	주요 내용
인도	• (체계개발) Buy Indian-IDDM(Indigenously designed, developed, and manufactured) 방식 선호, 제품 가격의 최소 50%를 인도에서 자체 설계되고 개발/생산된 제품을 구매 • (구매) Buy Global-Manufactured in India 제도를 도입, 외국업체로부터 구매를 전제로 제품가격의 최소 50%는 완성장비, 조립, 부분조립, MRO 시설 등 다양한 형태로 인도의 자회사로부터 구매 • (수입 다변화) 러-우 전쟁 이후 러시아 제재에 따라 Su-57 전투기 구매를 취소하는 등 무기수입 다변화 * 23년 1월 미국과 핵심신흥기술에 대한 이시셔티브(Initiative on Critical and Emerging Technology)를 발표, 인도 내 GE사의 제트엔진 생산과 M777 곡사포, 스트라이커 장갑차의 인도 생산 및 단계별 기술이전 검토 합의 등

호주	• 2016년 AIC(Austrailian Industrial Capability)를 도입하여 2,000만 호주달러 이상 규모의 무기획득사업 추진시 자국 기업 참여를 의무화
이집트	• 최근 미국의 러시아 제재에 따른 러시아 Su-75 무기구매 중단, 미국, 프랑스, 한국 등으로 구매선 변경 검토

자료: Janes, 2021; 보도자료 종합; 장원준, 2023 등을 기초로 산업연구원 작성

5. 글로벌 무기 수출 최근 동향과 전망[117]

과거 5년(2013~17) 대비 최근 5년(2018~22)의 글로벌 무기 수출은 미국이 독주(33%→40%)하는 가운데, 러시아의 추락(22%→16%), 중국과 독일, 영국의 정체, 한국, 튀르키예 등의 급증이 두드러지는 상황이다.

미국은 과거 5년 33%에서 최근 5년 40%로 시장점유율을 높이며 2위 러시아와의 격차를 크게 벌리고 있다. 반면, 러시아는 같은 기준 22%에서 16%로 크게 감소했으며, 향후 러-우 전쟁에 따른 주요국들의 제재와 무기 신뢰도 하락 등으로 당분간 추세를 역전하기는 매우 어려울 전망이다. 프랑스가 선전하여 향후 러시아를 넘어 세계 2위 방산 수출국가에 오를 수 있을지 관심이 집중된다. 중국과 독일, 영국은 과거 5년 대비 각각 -23%, -35%, -35%를 기록하여 방산 수출국 위상이 상당히 저하되고 있다. 러-우 전쟁을 계기로 우크라이나 등과 공동개발, 현지생산 등을 확대하고 있으나 지상, 화력 등 재래식 무기체계 분야에서의 생산역량을 확보하기에는 상당한 시간이 걸릴 전망이다. 중국은 과거 동남아, 아프리카, 중남미 권역에서 무기 수출을 주도했으나, 성능과 품질 부족, 후속군수지원 미흡 등으로 무기구매국들의 신뢰를 얻지 못하고 있다는 점이 커다란 약점으로 풀이된다.[118]

117 장원준, "글로벌 방위산업의 최근 동향과 전망", 서울대-산업연구원 공동세미나 발표자료, 2023.9를 기초로 수정 보완 작성.

118 연합뉴스, "시간 두달 준다... 태국 잠수함에 중국제 엔진 탑재하려다 그만.", 2022년 6월.

그림 5-10 글로벌 무기 수출국 비중 추이

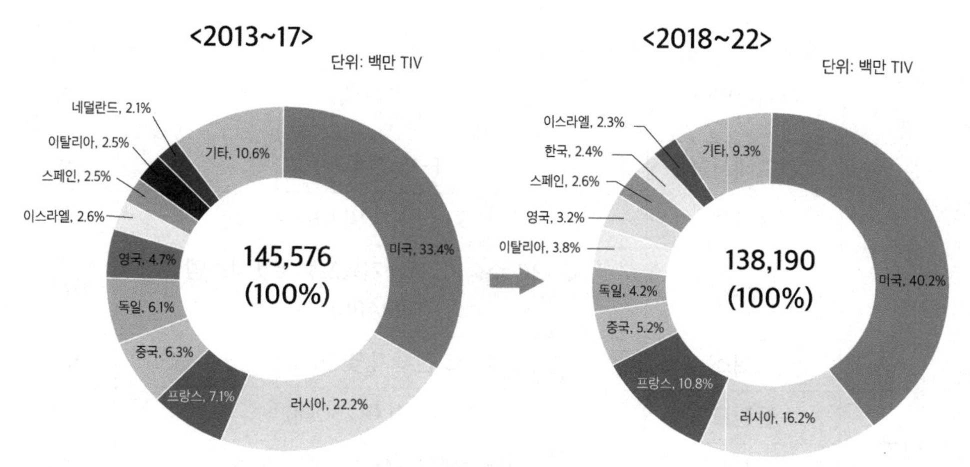

자료: SIPRI, SIPRI Arms trade Database, 2023을 기초로 재작성

특히 2022년 러-우 전쟁 이후 무기 수출 시장에서의 최근 변화는 미국의 독주, 러시아의 추락, 중국의 정체, 한국, 튀르키예 등 신흥강국들의 급부상으로 요약할 수 있다. 2022년 미국의 무기 수출액은 무려 2,056억 달러(246조 원)로 전년 대비 49% 급증했다. 폴란드의 M1A2 전차(60억 달러), 독일 F-35 전투기(84억 달러), 인도 F-35 전투기(139억 달러)를 포함하여 우방국으로의 무기 수출이 확대되고 있다. 이에 따라 최근 5년(2018~22) 미국의 무기 시장 점유율은 40%까지 높아졌으며, 향후 전투기, 무인기, 미사일, 전차 등 첨단무기체계의 글로벌 시장 진출은 더욱 확대될 전망이다.

아울러, 이스라엘도 2022년 무인기, 레이더, 유도무기 등 125억 달러의 무기 수출계약을 체결해 역대 최대 실적을 올렸다(Haaretz, 2023). 영국도 카타르에 유로파이터(27억 파운드) 등 106억 달러 수출로 역대 최대치를 달성하며 러-우 전쟁을 계기로 무기 수출 주요국들의 수출실적이 크게 증가하는 추세다.

표 5-5 주요국 무기 수출 실적 종합(2022)

단위: 억 달러

무기 수출국	무기수입국	무기체계명	금액
미국	인도네시아	F-15 전투기	139
	독일	F-35 전투기 및 미사일	84
	호주	C-130 수송기, 고속기동포병로켓시스템(HIMARS)	674
	스위스	F-35 전투기 및 미사일	65
	폴란드	M1A2 전차(250대)	60
	한국	치누크헬기, MK-54 경어뢰 등	128
	일본	SM-6 극초음속함대공미사일, AIM-120 공대공미사일 등	74
	대만	하푼지대함미사일, AIM-9 공대공미사일 등	11
	핀란드	AIM-9 공대공미사일, AGM-154, SAM 미사일 등	32
	소계		2,056
영국	카타르, 사우디아라비아 외		1,056
한국	폴란드	K-2 전차, K-9 자주포, 천무, FA-50 경공격기	124
	이집트	K-9 자주포	20
	소계		173
이스라엘	폴란드 외	무인기, 레이더, 미사일 등	125
터키	우크라이나 외	-	43

자료: 미 국방안보협력국(2022); Haaretz(2022); The Guardian(2023) 등 보도자료 종합하여 수정보완 작성
주: 수주 기준

반면 러시아는 과거 5년(2013~17) 대비 최근 5년(2018~22)의 글로벌 무기 시장

점유율이 22%에서 16%로 무려 6% 포인트 하락했다. 러-우 전쟁에 따른 대 서방 제재 지속과 러시아 무기체계에 대한 글로벌 신뢰도 저하, 기존 무기 구매국들의 다변화 정책 등으로 풀이된다. 이러한 러시아 무기 수출의 하락세는 당분간 지속될 전망이다. 중국도 기존 미얀마, 방글라데시, 알제리 등 주요 수출국들의 수주 부진으로 점유율이 하락 추세를 보이고 있다. 최근 5년(2018~22)간 중국의 글로벌 시장 점유율은 5.2%로 과거 3위에서 하락세를 보이고 있다.

최근 글로벌 방산시장에서 주목해야 할 무기 수출 국가로는 단연 한국을 들 수 있다. 최근 5년(2018~22)간 한국의 무기 수출증가율은 74%로 세계 1위이며, 시장점유율 2.4%로 9위를 차지하고 있다. K-방산으로 대표되는 한국 방위산업은 최근 전례 없는 수출실적을 올리며 대내외 위상을 드높이고 있다. 국내 방산 수출(수주 기준)은 2021년 73억 달러, 2022년 173억 달러로 역대 최고치를 기록했다.[119] 이러한 K-방산의 놀라운 기세는 국내는 물론 해외에서도 크게 회자되고 있다. 미 CNN에서는 "한국 방위산업이 이미 메이저 리그(defense major league)에 진입했으며, 미국과 NATO를 대신하여 '자유민주주의의 무기고(Arsenal of Democracy)' 역할을 담당하고 있다"라고 평가했다.[120] 심지어 이웃나라 일본도 연일 K-방산의 비결을 비중 있게 보도하며, 자국 방위산업 혁신을 위한 벤치마킹 대상으로 활용하고 있다.[121]

우리나라 방산 수출은 최근 3년(2021~23)간 380억 달러가 넘는 무기 수출계약으로 높은 성장세를 나타내고 있다. 산업연구원에 따르면, 향후 우리나라 방산 수출은 폴란드, 미국, 캐나다 등 30여 개국 이상에서 최대 1,200억 달러 이상의 수출 계약을 추진 중인 것으로 파악된다. 폴란드 2차 이행계약(250~320억 달러) 외에도 미국 고등훈련기 사업(100~300억 달러), 캐나다 잠수함 사업(450억 달러 이상), 루마니아(140억 달러), 호주 호위함 사업(90억 달러) 등을 적극 추진하고 있다. 요약해

119 뉴스투데이, "2023년 한국 방위산업이 직면할 주요이슈 전망", 2023년 1월을 기초로 수정보완 작성.

120 CNN, 'President Yoon wants South Korea to become one of world's top weapons suppliers', 2022년 8월.; Lee P.K. and Corben T., 'A K-arsenal of democracy? South Korea and U.S. Allied Defense Procurement', War on the Rocks, 2022.8.

121 산업연구원, 제7차 한일안보전략대화 방문간 일본 주요인사 인터뷰 결과, 2023.7.

보면, 러-우 전쟁 이후 글로벌 무기 수출 시장에서 미국의 독주와 러시아의 추락, 중국의 정체, 한국, 튀르키예 등 신흥무기 수출강국들의 부상으로 수년 내 글로벌 순위에서 상당한 변화가 예상된다.

표 5-6 우리나라 방산 수출 전망(2024~)

권역명	국가명	수출 유망 품목	수출액(예상)	비고
유럽	폴란드	K-2 전차(820대), K-9 자주포(308문), 천무(70여 문) 등	250~320	2차 이행계약(43억 달러) 완료 예정(24.9) 외
	루마니아	K-2 전차, 신궁, 레드백 장갑차, 천궁-II 등	140	K-9 자주포 수출계약(24.6)
	라트비아	K-21 장갑차	N/A	
	슬로바키아	K-2 전차, FA-50 경공격기	N/A	
북미	미국	T-50 훈련기, 함정 MRO 등	100~300+	한화오션 미국 필리 조선소 인수(24.6)
	캐나다	재래식 잠수함	450+	
아시아·태평양·CIS	인도네시아	KT-1, 잠수함, KFX 공동개발 등	N/A	KF-21 48대 현지생산 예정
	인도	K-9 자주포, 소해함, 군수지원함 등	N/A	
	베트남	수리온, K-2 전차, K-9 자주포 등	N/A	
	우즈베키스탄	FA-50 경공격기 등	N/A	
	투르크메니스탄	KT-1 훈련기 등	N/A	
	태국	FA-50, 호위함(2차) 등	N/A	
	필리핀	잠수함, 구축함, 견인포, 수송함, 중고장비 등	N/A	

	미얀마	군수지원함, 중고장비 등	N/A	
	말레이시아	FA-50, 함정, 기동장비 등	N/A	
	호주	호위함, 천무, 레드백 장갑차, K-9 자주포 등	100+	호주 호위함(10조원) 수출 추진 중
중동	쿠웨이트	FA-50 등	N/A	
	UAE	KF-21, 수리온, 수송기 공동개발, 유도무기, 성능개량 등	N/A	
	사우디아라비아	KF-21, 천무, 유도무기, 기동장비 등	50~60+	
	이라크	천궁 -II 등	20~30+	
아프리카	르완다	KT-1 등	N/A	
	보츠와나	T-50, K-2 전차 등	N/A	
	이집트	FA-50 경공격기, K-2 전차, 천궁 II, 대전차미사일 등	40~50+	
	리비아	경공격기, 호위함, 장갑차 등	N/A	
	세네갈	FA-50 등	N/A	
중남미	파라과이	KT-1 등	N/A	
	에콰도르	KT-1, 수상함 등	N/A	
	아르헨티나	FA-50 등	N/A	
	콜롬비아	FA-50, 탄약플랜트, 수상함 등	10+	
	페루 등	FA-50, 수상함, 209 잠수함 등	N/A	HD 중공업의 페루 함정 30년간 추가 독점계약 우선협상자 선정
계	30+		900~1,200+	

자료: 기업 인터뷰, 2024; 보도기사를 종합하여 산업연구원 작성

제4절

종합 및 소결론

본 장의 주요내용을 종합해 보면 다음과 같다. 먼저, 방위산업은 R&D, 제품, 생산, 시장 측면에서 일반 산업과는 다른 산업적 특성을 갖는다. 자본집약적 장치산업 특성에 따라 대규모 R&D 투자비용이 소요되며, 정부 의존형 투자 방식, 시스템 통합을 통한 개발 및 융합의 중요성, 개발기간 장기화와 고가의 가격 발생구조, 규모의 경제 확보의 중요성, 공급(기업)과 수요(정부, 소요군) 간 쌍방독점적 시장 구조에 따른 계약 또는 협상에 따른 가격결정 방식 등을 들 수 있다.

이에 따라, 일반 산업과는 다른 방위산업의 산업적 특성을 정확히 이해하고 이에 대한 문제점과 해결방안을 적극적으로 모색해 나감으로써 방위산업의 강점을 극대화하고 약점을 최소화하는 노력이 매우 중요한 과제라고 할 수 있다. R&D 측면에서는 기업의 선제적 투자를 유도하기 위한 정부지원과 업체 자체 투자를 활성화하는 방안 모색이 필요하다. 제품 측면에서는 진화적 개발방식으로의 전환과 AI 등 민간첨단기술의 적용 확대와 이를 위한 신속획득 시스템의 정립, 그리고 보다 과감한 민군협력 확대를 위한 규제 개선이 요구된다. 대규모 장치산업 특성에 따른 규모의 비경제 문제 해결을 위해서는 내수 시장을 기초로 해외 시장을 고려한 수출산업화 정책의 적극적 추진과 초기 단계 수출을 고려한 ROC 설정방식 확대, 우방국과의 공동소요 · 개발 · 생산 · 마케팅의 확대가 요구된다. 마지막으로 쌍방독점적 시장 특성에 따른 방산시장 내 신규진입 허용 확대와 업체 다변화, 해외 수출 확대가 요구된다.

글로벌 방위산업은 1900년대 이후 1, 2차 세계대전을 지나면서 근대 산업적 기반을 마련하였다고 평가된다. 이후 냉전(1950년대~1990년대)과 탈냉전(1990년대

~2000년대), 2009년 글로벌 재정위기를 거쳐 2022년 러-우 전쟁 발발에 따른 신냉전(2020년대~)에 이르는 3차례의 방산구조 조정기와 3차례의 방산구조 고도화기로 구분할 수 있다.

특히 2022년 러-우 전쟁 장기화에 따른 전 세계적인 국방예산 및 무기획득예산 급증으로 향후 수년간 '글로벌 방위산업의 골드 러시(Gold Rush) 시대'가 지속될 전망이다[122]. 글로벌 무기 시장은 동북유럽, 중동, 아시아/태평양 권역을 중심으로 무기수요가 급증하는 가운데, 시급한 무기수요를 충족시켜 줄 국가는 소수에 한정되고 있다. 최근 글로벌 무기 시장에서 러시아의 위상 추락과 한국, 튀르키예, 이스라엘 등 신흥 방산강국들의 선의의 경쟁이 가속화되어 향후 글로벌 방산 수출국가 순위에 상당한 변화가 예상된다.

표 5-7 글로벌 방위산업의 트렌드 변화와 전망 종합

구분	주요 내용
글로벌 방위산업의 발전과정	• 1940년대 태동기를 거쳐 3차례의 구조 조정기와 3차례의 구조 고도화기로 구분 • 1,2차 세계대전 이후 전시 경제체제에서 평시 민영화 체제로의 전환, 1990년대 탈냉전 이후 2차 구조 조정을 거쳐 2009년 금융위기에 따른 3차 구조 조정 시현 • 2010년대 후반부터 러-우 전쟁 발발에 따른 글로벌 국방예산 급증과 방산시장에서 러시아, 중국의 정체와 한국, 튀르키예 등 신흥국들의 급성장 추세
국방예산	• 2032년 전 세계 국방예산은 2조 5,000억 달러 예상 • 2022년 전 세계 국방예산은 2조 2,240억 달러로 역대 최대실적 경신(SIPRI, 2023) • 향후 10년(2023~32)간 누적 기준으로 기존 전망치 대비 2조 달러(2,600조 원) 이상 증가 전망
무기획득 예산	• 2032년 전 세계 무기획득 예산은 7,500억 달러 전망 • 향후 10년(2023~32)간 누적 기준으로 기존 전망치 대비 6,000억 달러(780조 원) 이상 증가 전망

122 장원준, "우크라이아 전쟁 이후 글로벌 방산시장의 변화와 시사점", 2023.3.

방산생산	• 2021년 100대 방산업체 매출액 기준 글로벌 방산 생산액은 5,920억 달러이며, 2014년 이후 꾸준한 성장 추세 • 같은 기준 글로벌 방산생산액은 7,400억 달러로 추정, 글로벌 국방예산의 1/3 차지 • 미국이 전체의 절반 이상을 차지하며 중국(18.4%), 영국(6.8%), 프랑스(4.9%) 순
무기수요 (수입)	• (북미) 미국은 2023년 9160억 달러의 역대 최대규모 국방예산 편성으로 전 세계 국방력 강화 주도 • (유럽) NATO 31개 회원국은 2025년까지 GDP 대비 2% 상향 합의, 폴란드, 체코, 스웨덴, 핀란드 등 동·북유럽 주요국 중심으로 무기수요 급증 추세 • (아시아·태평양) 일본은 향후 5년(2023~27)간 43조 엔으로 GDP 대비 2% 증액 추진, 대만, 인도, 호주, 인니 등을 중심으로 미국, NATO 국가에서 대량 무기구매 확대 추세 • (중동) 사우디아라비아, UAE, 이집트 등을 중심으로 무기수요 확대 등
무기공급 (수출)	• (미국) 2022년 무기 수출액은 2,056억 달러(267조 원)으로 역대급 증가세 기록 • (한국) 2022년 173억 달러, 2023년 135억 달러 수출(수주 기준)로 역대 최대실적 달성, 27년까지 글로벌 방산 수출 4대강국 진입 목표 • (이스라엘) 무인기, 레이더, 미사일 등을 중심으로 2021년 113억 달러 수출(수주 기준), 2022년 역대 최대치 경신 전망 • (영국) 2022년 카타르에 유로파이터(27억 파운드) 수출 등 106억 달러로 역대 최대치 달성 • (튀르키예) 2022년 무기 수출은 43억 달러(수주 기준)로 역대 최고실적 달성 등

제3편

방위산업의 보호

제6장 방위산업 보안

제7장 방위산업 방첩

제8장 방산안보와 국가정보 활동

제6장

방위산업 보안

류연승

제1절

개요

1. 방산보안의 개념

방위산업 보안(이하 방산보안)은 군사보안의 일부로 다루어왔기 때문에 일반인의 접근이 어려웠으며 방산보안의 개념을 학술적으로 검토한 연구도 많지 않다.

우광제(2015)는 방산보안을 군사보안과 산업보안의 복합체이면서 방위산업의 모든 보안요소를 통합하는 융합보안으로 정의하였다.[123] 고희재(2019)는 보안의 가치, 보호할 자산, 보안의 주체, 위협, 보안의 수단, 보안의 수준, 비용, 기간 등의 복합적 요소로서 방산보안 개념을 정립할 것을 제안하였다.[124]

류연승(2018)은 방산보안의 정의가 방위산업의 발전과 함께 변화되어 왔다고 보았다.[125] 방위산업이 태동하는 초기의 방위산업 보안은 군에 필요한 각종 장비 및 장병들의 의식주에 필요한 물품을 생산하는 업체가 파업이나 화재 등 각종 사고 시 군에 직접적 피해가 올 수 있어 이를 예방하기 위한 제도였다. 법제적으로 살펴보면, 1965년에 국방부에서 「군사보안업무시행규칙」에 의해 군수업체 보안업무를 수행한 것이 시초로 알려져 있다. 동 시행규칙에 따라 1966년 군수 공장 및 군납업체 대상으로 보안측정 결과를 계약체결 시 반영하였다. 이후 1977년에 국방부 「방위산업보안업무시행규칙」이 제정되면서 방산업체의 군사기밀을 보호하기 위한 방위산업 보안 체제가 마련되었다. 「방위산업보안업무시행규칙」은

123 우광제, "융합보안 관점에서 방위산업보안 개념 정립과 연구동향 분석", 융합보안논문지, 제15권 제6호, 2015.

124 고희재 · 이용준, "국가안보와 연계한 방위산업 보안 개념 정립", 한국산학기술학회논문지, 제20권 제12호, 2019.

125 류연승, "방산보안 2.0", 한국정보보호학회지, 제28권 제6호, p.6, 2018.11.

「방위산업보안업무훈령」으로 이름이 변경되어 오늘날까지 이어지고 있다.

1970년대 이후 방위산업이 본격적으로 발전하면서 방산보안은 "군이 필요로 하는 방산물자를 생산·공급하는 방산업체의 기밀을 적(불순분자)으로부터 보호하고, 업체가 방산물자를 적절한 시기에 생산·공급할 수 있도록 지원하도록 보장하기 위한 제반 활동"으로 정의되었다. 이러한 정의는 방산과 관련된 군사기밀의 보호와 군수품의 안정적인 생산에 중점을 둔 발전된 개념이다.

2010년대에 들어 국방과학기술 수준이 세계 9위의 선진권으로 평가되고 기술 보호 필요성이 증대됨에 따라 2015년 12월 「방위산업기술보호법」을 제정하고 방위산업기술 보호 활동을 제도화하기에 이른다. 이에 따라 방산보안의 보호대상에 방위산업기술도 포함하는 개념으로 발전하였다.

따라서, 방산보안 개념은 [그림 6-1]과 같이 방위산업의 발전과 함께 보호대상이 변화됨에 따라 변천해오고 있다.

그림 6-1 방산보안 개념의 시대적 변천

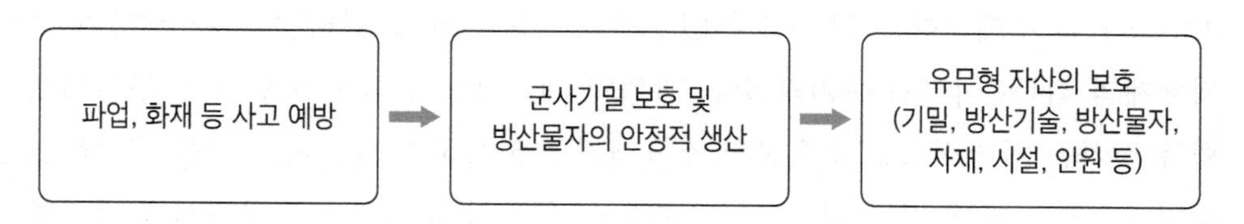

현행 법령 중에서 방산보안의 정의를 명시하고 있는 것은 「방위산업보안업무훈령」이 유일하다. 동 훈령은 국방부 훈령으로서 방산업체의 보안 업무를 위한 지침으로 역할을 하고 있으며 방산업체 및 일부 관련업체에만 배포되고 일반에게는 비공개하고 있다. 「방위산업보안업무훈령」은 방산보안을 다음과 같이 정의하고 있다.[126]

126 「방위산업보안업무훈령」 제1장 제3조(용어의 정의), 별표 1.

"방위산업과 관련하여 국가안보 등을 위해 유무형의 자산(인원, 문서, 자재, 시설, 정보통신, 군사기밀, 국방기술 등)을 제 요소의 누설, 파괴, 침해 등 대내외 각종 위해 행위로부터 보호하기 위한 제반 활동"

「방위산업보안업무훈령」은 방산보안의 보호대상을 유무형의 자산으로 폭넓게 정의하면서 군사기밀, 국방기술, 시설 등을 포함하고 있으나 실질적으로는 주로 군사기밀 보호를 위한 지침으로 역할하고 있다. 방산보안의 보호대상 중 방위산업기술은 「방위산업기술보호법」과 방위사업청 훈령인 「방위산업기술보호지침」을 따르고 있어 사실상 방산보안은 군사기밀 보호와 방위산업기술 보호로 이원화되어 있다.

한편, 미국은 국방획득체계(defense acquisition system) 관점에서 프로그램 보호(program protection)라 불리는 방산보안 체계를 갖추고 있다. 방위사업은 군에서 필요로 하는 군수품을 획득하기 위한 사업으로 우리나라도 체계적인 군수품 획득을 위한 체계를 갖추고 관련 법령들을 시행하고 있다. 국방 획득이란 군수품(방산물자)을 구매하여 조달하거나 연구개발·생산하여 조달하는 것을 말하며 무기체계의 획득은 [그림 6-2]와 같은 방위력 개선사업 절차로 수행된다. 무기체계 획득 절차는 일반적으로 소요군의 소요제기로 시작하며 합참이 소요를 결정하면 방위사업청을 통해 연구개발 또는 구매하여 획득하게 되고 소요군에서 전력화하고 운영·유지 및 폐기하는 단계를 갖는다.[127] 이러한 획득 과정에서 무기체계의 작전요구성능(ROC: Required Operational Capability) 등 군사기밀이 생산·유통될 수 있다. 방위산업은 군에 방산물자를 조달하기 위해 존재하며 방산업체는 방산물자의 연구개발 및 생산 과정에서 군의 군사기밀을 취급하게 되므로 방산보안 체계를 갖추게 되는 것이다. 미국도 유사한 획득제도를 운영하며, 획득절차의 전체 단계 즉 소요제기부터 폐기까지의 전체 기간 동안 위협을 식별하고 위험을 평가함으로써 보호대상 식별 및 보호대책을 수립·시행하는 방산보안 체계를 갖고 있다. [그림 6-3]은 미국 획득 프로그램 보호 제도의 3가지 보호대상인 기술 보호, 구성품 보호, 정보 보호를 보여주고 있으며, 보호대책들을 예시로 보이고 있

127 최근 신속획득, 미래국방기술 연구개발 등 새로운 획득제도가 도입되고 있다.

다. 미국의 방산보안의 정의는 법령으로 찾기는 어려우나, 프로그램 보호제도를 방산보안으로 간주한다면 "획득체계 전 수명주기 간 위험을 식별, 평가, 관리하는 위험관리 제도"로 정의할 수도 있겠다.

방산보안은 역사적으로 방위산업의 발전과 국내외 환경변화에 따라 발전해오고 있으며 각 나라의 제도와 수준이 다르므로 방산보안의 정의를 적절하게 정립해 나가야 할 것이다.

그림 6-2 방위력 개선사업 절차

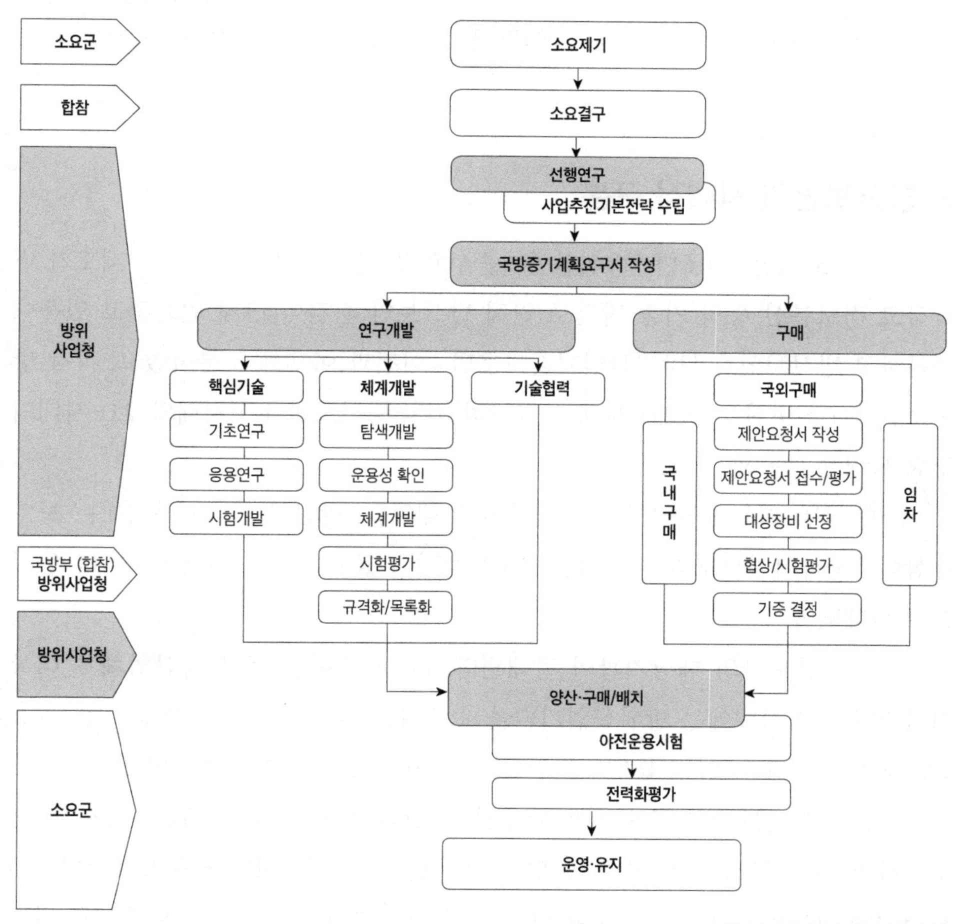

(출처: 방위사업관리규정)

그림 6-3 미국 획득 프로그램 보호제도의 보호대상과 의미

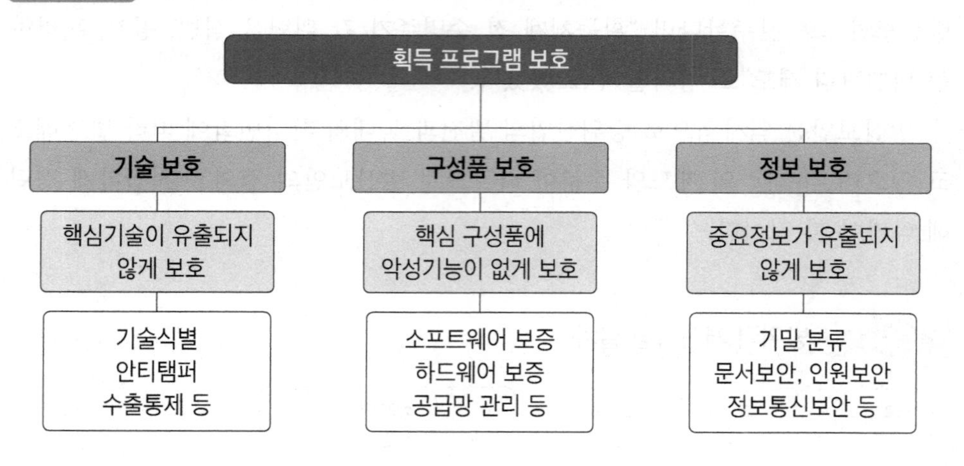

2. 방산보안의 시대적 구분

류연승(2018)은 2016년 「방위산업기술보호법」의 시행과 더불어 법, 제도가 변화하고 정보통신 등의 기술 발달로 인해 방산보안 환경이 크게 변화하고 있음에 주목하고 방산보안을 「방위산업기술보호법」 이전과 이후로 구분하였고, 각각 방산보안 1.0과 방산보안 2.0 시대로 규정하였다. 방산보안 1.0 시대와 2.0 시대의 주요 특징은 다음과 같다.

첫째, 국방 획득과정에서 보호대상이 확대된다. 방산보안 1.0 시대에는 보호대상이 「군사기밀보호법」에 따른 군사기밀 위주였고, 2.0 시대에는 방위산업기술로 확대되었다.

둘째, 방산보안의 대상기관이 확대된다. 1.0 시대에는 주로 방산업체가 대상이었지만, 2.0 시대에는 방위산업기술을 보유하는 국가기관(방위사업청, 국방기술품질원, 국방과학연구소, 각군) 및 민간기관(전문연구기관, 대학 등)으로 확대된다.

셋째, 사이버보안의 중요성이 확대된다. 방산보안 1.0 시대에는 군사기밀을 보호하기 위한 문서보안, 시설 및 인원보안 같은 물리적 보안이 중요했으나 2.0 시대에는 사이버보안의 중요성이 커져 가고 있다. 1.0 시대에는 군사기밀을 네트워크와 단절된 PC에서 생산하고 비밀합동보관소에 보관하였지만, 2.0 시대에는

방위산업기술 자료가 네트워크와 연결된 연구원 PC에서 취급되고 인터넷을 통한 자료 유출이 용이하다. 이에 2017년에는 방산업체의 물리적 망분리 구축을 의무화하기도 하였다.

넷째, 무기체계 보안의 중요성이 대두된다. 방산보안 1.0 시대에는 무기체계의 보안을 다루지 않았으나, 2.0 시대에는 무기체계의 사이버보안, 안티탬퍼(anti-tamper) 등이 부각되고 있다. 무기체계는 컴퓨터가 통제하는 임베디드 시스템화되고 네트워크 통신망에 연결되고 있어 사이버 공격에 노출되고 있다. 또한, 무기체계의 하드웨어 부품, 소프트웨어 부품 등의 공급망을 통한 사이버 공격도 문제가 되고 있다. 미국은 RMF(Risk Management Framework) 제도를 구축하고 무기체계의 사이버 위험을 평가하고 사이버보안 대책을 수립 및 시행한다. 2024년 4월부터 우리나라도 무기체계의 사이버 위협을 방지하기 위해 K-RMF 제도를 시작하였다. 또한, 미국은 전장에서 손실되는 무기체계 또는 수출/공동개발하는 무기체계에 대해 역공학을 통한 핵심기술이 탈취되는 것을 방지하기 위해 안티탬퍼 기술을 적용하고 있다. 우리나라도 무기체계의 수출이 증대함에 따라 무기체계의 안티탬퍼 적용을 검토하고 있고 관련기술도 연구개발에 착수하였다.

다섯째, 개방적 제도의 운영과 지원의 확대이다. 방산보안 1.0 시대에는 군 기관의 통제 및 감독을 통한 폐쇄적 제도로 운영되었지만, 2.0 시대에는 보호대상 및 대상기관의 확대로 다양한 기관의 협력과 지원을 통한 개방적 제도운영이 필요하다. 방산보안 1.0 시대에는 국군방첩사령부(구 기무사령부)가 방산업체의 보안을 전담하며 군의 특성상 폐쇄적으로 운영해 왔고 학계를 포함한 민간기관과의 교류가 거의 없었다. 2.0 시대에서 「방위산업기술보호법」은 방위사업청이 행정기관이므로 방위사업청, 국가정보원, 국군방첩사령부 등의 긴밀한 협력을 통해 대상기관의 통제와 지원이 필요하다. 나아가 정부기관들은 대학, 학회 등 학계와의 협력과 지원을 통해 정보공유, 학술연구 및 연구개발을 촉진함으로써 개방적 선진 제도 구축이 필요하다.

표 6-1 방산보안 1.0과 2.0의 비교

구분	방산보안 1.0	방산보안 2.0
보호대상	군사기밀 위주	방위산업기술 포함
대상기관	방산업체 위주	국가기관, 민간기관으로 확대
위협	물리적 위협 위주	사이버 위협 증대
무기체계 보안	미미	RMF, 안티탬퍼 적용
제도	폐쇄적	개방적 제도, 지원 확대

방산보안 3.0 시대에 대한 개념 혹은 정의는 아직까지 뚜렷하지 않다. 최근 정부에서는 4차 산업혁명 시대의 정보 보호 패러다임으로서 데이터 분류 및 위험관리(risk management) 기반한 데이터 중심의 정보 보호 제도를 범정부 차원에서 추진 중이다. 방위산업에서 데이터 분류와 중요도에 따른 보안 체계가 시행된다면 이를 방산보안 3.0 시대로 정의할 수도 있다. 즉, 데이터 중심의 보안 체계에서는 군사기밀과 방위산업기술을 포괄적으로 하나의 데이터 분류 체계에서 중요도에 따라 다루게 되고 관련 법령 및 제도는 대대적이고 혁신적 변화가 수반되므로 이를 3.0 시대로 규정하려는 것이다. 또한, 데이터 중심의 보안 체계는 방산업체에 의무화되어 있는 물리적 망분리를 완화할 수 있어 혁신적인 변화를 수반하게 된다. 현행 방산보안 관련 법령은 정보의 중요도와 무관하게 인터넷과 분리된 네트워크의 내부망에서 모든 정보를 보호하려는 물리적 망분리 보안 체계를 규정하고 있지만 데이터 중심의 보안 체계에서는 데이터 중요도에 따라 내부망과 인터넷망에서 취급될 수 있게 된다.

또한, 류연승(2022)은 방산보안, 방산기술보호 및 방산방첩 등을 포함한 방산안보 개념을 제시하면서 방산보안 2.0 이후의 시대를 방산안보 시대로 제안하였다.[128]

128 류연승, "방산안보 개념과 전략", 제8회 방산기술보호 및 보안 워크숍, 2022.11.

그림 6-4 방산보안과 방산안보

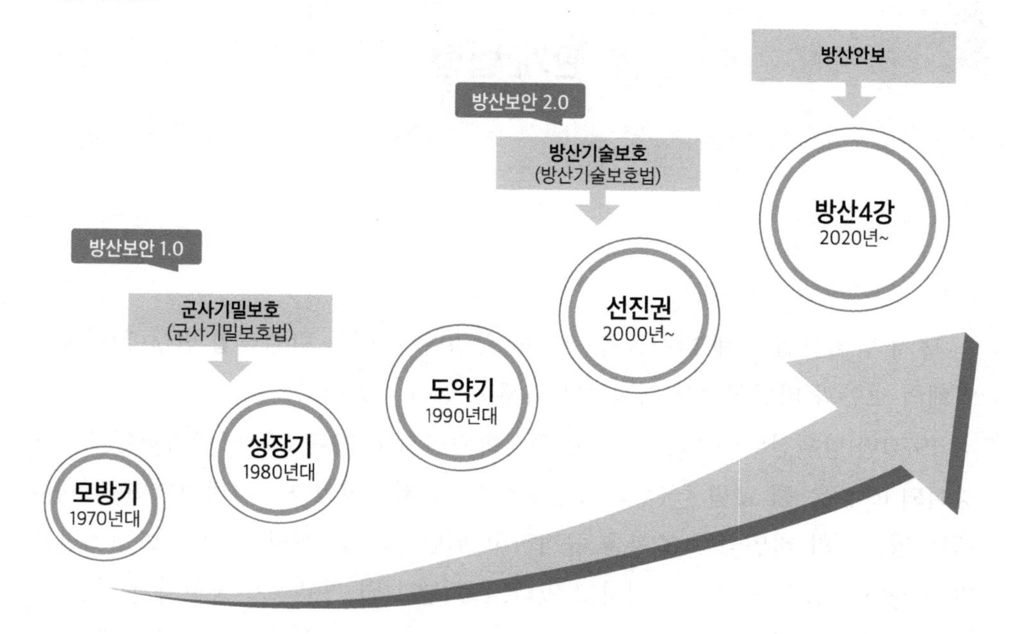

제2절

관계 법령

먼저 방위산업 관계 법령들을 간단히 설명한다. 이는 방위산업 법령에도 방산업체의 보안과 비밀엄수를 엄격하게 다루고 있기 때문이다.

1970년 방위산업에 대한 구상이 공식화되면서 1970년 8월 국방과학연구소가 창설되고 같은 해 12월 「국방과학연구소법」이 제정되었다. 「국방과학연구소법」에는 임직원의 비밀엄수 조항을 규정하고 위반 시 5년 이하의 징역 또는 5천만 원 이하의 벌금의 조항을 규정하고 있다. 1971년 11월 기본병기 국산화를 위한 번개사업 이후 방위산업의 본격적인 육성을 위해 제도적인 장치가 필요함에 따라 1973년 「군수조달에 관한 특별조치법」을 제정하였고, 동법은 1983년 「방위산업에 관한 특별조치법(방산특조법)」으로 명칭이 변경되었다. 「방산특조법」에는 방위산업, 방산물자, 방산업체 등 용어에 대한 정의, 방산업체 지정 및 취소에 관한 사항이 규정되었고 비밀보안 의무 등의 방산보안 사항도 규정되었다. 또한 주요 방산업체 근로자의 노동쟁의 행위는 제한 또는 금지된다. 「방산특조법」은 2006년 1월 「방위사업법」 제정 및 방위사업청 설립과 함께 폐지되었다. 「방위사업법 및 동법 시행령」에 방산업체의 보안요건이 규정되었다. 또한 「방위사업법」에 업무상 알게된 비밀의 엄수 조항이 규정되었고 위반 시 5년 이하의 징역이나 금고 또는 5천만 원 이하의 벌금에 처한다. 2021년 4월에는 「국방과학기술혁신촉진법」이 제정되었다. 동법에도 비밀유지의 의무를 규정하였고 위반 시 3년 이하의 징역 또는 3천만 원 이하의 벌금에 처한다. 2021년 12월에는 「방위산업발전 및 지원에 관한 법률」이 제정되었다.

「방위사업법」에 규정된바 방산업체로 지정받으려면 보안요건을 갖추어야 한다. 「방위사업법」 제3조 및 제35조에 따른 방산업체의 정의를 살펴보면 "방산물자를 생산하는 업체로서 대통령령이 정하는 시설기준과 보안요건 등을 갖추어 산업통상자원부 장관으로부터 지정받은 업체"로 정의된다. 즉, 방산업체로 지정받으려면 대통령령이 정하는 시설기준과 보안요건을 갖추어야 한다. 이러한 "보안요건"은 「방위사업법 시행령」 제44조에 [표 6-2]와 같이 규정되어 있다. 이러한 보안요건은 제3호에서 "비밀문서"의 보안대책을 규정했듯이 군사기밀을 취급하는 방산업체의 기밀 유출을 방지하기 위한 보안 체계 요건을 일컫는 것이다. 보안요건을 살펴보면, 방산보안의 보호대상은 지역 및 시설, 인원, 문서, 물자 및 원자재, 장비 및 설비, 통신시설 및 수단, 각종 자료의 정보처리 과정 및 결과자료 등으로 매우 범위가 넓다. 이러한 모든 보호대상에 대해 적절한 위험 평가와 보호대책을 마련해야 하지만 현행 법령이나 지침은 미흡한 것으로 보인다.

표 6-2 **방산업체의 보안요건**

제44조(보안요건 및 측정 등) ① 법 제35조제1항의 규정에 의한 보안요건은 다음 각 호와 같다.
1. 방산시설이 충분히 보호될 수 있는 지역 및 시설에 관한 보안대책
2. 방산업체에 종사하는 인원에 관한 보안대책
3. 비밀문서의 취급 및 보관 · 관리에 관한 보안대책
4. 방산물자 및 원자재에 관한 보호대책
5. 장비 및 설비의 보호대책
6. 통신시설 및 통신수단에 대한 보안대책
7. 각종 자료의 정보처리과정 및 정보처리 결과자료의 보호대책
8. 보안사고에 대비한 관계정보기관과의 유기적인 통신수단
9. 그 밖에 보안유지를 위하여 방위사업청장이 필요하다고 인정하는 보안대책

(출처: 방위사업법 시행령)

이상의 법령을 포함하여 방산보안 관련된 법령들을 정리하면 [표 6-3]과 같다. 표에서 나타낸 법령의 순서는 제정 연월 순서이고 법의 제정목적을 같이 나타냈다.

표 6-3 방산보안 주요 관계법령의 제정시기 및 제정목적

법령	제정 연월	제정목적
국가정보원법	1961. 06	국가정보원의 조직 및 직무범위와 국가안전보장 업무의 효율적인 수행을 위하여 필요한 사항을 규정함
보안업무규정	1964. 03	국가정보원법 제4조에 따라 국가정보원의 직무 중 보안 업무 수행에 필요한 사항을 규정함
군사기밀보호법	1972. 12	군사기밀을 보호하여 국가안전보장에 이바지함
방위산업보안 업무훈령	1977. 09	군사기밀보호법 및 동법 시행령, 보안업무규정 및 시행규칙, 방위사업법 및 동법 시행령에 따라 방위산업 보안업무 시행에 필요한 사항에 대해 규정함
대외무역법	1986. 12	대외 무역을 진흥하고 공정한 거래 질서를 확립하여 국제 수지의 균형과 통상의 확대를 도모함으로써 국민 경제를 발전시키는 데 이바지함
공공기관의 정보 공개에 관한 법률	1996. 12	공공기관이 보유·관리하는 정보에 대한 국민의 공개 청구 및 공공기관의 공개 의무에 관하여 필요한 사항을 정함으로써 국민의 알권리를 보장하고 국정(國政)에 대한 국민의 참여와 국정 운영의 투명성을 확보함
방위사업법	2006. 01	자주국방의 기반을 마련하기 위한 방위력 개선, 방위산업 육성 및 군수품 조달 등 방위사업의 수행에 관한 사항을 규정함으로써 방위산업의 경쟁력 강화를 도모하며 궁극적으로는 선진강군(先進强軍)의 육성과 국가경제의 발전에 이바지함
국방과학기술 정보관리 업무지침	2010. 03	국방과학기술정보 관리 업무를 효율적으로 수행하기 위하여 국방과학기술정보의 조사, 등록, 관리 및 관리 체계 구축·운영과 관련된 세부 업무절차 등을 규정함
방위산업기술 보호법	2015. 12	방위산업기술을 체계적으로 보호하고 관련 기관을 지원함으로써 국가의 안전을 보장하고 방위산업기술의 보호와 관련된 국제조약 등의 의무를 이행하여 국가신뢰도를 제고함
방위산업기술보호 지침	2019. 02	방위산업기술보호법 및 동법 시행령에 따라 대상기관의 방위산업기술보호에 필요한 방법과 절차 등을 제공하고, 방위사업청의 실태조사 등에 필요한 사항을 규정함
국방과학기술혁신 촉진법	2021. 04	국방과학기술혁신을 위한 기반을 조성하여 국방과학기술을 혁신하고 국가경쟁력을 강화함으로써 강한 국방을 도모하며 나아가 국가 경제 발전에 이바지함

방산보안 관계 법령에서 명시하고 있는 보호대상을 요약하면 [표 6-4]와 같다.

표 6-4 방산보안 관계 법령의 보호대상

법령	방위산업 관련 보호대상
국가정보원법	방산보안과 관련있는 국가기밀의 보호를 다룸 • **국가기밀**(국가의 안전에 대한 중대한 불이익을 피하기 위하여 한정된 인원만이 알 수 있도록 허용되고 다른 국가 또는 집단에 대하여 비밀로 할 사실 · 물건 또는 지식으로서 국가기밀로 분류된 사항)에 속하는 **문서 · 자재 · 시설 · 지역**(제4조) • 국가안전보장에 한정된 국가기밀을 취급하는 인원(제4조)
보안업무규정	• **비밀**(국가기밀로서 비밀로 분류된 것)(제2조) • **국가보안시설(방위산업시설)**(제32조, 시행규칙 제52조의2) • **국가보호장비**(제32조, 시행규칙 제52조의2) • **대외비**('공공기관의공개정보에관한법률'의 '비공개 대상 정보' 중 직무 수행상 특별히 보호가 필요한 사항)(시행규칙 제16조)
군사기밀보호법	• **군사기밀**(일반인에게 알려지지 아니한 것으로서 그 내용이 누설되면 국가안전보장에 명백한 위험을 초래할 우려가 있는 군(軍) 관련 문서, 도화(圖畵), 전자기록 등 특수매체기록 또는 물건으로서 군사기밀이라는 뜻이 표시 또는 고지되거나 보호에 필요한 조치가 이루어진 것과 그 내용)(제2조)
방위산업보안업무훈령	• 방위산업과 관련하여 **국가안보에 필요한 유무형의 자산(인원, 문서, 자재, 시설, 정보통신, 군사기밀, 국방기술** 등)(제1장제3조, 별표 1) • **비공개 대상 정보**('공공기관의공개정보에관한법률'의 '비공개 대상 정보') • **방산관련 비밀**(군사비밀의 일부로서 방산업체 및 방산관련업체에서 방산물자를 연구개발하거나 제조, 시험분석, 납품 또는 수출하는 과정에서 보호하여야 하는 모든 군사비밀(별표 1) • **방산관련 주요자료**(방산관련 비밀 및 방산기술 자료는 아니지만 연구개발, 시험평가, 제안서, 연간생산계획 등 대외 누설 및 유출 시 방산보안에 유해하거나, 방위산업에 미치는 영향을 고려할 때 관리가 필요한 자료로서 세부적인 분류는 업체의 자체 보안내규로 정함)(제149조, 별표 1)

	• **방산관련 일반자료**(방산관련 비밀 및 방산기술 자료, 방산관련 주요자료를 제외한 군 및 방산관련 자료 일체로서 세부적인 분류는 업체의 자체 보안내규로 정함(별표 1)
대외무역법	• **전략물자** 수출통제(제19조) • **업무상 비밀**(제27조)
공공기관의 정보공개에 관한 법률	• **비공개 대상 정보**(8개가 규정되어 있으며, 그중에서 "국가안전보장 · 국방 · 통일 · 외교관계 등에 관한 사항으로서 공개될 경우 **국가의 중대한 이익을 현저히 해칠 우려가 있다고 인정되는 정보**"가 국방/방산에 해당됨)(제9조)
방위사업법	• 방산업체 **경영권**(제35조) • 방위산업 **시설**(제49조) • 방위산업 **업무중 알게된 비밀**(제50조) • **방산물자 및 국방과학기술**의 수출통제(제57조) • 방산 **시설, 인원, 비밀문서, 방산물자 및 원자재, 장비 및 설비, 통신시설 및 통신수단, 각종 자료의 정보처리과정 및 정보처리 결과자료, 관계정보기관과의 통신수단**(시행령 제44조)
국방과학기술 정보관리 업무지침	• **관리대상 국방과학기술정보**(제8조, 제20조, 제21조)
방위산업기술보호법	• **방위산업기술**(방위산업과 관련한 국방과학기술 중 국가안보 등을 위하여 보호되어야 하는 기술로서 방위사업청장이 지정하고 고시한 것)(제2조) • **직무상 알게 된 비밀**(제19조)
방위산업기술보호지침	제3조(**방위산업기술 보호대상**) • 방위산업기술 등의 도면(관련 소프트웨어를 포함한다) 및 품질보증 요구서 • 방위산업기술 등을 설명하는 규격서 및 보고서 • 방위산업기술 등이 포함된 견본, 시제품, 전자매체기록, 기술자료(Technical Data) • 그 밖에 방위산업기술 등을 포함하는 자료
국방과학기술혁신촉진법	• **업무과정에서 알게 된 비밀**(제18조)

법령 중에서 직접적으로 방산보안을 목적으로 제정된 법령으로는 국방부 훈령인 「방위산업보안업무훈령」과 「방위산업기술보호법」이 있다.

방산업체들의 방산보안 업무를 위해 사용할 지침으로서 국방부는 1977년 「방위산업보안업무시행규칙」을 제정하였고 현재 「방위산업보안업무훈령」으로 이어져 왔다. 「방위산업보안업무훈령」의 제1조(목적)에는 "이 훈령은 군사기밀보호법 및 동법 시행령, 보안업무규정 및 시행규칙, 방위사업법 및 동법 시행령에 따라 방위산업 보안업무 시행에 필요한 사항을 규정함을 목적으로 한다"라고 명시되어 있다.

「방위산업보안업무훈령」은 방위산업과 관련하여 국가안보에 필요한 유무형의 자산(인원, 문서, 자재, 시설, 정보통신, 군사기밀, 국방기술 등)을 보호대상으로 하고 있어 군사기밀, 기술자료 등의 보호 및 각종 보안사항을 규정하고 있기에 사실상 방산보안을 포괄적으로 다루고 있다. 그러나, 동 훈령은 여러 한계를 갖고 있다. 첫째, 국방부의 내부 행정규칙이기에 내부적 효력만을 갖는다. 법규적 성질이 없으므로 훈령의 규정을 위반하여도 형사처벌할 수 있는 근거가 없다. 군사기밀 누설은 「군사기밀보호법」으로, 방위산업기술 유출·침해는 「방위산업기술보호법」으로 처벌할 수 있지만 그 외 보호대상의 유출 또는 침해는 위반한 방산업체에서 직원의 징계에 그치거나 업무상 배임 또는 횡령 등의 가벼운 처벌에 그치고 있다. 둘째, 보호대상 중 국방기술에 대해서 '방산 관련 주요자료'와 '방산 관련 일반자료'를 정의하고 있으나 방위산업기술은 「방위산업기술보호지침」(방사청 훈령)이 별도로 있어 방산업체 기술자료의 보호 체계가 종합적으로 다루어지지 않고, 한편으로는 중복된 문제점을 보이고 있다. 셋째, 방산보안의 종합적인 정책의 수립 근거가 없다. 일반적으로 타 보안 관련 법은 종합계획(또는 기본계획)을 3년마다 수립하고 매년 시행계획을 수립하여 체계적으로 제도를 발전시키고 법의 대상기관을 지원하고 있다. 그러나 훈령은 그러한 종합계획 및 시행계획을 수립하지 못한다.

제3절

담당기관

앞 절에서 다루었듯이 방산보안의 관계 법령은 보호대상 또는 제정목적에 따라 여러 개로 산재해 있으며 법령별로 담당하는 행정기관이 다르다. 본 절에서는 방산보안 담당기관 중에서 주요 담당기관과 업무를 살펴본다.

1. 국가정보원

우선, 우리나라의 국가기밀 보안 업무와 정책을 총괄하는 행정기관은 국가정보원이다. 「국가정보원법」 제4조(직무) 제2항에 "국가기밀에 속하는 문서·자재·시설·지역 및 국가안전보장에 한정된 국가기밀을 취급하는 인원에 대한 보안 업무"를 규정하고 제5항에 "정보 및 보안 업무의 기획·조정"을 직무로 규정하고 있다. 또한, 보안 업무수행에 필요한 사항을 대통령령인 「보안업무규정」에 정의하고 있다. 이에 따라 국가정보원은 군사기밀을 포함한 국가기밀의 보안 업무정책을 총괄하고 있다. 그런데 「보안업무규정」 제45조(권한의 위탁) 규정에 따라 신원조사, 보안측정, 보안사고 조사를 국방부장관에게 위탁할 수 있고, 「방위사업법」에 따른 방산업체, 연구기관 등에 대한 보안측정 및 보안사고 조사도 국방부에 위탁한다.[129]

129 「보안업무규정」 제45조(권한의 위탁) ① 국가정보원장은 제36조에 따른 신원조사와 관련한 권한의 일부를 국방부장관과 경찰청장에게 위탁할 수 있다.
② 국가정보원장은 필요하다고 인정할 때에는 각급기관의 장에게 제35조에 따른 보안측정 및 제38조에 따른 보안사고 조사와 관련한 권한의 일부를 위탁할 수 있다. 다만, 국방부장관에 대한 위탁은 국방부 본부를 제외한 합동참모본부, 국방부 직할부대 및 직할기관, 각군, 「방위사업법」에 따른 방위산업체, 연구기관 및 그 밖의 군사보안대상의 보안측정 및 보안사고 조사로

「국가정보원법」 제4조(직무) 제1항에 방첩 업무의 수행을 규정하고 있으며 여기에는 방위산업 침해에 대한 방첩을 포함하고 있다.[130] 이에 따라 국가정보원은 방위산업에 대한 외국 등의 정보활동을 찾아내고 그 정보활동을 확인 · 견제 · 차단하기 위하여 하는 정보의 수집 · 작성 및 배포 등을 포함한 모든 대응활동을 수행한다. 이를 위한 조직으로 "방위산업침해대응센터"를 운영하고 있다.[131] 동 센터는 방위산업기술 · 인력의 해외유출 등 외국에 의한 우리나라 방위산업 침해 행위 차단을 위한 방첩 활동, 전략물자 불법 수출 차단활동, 군사기밀 및 방위산업기밀을 보호하기 위한 예방활동과 군사기밀보호법 위반행위에 대한 대응활동 등을 수행한다.

2023년 9월에는 국가정보원의 주도에 의해 15개 방산업체, 7개 정부기관 및 7개 유관 단체로 구성된 방산안보 협의체인 "방위산업침해대응협의회"를 조직하였다.[132] 협의회는 방산침해 대응 기반 혁신, 방산기술보호 기반 강화, 방위산업 글로벌 진출 확대 기반 강화, 방산 침해 조기경보 체계 구축, 민관협력 통합 플랫폼 형성 등 5대 전략을 수립하고 방산 침해 대응활동을 전개한다. 조기경보 체계는 국정원, 국방부, 산업부, 방사청, 방첩사와 유관 기관이 협력해 K-방산 위상 저해 요인을 선제 발굴하고 업계에 실시간으로 공유하는 시스템이다. 민관협력 통합 플랫폼은 업체를 중심으로 방산침해 관련 제도개선 의견 수렴 절차를 마련하고 방산 수출 시 기술 보호 방안을 수립한다.

2. 국방정보본부

국방부 직할부대인 국방정보본부는 해외/특수 정보 업무를 총괄하고 대정보

한정한다.

130 「국가정보원법」 제4조(직무) 1. 나. 방첩(산업경제정보 유출, 해외연계 경제질서 교란 및 방위산업침해에 대한 방첩을 포함한다), 대테러, 국제범죄조직에 관한 정보

131 방위산업침해대응센터 홈페이지(https://www.nis.go.kr/ID/1_7_8.do).

132 연합뉴스, "방산침해 대응협의회 첫 정기총회... 조기경보 체계 등 전략 수립", 2023년 12월 (https://www.yna.co.kr/view/AKR20231211107600504).

및 군사보안 업무를 포함한 국군의 모든 정보 업무를 총괄하는 정보기관이다. 대통령령인 「국방정보본부령」 제1조2(업무)를 살펴보면 제4항에 방위산업에 필요한 정보지원 업무, 제8항에 방위산업 보안정책에 관한 업무가 명시되어 있다.[133] 이에 따라 국방정보본부는 보안암호정책과에서 방산보안 담당 인원을 두고 있다. 「방위산업보안업무훈령」의 주무기관이다.

3. 국군방첩사령부

국군방첩사령부는 군의 정보 및 방첩기관이다. 주요 업무로는 군 보안 업무, 군 방첩 업무, 군 관련 정보의 수집 · 작성 및 처리 업무, 군 범죄의 수사 등이다.[134]

---

133 「국방정보본부령」 제1조의2(업무) 4. 군사외교 및 방위산업에 필요한 정보지원 업무
8. 사이버보안을 포함한 군사보안 및 방위산업 보안정책에 관한 업무

134 「국군방첩사령부령」 제4조(직무) ① 사령부는 다음 각 호의 직무를 수행한다.
1. 다음 각 목에 따른 군 보안 업무
가. 「보안업무규정」 제45조제1항 단서에 따라 국방부장관에게 위탁되는 군사보안에 관련된 인원의 신원조사
나. 「보안업무규정」 제45조제2항 단서에 따라 국방부장관에게 위탁되는 군사보안대상의 보안측정 및 보안사고 조사
다. 군 보안대책 및 군 관련 보안대책의수립 · 개선지원
라. 그 밖에 국방부장관이 정하는 군인 · 군무원, 시설, 문서 및 정보통신 등에 대한 보안 업무
2. 다음 각 목에 따른 군 방첩 업무
가. 「방첩업무규정」 중 군 관련 방첩업무
나. 군 및 「방위사업법」에 따른 방위산업체 등을 대상으로 한 외국 · 북한의 정보활동 대응 및 군사기밀 유출 방지
다. 군 방첩대책및 군 관련 방첩대책의 수립 · 개선지원
3. 다음 각 목에 따른 군 관련 정보의 수집 · 작성 및 처리 업무
가. 국내외의 군사 및 방위산업에 관한 정보
나. 대(對)국가전복, 대테러 및 대간첩작전에 관한 정보
다. 「방위사업법」에 따른 방위산업체 및 전문연구기관, 「국방과학연구소법」에 따른 국방과학연구소 등 국방부장관의 조정 · 감독을받는 기관 및 단체에 관한 정보
라. 군인 및 군무원, 「군인사법」에 따른 장교 · 부사관임용예정자 및 「군무원인사법」에 따른 군무원 임용예정자에 관한 불법 · 비리정보
4. 「군사법원법」 제44조제2호에 따른 범죄의 수사에 관한 사항
5. 다음 각 목에 따른 지원 업무
다. 방위사업청에 대한 방위사업 관련 군사보안 업무 지원

국군방첩사령부는 「국군방첩사령부령」 제4조(직무) 제1항, 「방위사업법시행령」 제44조(보안요건 및 측정 등) 제1항, 「보안업무규정」 제45조(권한의 위탁) 제2항에 따라 방산기밀 보호를 위해 방산업체에 대한 보안, 방첩 및 정보 업무 등을 수행한다.[135]

국군방첩사령부의 방산보안 주요 업무는 다음과 같다. 첫째, 방산분야 종사자에 대한 신원조사를 수행하여 검증되지 않은 인원이 방산기밀에 접근하지 못하도록 예방하는 일을 수행한다. 둘째, 방산업체 정보 체계의 안전한 개발과 도입을 위해 해당 체계의 운용환경에 적합한 보안대책을 검토·반영하는 등 정보통신 시스템 및 방산 관련 비밀보호를 위한 보안활동을 수행하고 있다. 셋째, 방산업체의 보안측정을 수행한다. 보안측정은 방산보안의 대상인 시설, 장비 등을 테러나 파

라. 군사보안에관한 연구·지원

135 「국군방첩사령부령」 제4조(직무) ① 사령부는 다음 각 호의 직무를 수행한다.
1. 다음 각 목에 따른 군 보안 업무
가. 「보안업무규정」 제45조제1항 단서에 따라 국방부장관에게 위탁되는 군사보안에 관련된 인원의 신원조사
나. 「보안업무규정」 제45조제2항 단서에 따라 국방부장관에게 위탁되는 군사보안대상의 보안측정 및 보안사고 조사
다. 군 보안대책 및 군 관련 보안대책의수립·개선지원
라. 그 밖에 국방부장관이 정하는 군인·군무원, 시설, 문서 및 정보통신 등에 대한 보안 업무
2. 다음 각 목에 따른 군 방첩 업무
가. 「방첩업무규정」 중 군 관련 방첩업무
나. 군 및 「방위사업법」에 따른 방위산업체 등을 대상으로 한 외국·북한의 정보활동 대응 및 군사기밀 유출 방지
다. 군 방첩대책및 군 관련 방첩대책의 수립·개선지원
3. 다음 각 목에 따른 군 관련 정보의 수집·작성및 처리 업무
가. 국내외의 군사 및 방위산업에 관한 정보
나. 대(對)국가전복, 대테러 및 대간첩작전에 관한 정보
다. 「방위사업법」에 따른 방위산업체 및 전문연구기관, 「국방과학연구소법」에 따른 국방과학연구소 등 국방부장관의 조정·감독을받는 기관 및 단체에 관한 정보
라. 군인 및 군무원, 「군인사법」에 따른 장교·부사관임용예정자 및 「군무원인사법」에 따른 군무원 임용예정자에 관한 불법·비리정보
4. 「군사법원법」 제44조제2호에 따른 범죄의 수사에 관한 사항
5. 다음 각 목에 따른 지원 업무
다. 방위사업청에 대한 방위사업 관련 군사보안 업무 지원
라. 군사보안에관한 연구·지원

괴, 도청, 해킹 등 각종 위협요소로부터 보호하는 데 필요한 보안대책을 강구하기 위해 문서, 시설, 인원, 정보통신 등 보안 업무 전반에 걸쳐 취약요인을 종합적으로 진단하는 일을 말한다. 넷째, 「방위산업보안업무훈령」의 이행 여부를 감사하는 보안감사 업무를 담당하고 있다. 다섯째, 방산업체의 보안관계관(보안담당관, 보관책임관 등)을 대상으로 직무지식 및 실무 능력을 함양시키기 위한 소집교육을 시행하고 있다. 이외에도 국군방첩사령부의 주요 임무인 방첩, 수사 업무를 통해 방산보안 업무를 수행하고 있다. 안보사범(군사간첩, 군사기밀 수집·유출자 등)을 찾아 사법처리하고, 외국 및 외국정보기관의 군 정보수집 행위를 예방하기 위해 방첩 수사활동을 수행하고 있다.

4. 방위사업청

방위사업청은 2012년 기술통제관을 두고 국방과학기술의 수출통제 및 보호 업무를 시작하였다. 2015년 12월 「방위산업기술보호법」이 제정되고 2016년 6월 시행됨에 따라 2018년 국방기술보호국을 신설하고 4개 과를 두고 현재에 이르고 있다. 2022년에는 국방기술품질원 산하에 방위산업기술보호센터를 신설하였다.

방위사업청은 「방위산업기술보호법」에 따라 종합계획과 시행계획을 수립하고 방산기술보호 업무를 수행하고 있다. 방위산업기술 보호 대상기관의 방산기술 보호 체계 점검을 위해 매년 국가정보원, 국군방첩사령부와 합동으로 통합실태조사를 수행하고 있다. 또한, 방위산업기술 보호 대상기관을 대상으로 매년 방산기술보호 교육을 무료로 제공하고 있고, 중소·중견기업을 대상으로 "방위산업기술 보호 체계 구축 운영 지원사업" 등을 수행하고 있다.

또한, 국제적 방산기술보호 협력 체계 강화를 위해 방사청은 다양한 활동을 전개하고 있다. 무기거래조약 실무그룹회의, 바세나르체제 회의 참석 등을 통한 다자협력과 주요 방산 협력국과 MOU 체결 등을 통해 양국 간 기술 보호 정책 정보를 교환하고 공조 체계를 구축하고 있다. 또한, 매년 방산기술보호 국제 콘퍼런스를 개최하고 있으며, 미국의 방산기술보호 담당 기관인 DTSA(Defense Technology Security Administration)에서도 참석하여 협력하고 있다.

5. 전략물자관리원

전략물자관리원은 「대외무역법」에 근거하여 2007년에 설립된 산업부 산하 기관으로 전략물자의 지정 및 판정, 전략물자의 수출통제 등의 무역안보 업무를 담당하고 있다.[136] 이외에도 국내외 정책과 제재 동향을 분석하여 정책기관과 기업에 제공하고, 다양한 교육 컨설팅, 전문인력 양성 등을 지원하고 있다.

전략물자는 「대외무역법」 제19조에 따라 고시된 물품으로 국제 수출통제체제의 원칙에 따라 국제평화와 안전유지와 국가안보를 위해 수출허가 등 제한이 필요한 물품이다. 전략물자는 군수품에 쓰일 수 있기 때문에 국제조약에 의해 수출입을 관리한다. 전략물자의 대표적인 불법 수출 사건으로 1987년 일본의 도시바 사건이 있다. 도시바는 노르웨이의 콩스버그를 통해서 소련으로 전략물자로 지정된 고성능 CNC 기기를 팔았고 이는 소련 핵잠수함에 사용되었다.

이처럼 민간에 쓰이는 기술이나 물품이 군용으로 사용될 수 있는 것을 이중용도(dual use) 기술·물품이라 한다. 대표적인 4대 국제 수출통제체제는 재래식 무기에 사용되는 군용물자 및 이중용도를 통제하는 바세나르 체제(The Wassenaar Arrangement), 미사일 및 운반체의 이중용도를 통제하는 미사일 기술통제체제(Missile Technology Control Regime), 생화학무기의 이중용도를 통제하는 호주 그룹(Australia Group), 핵무기의 이중용도를 통제하는 핵공급 그룹(Nuclear Suppliers Group)이 있다.

6. 경찰

경찰은 방위산업기술 유출 범죄 및 방산비리 범죄에 대한 수사를 담당하고 있다. 경찰은 2021년 「형사소송법」 개정과 함께 경찰청 내에 국가수사본부를 창설하였고 산하에 정보 및 방첩기관으로 안보수사국을 설립하였다. 안보수사국은 기존의 경찰청 보안국의 업무, 대공 수사 업무, 산업기술 유출, 테러 등 신안보사범의 수사 업무까지 맡고 있다. 시도청 단위에서도 기존 보안과를 안보수사과로 변

136 2024년 8월부터 무역안보관리원으로 명칭이 변경된다.

경하고 산업기술유출 테러 전담수사대를 신설하였다. 시도청 아래 각 경찰서도 안보과 안보계 등을 두고 안보수사팀을 신설하였다. 기존 대공수사 위주에서 테러 및 방첩·산업기술 유출 등 다양한 안보위협에 선제적으로 대응하기 위해 경찰 내 안보수사 사무를 총괄 수행하는 전문조직으로 확대하였고 산업기술·영업비밀 등의 기술유출 범죄, 「방위사업법」 위반, 방산기술유출 등과 같은 방위사업 분야 범죄 등의 경제안보위해 범죄에 대응하고 있다.

제4절

방산보안 체계

본 절에서 설명하는 방산보안 체계란 방산업체 및 방산관련업체 등이 갖추어야 할 방산보안의 체계를 의미한다. 이러한 방산보안 체계는 업체들이 스스로 구축하기는 어려우며 국가의 법령에 의해 의무화해야 갖추게 된다. 방산보안을 목적으로 제정된 법령은 「방위산업보안업무훈령」과 「방위산업기술보호법」이다. 이 두 법령은 업체들이 갖추어야 할 보안 체계를 각각 규정하고 있다. 따라서 방산보안 체계는 크게 「방위산업보안업무훈령」에 따른 군사기밀 중심의 보안 체계와 「방위산업기술보호지침」에 따른 방위산업기술 보호 체계로 구분하여 살펴볼 수 있다.

1. 방위산업보안업무훈령에 의한 보안 체계

「방위산업보안업무훈령」은 국방부 훈령이며 「방위사업법」, 「군사기밀보호법」 등에서 요구하는 방위산업의 보안 업무에 대한 지침이다. 국방정보본부는 「방위산업보안업무훈령」의 주무기관으로 동 훈령 업무를 위한 제반 방침과 계획을 수립하고 조정·통제 업무를 수행한다. 국군방첩사령부는 방산업체 및 방산관련 기관(단체)들이 동 훈령에 따라 보안 업무수행을 하도록 지원 업무를 수행한다.

훈령은 2023년 기준으로 다음과 같이 총 8장, 40절 165개조로 구성되어 있다.

그림 6-5 방위산업보안업무훈령의 구성

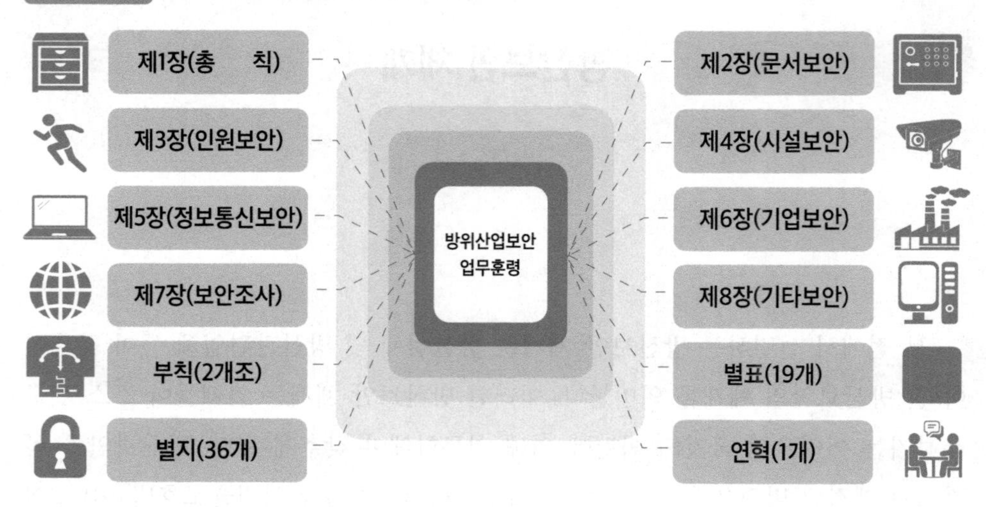

훈령의 제1장(총칙)에 정의된 훈령의 적용범위 즉 대상기관은 다음과 같다.

- 방산 업무에 관하여 국방부장관의 조정·통제를 받는 부대·기관 및 방위사업청 등(방산관련 기관)
- 「방위사업법」에 따라 정부에서 지정한 방산업체
- 방산관련업체[137]
- 한국방위산업진흥회 등 방산관련 단체

적용범위의 대상기관은 훈령에 규정하고 있는 문서보안, 인원보안, 시설보안, 정보통신보안, 기업보안, 기타보안 등 6개 분야의 보안 체계를 구축하고 운용해야 한다. 보안 체계 6개 분야의 내용은 다음의 [그림 6-6]에서 보듯이 훈령의 장·절 제목으로 유추할 수 있다.[138]

137 방산관련업체란 방산업체 외의 일반업체가 방위사업관련 계약을 체결하고 보안측정을 받은 경우. 하도급업체, 시제업체, 비밀발간업체, 종합군수지원 개발업체, 수송업체, 군 무역대리점, 방산보험 과련 단체 업체, 관세법인 등을 포함한다.

138 「방위산업보안업무훈령」은 비공개 자료이므로 구체적인 내용을 공개할 수 없다.

그림 6-6 방위산업보안업무훈령의 보안 체계

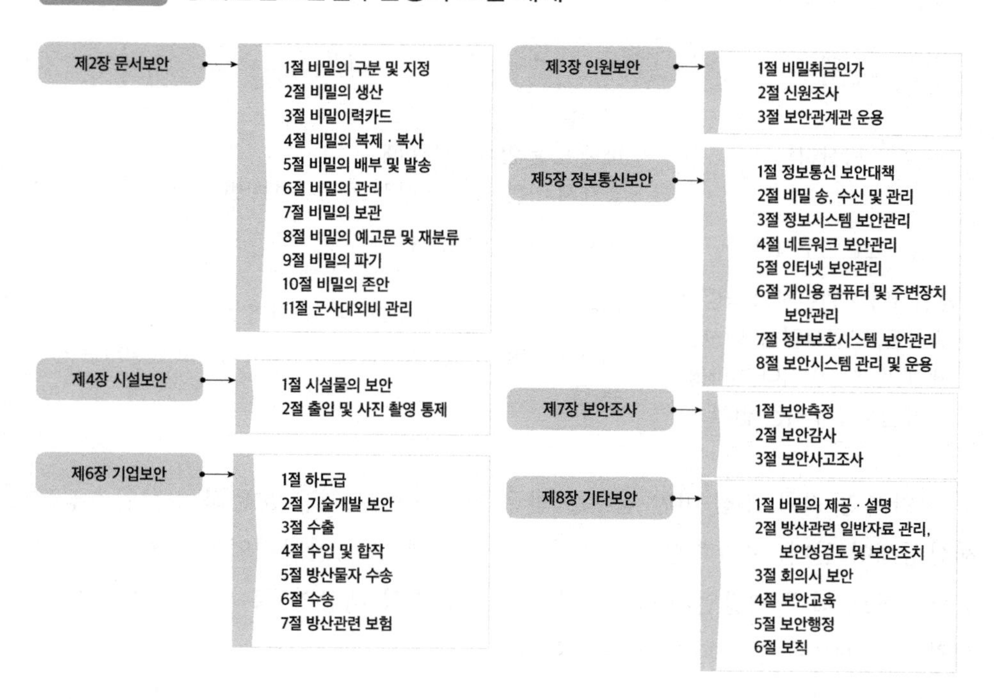

훈령 제7장은 보안측정, 보안감사, 보안사고조사를 다루고 있다. 보안측정은 「방위사업법」에서 규정한 보안요건을 진단하기 위한 활동이다. 즉, 방위산업 보호대상을 보호하기 위해 보안 업무 전반에 걸쳐 보안취약요인을 진단하는 조사 활동을 말한다. 보안측정 대상과 시기는 다음과 같다. 훈령 별표에는 보안측정 자가진단 항목표가 제공되어 있다.

표 6-5 보안측정 대상 및 시기

대상	시기
방산업체	- 지정될 때 - 매매 또는 인수합병될 때 - 소재지 이전, 대표자 변경 등 중요정보 변경 시
전문연구기관	- 방사청장이 위촉할 때
방위사업과 관련하여 국방부 및 각군, 방위사업청, 방산업체와 계약 중이거나 계약을 체결하고자 하는 업체	- 비밀을 취급하거나 탐색/체계개발사업 참여 시 - 기타 사업발주기관, 방산업체에서 필요하다고 인정하는 경우 등

보안측정 결과 75점 미만 점수를 받은 경우, 미흡사항을 보완하여 보안측정을 재신청해야 한다. 보안측정 유효기간은 방산업체 및 방산관련업체는 3년이며 전장관리정보 체계 개발업체 등은 1년이다. 보안측정 대상업체는 유효기간 도래 3개월 전에 보안측정을 다시 받아야 한다.

보안측정의 점검 분야는 문서보안, 인원보안 등 5개 분야이며 각 분야별 세부 점검항목이 정의되어 있다. 보안측정은 주요방산업체, 일반방산업체, 방산관련업체로 구분하여 점검항목을 다르게 구성하는 특징이 있다.

표 6-6 보안측정의 점검 분야 및 점검항목 수

점검 분야	보안측정 대상별 점검항목 수		
	주요방산업체	일반방산업체	방산관련업체
문서보안	4	4	4
인원보안	9	7	7
시설보안	22	20	16
정보통신보안	41	41	26
기업보안	3	3	2
합계	79	75	55

보안감사는 방산업체 등의 군사기밀 또는 방산관련 주요자료의 보안관리 실태 확인을 위한 것이다. 보안감사에서는 군사기밀의 보안관리 등에 필요한 기본계획 및 보호대책, 군사기밀 보호를 위한 전담 인원 지정 운영, 군사기밀 보안관리실태 등과 관련한 점검, 군사기밀 소유현황 및 비밀취급 인가자 현황의 기록·유지 등을 확인한다. 「방위산업기술보호법」이 시행된 후 방산업체에 대한 방산기술보호 실태조사가 2018년에 시작되었는데 보안감사와 중복된 점검항목이 많아 보안감사와 통합되어 2020년부터 통합실태조사가 시행되었다.[139]

보안사고조사는 훈령을 미준수한 보안위반 사항과 비밀의 분실, 유출, 누설, 방산물자 분실, 대외 유출 등에 대한 보안사고를 조사하는 것이다. 방산업체 및 관련기관은 보안사고 발생 시에는 지체 없이 국군방첩사령부에 보안조사를 요청하고, 이를 국방부장관(국방정보본부장)에게 보고하여야 한다. 훈령 별표에는 보안사고(위반)자의 처리기준이 있으며 중징계, 경징계, 경고로 구분하여 처벌한다.

또한, 「방위산업보안업무훈령」은 사안에 따라 각종 지침을 별표에 추가하고 있으며 현황은 다음과 같다.

- 방산업체 보안수준별 보안조직 및 인력 구성 지침
- 비밀 전자문서 보안조치 수행지침
- 사용자 계정 및 비밀번호의 관리운용 지침
- 정보보호 시스템 보안관리 지침
- 망분리 시스템 보안관리 지침
- 정보 시스템 저장매체 불용처리 지침
- 보안 시스템 관리 및 운용 지침
- 클라우드 시스템 보안관리 지침
- 방산업체 보안수준확인(FSC)[140] 업무지침
- 재택근무 시스템 보안관리 지침

139 통합실태조사는 뒷 절에서 다시 다룬다.

140 보안수준확인(FSC, Facility Security Clearance)은 방산업체가 외국정부(기관) 또는 외국업체와 연구개발, 계약이나 계약관련 사전협의 등 방산 협력을 하는 경우 외국정부(기관)로부터 방산업체에 대한 보안수준확인 요청을 받을 때 국방정보본부가 이를 발급한다.

2. 방위산업기술보호법에 의한 방산기술보호 체계

「방위산업기술보호법」에 적용받는 대상기관은 방위산업기술 보호 체계를 구축해야 한다. 대상기관은 방위산업기술을 보유하거나 방위산업기술과 관련된 연구개발사업을 수행하고 있는 기관으로서 다음 중 어느 하나에 해당하는 기관이다.

- 「국방과학연구소법」에 따른 국방과학연구소
- 「방위사업법」에 따른 방위사업청 · 각군 · 국방기술품질원 · 방위산업체 및 전문연구기관
- 그 밖에 기업 · 연구기관 · 전문기관 및 대학 등

대상기관은 「방위산업기술보호법」에서 정의하는 다음의 세가지 방위산업기술 보호 체계를 구축 · 운영해야 한다.

첫째, 보호대상 기술의 식별 및 관리 체계이다. 이는 대상기관이 체계적으로 보호대상 기술을 식별하고 관리하는 체계로 다음과 같다.

① 대상기관이 보유하고 있거나 연구개발을 통하여 확보한 기술 중 방위산업기술을 분류 · 식별하는 체계

② 방위산업기술과 관련된 정보를 체계적으로 축적 · 관리할 수 있도록 하는 인적 · 물적 체계

둘째, 인원통제 및 시설보호 체계이다. 이는 허가받지 않은 사람의 출입 · 접근 · 열람 등을 통제하고, 방위산업기술과 관련된 시설을 탐지 및 침해 등으로부터 보호하기 위한 체계로 다음과 같다.

① 방위산업기술 보호책임자의 임명, 보호구역의 설정 및 출입 제한을 통한 인원통제 체계

② 보호구역에 보안장비 설치를 통한 방위산업기술에 대한 불법적인 접근을 탐지하는 시설보호 체계

셋째, 정보 보호 체계이다. 이는 방위산업기술과 관련된 정보를 안전하게 보호하고, 이에 대한 불법적인 접근을 탐지 및 차단하기 위한 체계로 다음과 같다.

① 방위산업기술을 안전하게 저장 · 전송할 수 있는 암호화기술 등을 이용한 보안 체계

② 컴퓨터바이러스 등으로부터 방위산업기술 침해를 방지하기 위한 소프트웨어 설치를 통한 보호 체계

③ 방위산업기술 정보에 대한 침입을 탐지·차단하기 위한 방화벽 및 보안관제 시스템 설치를 통한 보호 체계

④ 방위산업기술 정보에 접속하는 시스템·컴퓨터 등에 대한 외부망 차단 체계

2019년에 대상기관에게 제공할 방위산업기술 보호 체계 구축 및 운영을 위한 지침으로 방위사업청 훈령인 「방위산업기술보호지침」이 제정되었다. 동 지침은 여러 차례 개정되어 왔으며 2023년 기준으로 다음과 같이 총 9장 46조로 구성되어 있다.

표 6-7 방위산업기술보호지침의 목차

제1장 총칙
제2장 기술의 식별 및 관리
제3장 인원통제
제4장 시설보호
제5장 정보보호
제6장 연구개발시 방위산업기술보호
제7장 수출 및 국내이전 시 보호
제8장 방산협력업체 기술보호
제9장 방위산업기술보호 실태조사 실시 및 결과 조치 등

방위사업청은 국가정보원, 국군방첩사령부와 함께 대상기관의 방위산업기술 보호 체계 운영을 진단하기 위해 매년 실태조사를 실시하고 있다. 방위산업기술 보호 실태조사는 2018년에 시작되었는데, 「방위산업보안업무훈령」에 따라 매년 실시하고 있는 보안감사와 중복된 내용이 많아 보안감사와 통합되어 2020년부터는 통합실태조사라는 이름으로 실시되고 있다. [그림 6-7]은 통합실태조사 시행 초기에 보안감사를 통합하는 근거로 방위사업청에서 발표한 자료이다.

그림 6-7 통합실태조사 시행의 취지

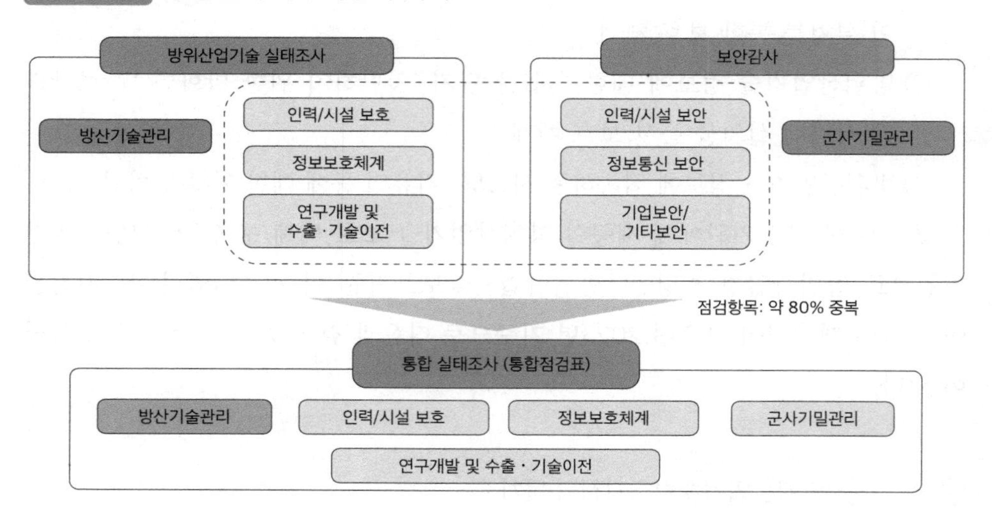

통합실태조사에서 조사하는 내용은 2022년 기준으로 다음 표와 같이 6개 분야, 43개 지표, 221개 점검항목이다. 6개 분야 중에서 군사기밀관리는 보안감사에서 다루던 것이고 나머지 분야는 방산기술보호의 실태조사에서 다룬다.

표 6-8 통합실태조사 점검분야 및 점검항목

점검 분야 (6개)	방위산업기술보호체계의 구축 · 운영(방산기술보호법)					방산보안 업무훈령
	기술의 식별 · 관리	인력통제	시설보호	정보보호	연구개발 및 수출 · 기술이전 /협력업체 기술보호	군사기밀 관리
점검 지표	① 기술보호내규 ② 연간계획수립 ③ 기술보호책임자 ④ 기술보호교육 ⑤ 심의회 구성 · 운영 ⑥ 기술유출 및 침해대응 ⑦ 자가진단 ⑧ 통합실태조사 후속조치 ⑨ 기술식별 · 등재 ⑩ 기술취급 · 관리 ⑪ 공개 및 제공 시 절차준수	① 내규(인원) ② 신원조사 ③ 보직이동 및 퇴직 시 기술 보호대책 ④ 상주 또는 상시 출입 외부인 관리 ⑤ 상주 또는 상시 출입 외국인 관리 ⑥ 기술취급 · 관리 외부인 · 외국인 관리 ⑦ 직무상 해외 출장자 관리	① 내규(시설) ② 기술보호 구역 ③ 외부인 · 외국인 기술 보호구역 근무 통제 ④ 정보통신 장비사용 통제 ⑤ 기술보호 구역 방문 외부인 · 외국인통제	① 내규(정보 보호) ② 정보보호 시스템 ③ 외부망 차단 체계구비 ④ 정보 시스템 및 저장 매체 관리 ⑤ 자료별 접근 범위제한 ⑥ 보안관제 운용 ⑦ 사이버 위협 대응 ⑧ 긴급사태 대비	① 내규(연구) ② 연구개발 성과물 보호 정책의 수립 및 관리 ③ 기술보호 활동 이행 ④ 수출 및 국내 이전 시 보호체계 ⑤ 합작 · 기술 제휴 · 매매 시 기술보호 ⑥ 방산협력업체 기술보호 이행	① 군사기밀 취급 및 관리 ② 군사기밀 보호구역 ③ 군사기밀 전산자료 관리 ④ 암호장비 및 보안자재 관리 ⑤ 군사기밀 송 · 수신 ⑥ 군사기밀 보안사고
(43개)	(11개 지표)	(7개 지표)	(5개 지표)	(8개 지표)	(6개 지표)	(6개 지표)
점검 항목 (221개)	15개 항목	11개 항목	10개 항목	115개 항목	21개 항목	49개 항목

제5절

과제

방산보안에서 대두되고 있는 몇 개 과제에 대해 기술한다. 여기에서 제시한 과제들은 완전히 독립적이지 않으며 서로 중복되기도 한다. 이외에도 여러 과제가 있으니 독자들의 많은 관심과 연구를 바란다.

1. 방산 보호대상의 정립

앞 절에서 살펴봤듯이, 방산보안 관계 법령들에서 규정하는 보호대상들은 다양한 용어로 정의되고 있으며 이에 따라 종합적이고 체계적인 보호 체계가 미비한 것으로 분석된다.

여기에서 보호대상의 정의는 다음과 같이 제시한다.

보호할 정보(information) 및 해당 정보와 관련된 문서, 시설, 자재, 물자, 정보통신, 인원 등 유무형 자산

방위산업의 보호대상을 식별하려면 먼저 국가가 보호하려는 정보의 분류 체계를 정립하여야 한다. 이후, 분류 체계의 기준에 따라 보호할 정보를 식별한 뒤, 해당 정보가 기록된 문서, 관련된 시설, 자재, 물자, 정보통신, 인원 등을 식별하면 보호대상이 식별된다.

우리나라는 국가(행정부처, 공공기관 등)가 생산하는 정보를 국가기밀과 비공개 대상정보(및 대외비)로 분류하는 체계를 갖고 있다.

방산 선진국인 미국도 연방정부가 생산하는 정보를 "기밀정보(Classified Information)", "통제 비기밀정보(CUI, Controlled Unclassified Information)", "공개

정보(Public Information)"의 세 유형으로 분류하는 체계를 갖고 있다. 이 중 통제된 비기밀정보(이하 CUI라 부름)는 기밀은 아니지만 보호해야 하는 정보로서 다음과 같이 정의하고 있다.

> 정부가 생산하거나, 정부를 위해(정부를 대신하여) 생산되는 정보로서 기밀로 분류되지 않으며 법률이나 정부 정책에 의해 보호 또는 배포통제가 요구되는 정보

2010년 이전까지 미국은 각 행정부처에서 기밀은 아니지만 통제할 수많은 정보를 각각 다양한 이름으로 정의하여 관리하고 있었고, 이러한 정보들에 대한 표준화된 보호대책이 없었다. 이에 2010년 오바마 대통령은 행정명령을 발효하여 각 행정부처에 혼란스럽게 산재되어 있는 비기밀정보를 CUI로 표준화하고, CUI를 보호하기 위한 지침을 제정 · 시행하였다. 이후 행정부처들은 각자 관리하던 비기밀정보를 CUI 담당기관인 ISOO[141]에 등록 신청을 하였고 ISOO는 정보들을 취합하여 CUI 카테고리를 표준화하였다.[142] 또한, CUI를 취급하게 되는 비정부기관 및 업체들의 CUI 보호 지침도 제정 · 시행하였다.

CUI 카테고리 중에 "통제기술정보(Controlled Technical Information)" 카테고리가 있다. CUI 등록소에서 기술 정보를 다음과 같이 정의하고 있다.

> "기술 정보(Technical Information)"는 Defense Federal Acquisition Regulation(DFAR) supplement clause 252.227-7013, "Rights in Technical Data - Noncommercial Items"(48 CFR 252.227-7013)에서 정의된 기술 자료 또는 컴퓨터 소프트웨어를 의미한다. 기술 정보의 예를 들면, 연구 및 공학 자료(research and engineering data), 도면과 관련 목록(engineering drawings, and associated lists), 명세서(specifications), 표준(standards), 절차 시트(process sheets), 매뉴얼(manuals), 기술 보고서(technical reports), 기술 오더(technical orders), 자료 집합(data sets), 연구와 분석 정보(studies and analyses and related information), 컴퓨터 소프트웨어 실행 코드와 소스 코드임.

유사하게 우리나라는 「공공기관의 정보공개에 관한 법률」에서 "비공개대상정보"를 정의하고 있으며, 「보안업무규정 시행규칙」에서 비공개대상정보 중 직무수행상 특별히 보호가 필요한 사항을 "대외비"로 정의하고 있다. 이러한 비공개

141 ISOO: Information Security Oversight Office(정보보호 감독국), 미국 정부의 보안 분류 체계와 국가 산업보안 프로그램의 정책과 감독을 담당하는 기관.

142 CUI 등록소 홈페이지(www.archives.gov/cui/).

대상정보 및 대외비는 기밀은 아니므로 미국의 CUI와 유사한 정보이다. 미국은 이를 표준화하고 표준 보호지침을 운용하고 있지만 우리나라는 관련 제도가 미비한 실정이다. 이에 따라 국가기밀이 아니지만 보호해야 할 정보의 분류 및 보호 제도가 미비하다.

국방 및 방산 분야에서도 군사기밀이 아니지만 보호해야 할 정보의 분류 및 보호 체계가 미비하다. 예를 들면, 국방부 홈페이지에 공개된 비공개대상정보 세부기준[143]을 보면 국방획득 과정에서 생산되는 정보인 국방과학기술과 관련된 항목이 없다. 법에 의해 국방과학기술의 소유권은 국방부에 있지만[144] 국방부가 이에 대한 보호 개념이 없는 실정이다. 한편 방위사업청 홈페이지에 공개된 비공개대상정보 세부기준에는 국방과학기술 개발방안, 탐색/체계개발 계획서, 시험평가 자료 등을 비공개대상정보로 분류하고 있다. 그러나, 방위산업기술이나 국방과학기술정보는 포함하고 있지 않다.

국방과학기술은 군사기밀로 분류되는 정보도 있지만 군사기밀이 아니면서 보호해야 할 정보들도 있다. 대표적으로 「방위산업기술보호법」으로 보호하는 방위산업기술이 해당된다. 연구개발을 통해 획득하게 되는 방위산업기술은 군사기밀은 아니지만 보호해야 하는 기술이다.[145] 이러한 정보는 국가의 분류 체계에 따라 비공개대상정보 또는 대외비로 분류되어야 한다. 또한, 방위산업기술은 아니지만 각종 연구개발 자료, 계약 문서 등[146]도 군사기밀은 아니지만 누설되면 안 되는 정보일 수 있다. 이러한 정보들의 분류 체계 개념이 미비하고 이에 대한 국가적인 보호제도가 미비한 실정이다.

143 국방부 비공개대상정보 세부기준(https://www.mnd.go.kr/mbshome/mbs/mnd/subview.jsp?id=mnd_050102000000).

144 「국방과학기술혁신촉진법」 제10조(개발성과물의 귀속 등) ① 제8조에 따라 계약 또는 협약을 체결한 국방연구개발사업을 통해 얻어지는 개발성과물은 원칙적으로 국가의 소유로 한다.

145 방위산업기술 중 일부는 군사기밀인 것도 있으며, 대부분은 군사기밀이 아니다.

146 「방위산업보안업무훈령」에서 정의하는 "방산관련 주요자료"가 해당된다.

2. 방위산업기술 식별제도의 개선

「방위산업기술보호법」 대상기관은 보유하거나 연구개발하는 방위산업기술을 식별하고 보호해야 한다. 그런데 정부에서는 방위산업기술 식별을 위한 표준 기준과 절차를 규정하는 지침을 마련하고 있지 않아 대상기관들은 자체적으로 제각각 식별하고 있다. 그런데, 방산업체 등은 방위산업기술이 유출되면 임직원이 처벌되고 양벌 규정에 의해 업체도 처벌받게 되므로, 방위산업기술의 식별을 꺼리고 최소한으로 식별하는 경향을 갖게 된다. 이는 「방위산업기술보호법」 대상기관인 방위사업청도 마찬가지이다. 방위산업기술이 제대로 식별되지 않으면 유출되어도 「방위산업기술보호법」으로 처벌이 어렵고 횡령, 업무상 배임 등으로 가벼운 처벌에 그치게 된다.

한편, 선진국인 미국은 국방획득체계의 초기 단계부터 보호할 기술을 식별하고 있다. 연구개발 초기 단계부터 보호할 기술을 식별하고 무기체계에 구현되는 기술을 보호하기 위해 안티탬퍼(anti-tamper)[147]를 적용하기도 한다. 그러나 우리나라는 기술의 설계가 완료되는 시점이 되어야 기술을 식별하고 있어 연구개발 초기부터 생산되는 기술 자료를 보호하지 못하고 있고 안티탬퍼 적용도 어렵게 된다.

현행 「방위산업기술보호법」의 기술 식별제도는 사실상 법의 시행효과를 무력화하고 있어 개혁적인 변화가 필요하지만 해결이 쉽지는 않다. 미국의 제도 등을 참고하여 연구할 수 있을 것이다.

3. 방위산업 사이버보안 인증

최근 미국 국방부는 국방사업에 참여하는 업체들의 방산기술 및 중요정보를 사이버 공격으로부터 보호하기 위하여 CMMC(Cybersecurity Maturity Model Certification, 사이버보안 성숙도 모델 인증)라는 인증제도를 시행할 예정이다. 2020년

147 안티탬퍼(anti-tamper)란 무기체계의 기술을 역설계 또는 역공학을 통해 탈취하는 것을 막기 위한 공학적 대책임.

부터 인증기관(Cyber-AB, Accreditation Body) 설립, 심사기관·컨설팅 기관·교육 기관 지정, 자격제도(인증심사원, 컨설턴트 및 교육 강사 등) 등의 민간 생태계를 구축하고 있으며 지금은 몇 개 국방사업에 시범 적용을 하면서 업체들에게 준비 기간을 주고 있다.

CMMC가 시행되면 미 국방부와 계약하고자 하는 업체 및 협력업체들은 사이버보안 성숙도 수준을 3개 등급으로 구분하여 인증을 받아야 한다. 국방사업의 계약업체가 연방계약정보(FCI: Federal Contract Information)만 취급하는 경우에는 CMMC 1등급 인증을 취득해야 하고, 계약업체가 통제 비기밀정보(CUI: Controlled Unclassified Information)를 취급하는 경우에는 정보의 중요도에 따라 CMMC 2등급 또는 3등급 인증을 취득해야 한다. 미국 국방부에서 취급하는 통제 비기밀정보의 예로서 통제 기술정보(CTI: Controlled Technical Information)가 있으며, 우리나라의 「방위산업기술보호법」에 의해 보호되는 방위산업기술이 이에 해당된다.

이에 따라 우리나라 업체가 미국에 방산물자를 수출하거나 공동연구개발을 하려면 CMMC 인증을 취득해야 하고, 미국 방산업체의 협력업체로 참여할 때도 마찬가지다. 미국은 심사기관을 수행하는 업체, 컨설팅을 수행하는 업체, 교육을 수행하는 업체 및 대학 등을 각각 별도로 국방부에서 자격을 심사해 지정하고 있다. 미국 CMMC 인증을 받으려면 미국의 교육업체로부터 교육을 받아야 하고, 컨설팅 업체로부터 컨설팅을 받아야 하며, 심사업체에게 인증심사를 받아야 한다. 이 과정에서 많은 비용이 미국으로 지불된다. 이보다 더 심각한 것은 미국 민간인이 와서 우리 방산업체의 사이버보안 취약점을 점검하고 심사하면서 방산업체 내부 시스템을 다 들여다보게 된다는 점에서 방위산업 사이버안보의 주권을 미국에 맡기는 심각한 사태가 예상된다.

캐나다, 일본, 영국 등 미국 동맹국은 자국의 방산업체 사이버보안 인증 체계를 CMMC 수준으로 구축하고, 자국의 인증을 취득하면 미국 CMMC로 인정받을 수 있게 미국과 상호인정협정을 추진하고 있다. 향후에는 미국을 중심으로 CMMC 상호인정협정을 맺는 국가들과의 방산 협력은 CMMC 인증 없이는 불가능해질 것으로 예상된다.

따라서, 우리나라도 미국 CMMC와 동등한 한국형 방위산업 사이버보안 인증제도(가칭 K-CMMC)를 구축하고 미국 및 미국과 CMMC 협정을 맺는 국가들과 상호인정협정을 추진해야 한다.[148]

우리나라는 방산업체 및 협력업체의 사이버보안 점검을 위해 보안측정, 통합실태조사 및 보안감사를 시행하고 있다. 현행 시행되는 제도와 별도로 사이버보안 인증제도를 시행하는 것은 업체에 과도한 부담을 부과하는 문제가 있다. 기존의 방산보안 점검제도를 미국 CMMC와 동등한 수준의 한국형 인증제도로 발전시키는 한편 미국과 상호인정협정 추진이 필요하다. 한국형 방위산업 사이버보안 인증제도를 위해서는 여러 과제가 있으니 독자들의 관심 바란다.

4. 무기체계 보안 내재화

무기체계는 반도체 칩이 내장되어 소프트웨어로 통제하는 시스템이 되고 있으며 외부 통신망으로 연결되고 있어 사이버 공격에 노출되는 취약점을 갖게 된다. 또한, 무기체계를 구성하는 소프트웨어, 하드웨어 구성품은 다양한 국내외 공급망을 통해 획득되어 체계에 통합되는데 적성국이 은밀하게 우리 무기체계 구성품에 트로이목마 같은 악성기능을 삽입할 수 있다.[149]

미국은 사이버 공격에 안전한 무기체계를 개발하기 위해 무기체계의 소요기획 단계부터 설계, 구현, 시험평가, 운용 및 폐기까지 총 수명주기에서 사이버보안 관리 및 평가를 하는 RMF 제도를 운영하고 있다. 미군은 1990년대 후반부터 군 정보 시스템의 보안성 관리/평가 체계를 적용해왔으며 2014년부터 미국 정부 표준(NIST RMF) 기반으로 국방 분야에 RMF를 적용했다. 2019년에는 미군 시스템과 연동하는 동맹국 무기·정보 체계에도 RMF 적용 정책을 결정하여 한미 연동 체계에도 RMF를 적용한 보안성 검증을 요구하였다.

148 명지대학교 산학협력단, "방산기술보호 성숙도 모델 인증제도 추진방안 연구", 방위사업청 정책용역과제 보고서, 2022.6.

149 최근 오픈소스 소프트웨어에서 악성코드가 발견되었고, 하드웨어 회로에도 트로이목마 기능이 발견되기도 하였다.

이에 우리나라는 2024년 4월 무기체계 및 전력지원 체계의 사이버보안 위험을 관리하기 위한 'K-RMF(한국형 국방 사이버보안 위험관리 제도)'를 시행하였다.[150] 전면 시행에 앞서 지난 수년간 국방부 및 육해공군은 연합지휘통제 체계(AKJCCS), 전구통합화력 체계(JFOS-K), 해군 지휘통제 체계(KNCCS), 한국군 연동통제소(KICC) 등에 시범 적용하면서 제도를 준비해왔다. 그러나 아직은 무기체계와 전력지원 체계의 총 수명주기에 적용해 나가기 위해서는 표준 지침과 도구가 필요하며 관련기술의 연구개발도 필요하다.

그림 6-8 국방획득체계와 RMF

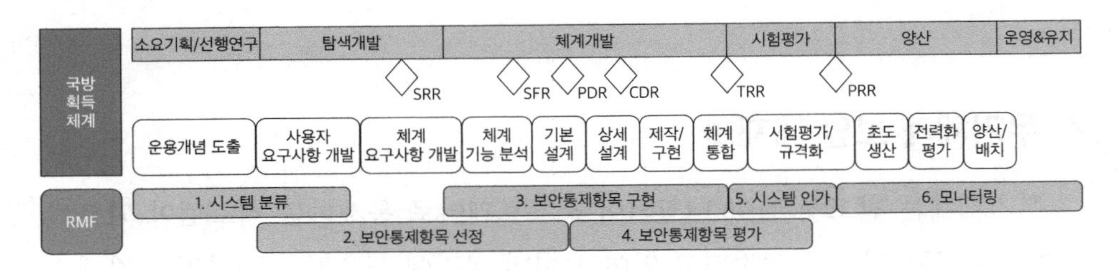

한편, 미국은 무기체계 등에 구현된 핵심기술을 역설계 공격으로부터 보호하기 위한 안티탬퍼 제도를 운영하고 있다. RMF와 마찬가지로 무기체계의 소요기획 단계부터 안티탬퍼 적용을 검토하고 연구개발 단계에서 적절한 안티탬퍼 기술을 선정·구현하고 있다. 연구개발 단계에서는 무기체계의 임무 분석부터 시스템 설계, 구성품 설계 과정을 통해 핵심기술과 구성품을 식별하고 비용·일정·성능 등을 종합적으로 검토하면서 안티탬퍼 기술을 구현하고 있다.

우리나라도 수출 무기체계에 안티탬퍼 적용을 시작할 예정이고 안티탬퍼 기술개발도 착수하였다. 그러나 무기체계 연구개발 단계에 적용할 안티탬퍼의 표준 절차가 필요하고 안티탬퍼 기초 기술 및 시험평가에 대한 연구도 필요하다.

150 국방부 훈령, "국방 사이버보안 위험관리 지시", 2024.4.

5. 방위산업 공급망 보안

방위산업에서 공급망 보안은 매우 중요함에도 불구하고 국내 제도는 아직 취약하다. 본 절에서 제시한 다른 과제에서도 공급망 보안을 포함할 수 있어 중복되지만 공급망 보안의 중요성을 강조하고자 별도로 기술하였다. 공급망 보안은 여러 관점에서 다룰 수 있다.

첫째, 방산 협력업체의 정보보안이다. 예를 들어, 방산업체의 기술자료 등이 협력업체에도 공유되므로 협력업체의 보안 체계 구축이 필요하다. 협력업체들은 보안측정을 통해 일정 수준의 보안 체계 구축 여부를 정기적으로 점검하고 있지만 중소업체들은 보안 담당자가 겸직인 경우가 많고 사이버보안 담당자가 없는 경우도 많아 실제로는 보안이 매우 취약한 실정이다.

둘째, 업무용으로 사용하는 정보 시스템인 소프트웨어, 하드웨어 등에 대한 보안이다. 방산업체 등에서 사용하는 업무용 소프트웨어, 백신, 네트워크 장비 등을 공급하는 업체들에 해커들이 침투하여 공급제품에 해킹을 할 수 있는 악성 기능을 넣어둔다면, 이를 통해 방산업체 내부가 해킹당할 수 있다. 실제로 미국에서는 네트워크 장비 모니터링 설루션을 공급하는 솔라윈즈사가 해킹되어 미국 정부, 글로벌 대기업들의 내부망이 해킹당했다.

셋째, 방산업체에서 무기체계 개발 시 외부에서 구매 또는 연구개발하는 구성품(하드웨어, 소프트웨어)의 보안이다. 위 두 번째 경우와 마찬가지로 외부 업체에서 개발되는 구성품에 해킹을 할 수 있는 악성 기능이 포함되어 있다면 무기체계에 악성 기능이 은밀하게 삽입되고 이를 통해 군 내부가 해킹 공격에 무방비 상태가 될 수 있다.

6. 획득체계 수명주기의 보안

앞에서 제시한 과제들은 국방획득체계에서 소요기획 단계부터 설계, 구현, 시험평가, 운용 및 폐기까지 총 수명주기에서 요구되고 있다. 미국은 이를 위해 프로그램 보호(Program Protection) 제도를 운영하고 있다.

프로그램 보호는 획득 전체 단계 즉 소요제기부터 폐기까지의 전체 기간 동안 위협을 식별하고 위험을 평가함으로써 보호대상 식별 및 보호대책을 수립·시행하는 제도이다. [그림 6-3]은 미국 획득 프로그램 보호 제도의 3가지 보호대상인 기술(technology), 구성품(component), 정보(information)의 보호 및 보호대책들을 보이고 있다. 앞에서 설명한 방산기술의 식별과 안티탬퍼, 무기체계 구성품의 사이버보안과 공급망 관리, 중요 정보의 식별 및 보안 등을 종합적으로 다루고 있는 것이다.

이러한 프로그램 보호는 획득의 초기 단계부터 시작하여 프로그램 보호계획(PPP, Program Protection Plan)을 작성한다. 획득 절차의 각 단계마다 계획을 갱신하면서 보호대책을 구현하고 검증해 나간다.

현재 우리나라에서 산발적으로 시행되고 있는 여러 방산보안 제도를 종합하고 통합한다면 미국의 프로그램 보호 제도와 유사해질 것이다.

부록

※ 참고: 방위산업보안업무훈령 목차

※ 참고: 방위산업기술보호지침 목차

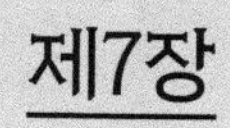

제7장

방위산업 방첩

배정석

제1절

방첩의 이해

1. 정보전과 방첩

방첩을 적대 세력의 정보적 위협에 대응하는 모든 활동이라고 본다면 방첩의 역사는 정보활동의 역사와 같고, 방첩의 범위도 정보활동의 범위와 같을 수밖에 없을 것이다. 방첩의 전제가 되는 정보활동은 인류 역사와 함께해 왔으며 초기에는 주로 전쟁에서 승리하기 위한 군사적 목적으로 수행되어 오다가 16세기 엘리자베스 1세 여왕 시절에 영국에서 월싱엄 경(Sir Francis Walsingham)에 의해 조직화 된 평시 국가안보 목적의 정보기관이 운용되기 시작하였다.[151] 20세기 초인 1909년에는 영국에서 현재 영국의 국내정보기관인 MI5(Security Service)와 해외정보기관인 MI6(Secret Intelligence Service)의 전신인 비밀정보부(SSB, Secret Service Bureau)가 창설되었는데, 이를 근대적 국가정보기관의 시작으로 보고 있다. 이후 각국이 전시가 아닌 평시에도 정보 업무를 담당하는 국가기관으로서 정보기관을 설립하기 시작했으며, 2차 세계대전 이후에는 대부분의 나라가 평시에 운용되는 정보기관을 갖추게 되었다. 이는 곧 다른 나라들로 하여금 외국의 정보기관활동에 대응하는 방첩 활동의 필요성을 인식하게 해주었다. 즉 다른 나라가 자국에 대해 어떤 정보활동을 하는지를 알아내는 또 다른 정보활동이 필요하게 된 것이며 그것이 바로 방첩이다. 또한 각국이 정보활동의 범위를 군사, 외교, 정치관련 정보 위주에서 경제, 산업 분야로 확대함에 따라 이에 대응하기 위한 방첩의 범위도 자연스럽게 확장되었다. 오늘날 기술 및 경영정보를 중심으로 한 산업

151 Mark Lloyd, "*The Guuiness Book of Espionage*", Washington D.C.: DACAPO Press, pp.16~18, 1994.

정보활동의 확대에 따라 이에 대응하는 경제방첩, 산업보안 업무가 국가정보기관의 방첩임무로 인식되는 이유도 거기에 있다.

2. 방첩의 개념

일반적으로 방첩(Counterintelligence)은 방첩과 관련된 정보(intelligence)라는 의미와 적대 세력의 정보활동에 대응하는 활동(Activity)이라는 두 가지 의미로 사용될 수 있는데, 전자를 '방첩정보' 후자를 '방첩 활동'이라고 구분하여 사용하기도 한다. 방첩의 개념에 대해 사전적으로는 "수집, 분석, 비밀공작과 함께 정보학의 4대 분야 중 하나이며, 정보활동의 일환으로 외국의 적대적 정보활동을 무력화시키고, 간첩행위로부터 정보를 보호하며, 전복 또는 파괴활동으로부터 인원, 장비, 시설, 기록, 물자 등을 보호하기 위한 제반 활동"으로 정의되고 있다.[152] 학자들의 경우에는 방첩의 개념과 범위에 있어 다소 의견의 차이가 있다. 로이 갓슨(Roy Godson)은 방첩 개념을 "외국의 정보활동을 규명, 무력화 및 활용하는 것"으로 설명했고, 제프리 리첼슨(Jeffrey Richelson)은 "외국 정보활동의 모든 국면을 이해하고, 무력화시키는 것"으로, 아브람 슐스키(Abram Shulsky)는 "방어적인 보안뿐 아니라 대간첩, 기만, 대기만, 방첩분석 등 적극적인 활동까지 모두 포함된다"라고 방첩을 정의했다.[153] 특히, 슐스키는 "방첩이란 정보의 비밀화, 보안, 대 스파이 활동 및 통신, 위성들을 이용한 기술적 정보활동에 대한 방어대책, 기만, 대기만, 방첩분석 등을 모두 포함하며, 적대 정보기관으로부터 국가를 지키기 위해서 행하는 제반 활동 또는 그와 관련된 정보"[154]라고 정의함으로써 가장 포괄적인 방첩 개념을 제시하였다.

방첩의 개념과 관련하여 다소 논란이 되고 있는 것은 ① 적대 세력의 정보적

152 Leo D. Carl, "*The CIA Insider's Dictionary of US and Foreign Intelligence, Counterintelligence & Tradecraft*", Washington D.C.: NIBC Press, pp.124~125, 1996.

153 전웅, "현대국가정보학", 서울: 박영사, pp.271~273, 2016.

154 Abram N Shulsky and Gray J. Schmitt, "*Silent Warfare : Understanding the World of Intelligence*", Virginia: Brassey's, Inc., p.99, 2002.

위협으로부터 비밀을 지키기 위한 예방적 대응조치에 해당하는 보안(security)을 방첩의 범위에 포함시킬 것인가 하는 것과 ② 방첩을 적대 세력의 정보활동을 찾아내고 무력화시키는 방어적 개념으로만 한정할 것인지 아니면 그들이 우리에게 보낸 스파이를 역으로 포섭하여 이중스파이로 활용하고, 그들 조직에 침투해서 그들의 계획을 알아내고, 그들이 오판하도록 조작된 정보를 제공하는 기만 등을 모두 방첩에 포함할 것인지 하는 것이다.[155] 첫 번째 문제인 보안이 방첩에 포함되는 것인지에 대해서는 적대 세력의 정보적 위협에 대응하기 위한 예방대책으로서의 보안이 절대적으로 중요하며, 효율적인 예방대책을 강구하기 위해서는 공격자들에 대한 정보가 필요하다는 점에서 보안을 예방적 방첩으로 보아야 하며, 방첩의 일부로 포함시키는 것이 타당하다는 주장이 다수설인 반면,[156] 영국의 정보학자 마이클 허먼(Michael Herman)처럼 "정보는 그들에 대한 것이지 우리에 대한 것이 아니다"라는 관점에서 적대 세력의 공격에 대비하기 위해 우리 내부적으로 대책을 강구하는 것(Security)은 정보(Intelligence or Counterintelligence)가 아니라는 주장도 있다. 다만 실무적으로는 보안과 방첩을 구분하여 사용하는 경우가 대부분이며 입법적으로도 구분하여 사용되고 있다. 미국의 정보활동에 대해 규정하고 있는 미국 대통령행정명령 제12333호는 방첩의 개념을 구체적으로 정의하면서 "인원, 자재, 문서, 통신 등의 보안은 포함되지 않는다"라고 명기하고 있으며, NATO(Intelligence doctrine)에서도 보안을 정보활동으로서의 방첩과는 구분하고 있다.[157] 우리나라에서도 「국가정보원법」의 직무 규정에 방첩과 보안을 별도의 업무로 구분하고 있으며, 대통령령에서도 보안에 관한 대통령령 「보안업무규정」과 방첩에 관한 대통령령 「방첩업무규정」을 별도로 두고 있다. 두 번째 문제인 방첩의 범위에 공격적인 공작활동이 포함되는지에 대해서는 정보활동이 단순한 첩보의 수집만을 의미하지 않고 파괴, 암살, 여론조작을 포함한 영향력 공작 등 매우 다양하여 이에 대응하는 방첩 활동도 범위가 그만큼 넓으며, 이러한 방첩임무 수행을 위해서는 적대 세력의 의도와 계획, 수법 등을 미리 알기 위해 그들에 대한

155 배정석, "방위산업 보호를 위한 방첩의 역할과 범위", 박사학위논문 명지대학교 대학원, p.12, 2024.

156 Abram Shulsky가 대표적 인물임.

157 전웅, pp.279~280, 2016.

침투, 역용, 기만 등 공작적 정보활동이 필요하다는 점을 인정하여 공격적 정보활동으로서의 방첩이 필요하다고 하는 데 이견이 없어 보인다.

요컨대 적대적 세력의 정보적 위협에 대응하는 모든 업무가 방첩이라면 이러한 위협으로부터 피해를 입지 않도록 내부적으로 예방적 조치를 취하는 것이 보안이고, 위협을 찾아내 색출하고 무력화시키는 것이 방어적 방첩이며, 위협을 가해오는 세력 내부에 침투하여 그들의 의도를 알아내고, 그들의 스파이를 역으로 포섭하여 이중스파이로 활용하며, 잘못된 정보를 전달하여 오판을 유도하는 기만 공작 등이 공격적 방첩이라고 할 수 있고, 이들 모두를 포함하는 개념을 광의의 방첩이라고 할 수 있겠다([표 7-1] 참조).

표 7-1 **방첩의 개념**[158]

광의의 방첩			
보안	협의의 방첩		
예방적 방첩	방어적 방첩	공격적 방첩	방첩 분석
인원, 문서, 시설 등의 보안	색출, 차단, 견제	침투, 역용, 기만	방첩 정보

한편 실무적인 방첩의 정의는 각국의 법령을 통해 파악할 수 있는데, 미국의 경우 1947년 제정되어 국가안보에 관한 기본법으로 CIA 창설의 근거법이 되기도 한 「국가안전법(National Security Act of 1947)」은 "정보란 국외정보와 방첩을 포함한다. 방첩은 외국 정부 또는 그 구성요소, 외국 조직, 외국인, 국제 테러분자에 의해 수행되는 스파이 활동, 기타 정보활동, 파괴, 암살로부터 보호하기 위해 수집된 정보 및 이를 수행하는 활동을 의미한다."[159]라고 규정하여 정보(Intelligence)를 국외정보(Foreign Intelligence)와 방첩(Counterintelligence)으로 대별하고, 방첩을 외국의 스파이 활동 등 정보적 위협으로부터 국가를 지켜내기 위한 정보(방첩 정보)와 이를 위한 정보활동(방첩 활동)이라고 정의하고 있다. 또한 미국 정부의 정

158 배정석, p.13, 2024

159 National Security Act of 1947, §3003 Definition.

보활동에 관해 상세하게 규정하고 있는 대통령행정명령 제12333호는 "방첩이란 외국 정부, 조직, 외국인, 또는 그들의 대리인, 국제 테러단체를 위해 수행되는 스파이 활동, 기타 정보활동, 파괴, 암살로부터 보호하기 위해 수집된 정보와 색출, 기만, 활용, 방해 등의 활동을 말한다"[160]라고 정의하고 있는데, 「국가안전법」과 마찬가지로 방첩을 방첩정보와 방첩 활동을 포함하는 개념으로 정의하고 색출, 방해 등 방어적 활동뿐 아니라 활용, 기만 등 공격적 활동까지 포괄하여 잘 설명하고 있다.

우리나라에서는 「국가정보원법」 제4조 제1항이 국정원의 직무를 6가지로 구분(1~6호)하면서, 그중 제1호에 '정보의 수집, 작성, 배포'를 규정하고, 5개 분야(가~마)로 나누어 명시하였는데, 그 '나' 목에 "방첩(산업경제정보 유출, 해외 연계 경제질서 교란 및 방위산업 침해에 대한 방첩을 포함한다), 대테러, 국제범죄조직에 관한 정보"라고 규정하여, 방첩에 대한 정보를 수집, 작성, 배포하는 것을 국정원의 기본 직무로 규정하였다. 하지만 같은 법에서 방첩에 대한 정의는 하지 않고 방첩을 대테러, 국제범죄조직에 관한 정보와 병렬적으로 나열하고 있어 미국의 「국가안전법」이나 대통령행정명령 제12333호와는 달리, 국제 테러단체로부터의 위협에 대응하는 업무를 방첩에 포함시키지 않고 별도로 다루고 있다는 점에서 차이가 있다. 다만 대통령령인 「방첩업무규정」에서는 제2조(정의) 제1호에서 "방첩이란 국가안보와 국익에 반하는 외국 및 외국인 · 외국단체 · 초국가행위자 또는 이와 연계된 내국인(이하 "외국등"이라 한다)의 정보활동을 찾아내고 그 정보활동을 확인 · 견제 · 차단하기 위하여 하는 정보의 수집 · 작성 및 배포 등을 포함한 모든 대응활동을 말한다"라고 하여 활동으로서의 방첩을 기준으로 방첩의 개념을 명확하게 정의하고 있으며, 외국 단체나 초국가행위자 및 연계된 내국인까지 방첩의 대상에 포함하고 있어 방첩의 대상이 외국 또는 외국인만이 아님을 분명히 하고 있다. 또한 제2호에서는 "외국등의 정보활동이란 외국등의 정보수집 활동과 그 밖의 활동으로서 대한민국의 국가안보와 국익에 영향을 미칠 수 있는 모든 활동을 말한

160 Executive Order 12333 United States Intelligence Activities, PART 3 General Provisions 3.5 Definitions.(a)(https://dpcld.defense.gov/Portals/49/Documents/Civil/eo-12333-2008.pdf)(접속일: 2024년 5월 27일).

다."라고 정의하고, 외국의 정보활동을 정보수집 활동뿐만 아니라 '그 밖의 활동'이라는 표현을 사용하여 포괄적으로 규정하고 있는데 이는 정보활동의 다양성을 고려한 것으로 볼 수 있다. 우리나라의 각종 법령에서 방첩이라는 용어를 사용한 지는 오래되었으나 구체적으로 그 뜻을 법령으로 명확하게 정의한 것은 2012년 5월 14일에 제정된 「방첩업무규정」(대통령령)이 최초이며, 따라서 방첩관련 각종 법령이나 실무 차원에서도 해석의 기준이 될 것이다.

이상에서 방첩의 개념을 학자들의 의견과 실무에서 직접 적용되는 법령상의 정의를 통해 살펴보았는바 방첩은 방첩정보, 방첩 활동, 방첩분석 등을 포함하는 개념으로 자국 안보에 위협을 주는 외국 세력(외국 및 외국인 · 외국단체 · 초국가행위자 또는 이와 연계된 내국인)의 모든 종류의 정보활동에 대응하는 정보활동으로 정의하는 것이 타당하다고 생각된다. 그리고 이때의 방첩 활동에는 적대 세력의 스파이 활동에 대비하여 정보가 유출되지 않도록 다양한 조치를 취하는 예방적 활동(보안)과 적의 스파이를 찾아내고(색출), 적의 의도 파악 및 방첩정보 수집을 위해 적 정보기관 내부에 우리 스파이를 투입하는 것(침투), 적의 스파이를 포섭하여 우리를 위한 스파이로 활용하는 것(역용), 적에게 잘못된 정보를 전달하여 오판하도록 하는 것(기만) 등의 공격적 활동이 모두 포함되어야 한다.[161]

한편, 본서에서는 나날이 변화하고 진화하는 정보활동의 현실에 부합하고 방위산업 방첩이라는 실무적 필요성에 충실하기 위하여 다양한 학문적 정의나 외국의 입법 사례보다는 각국 정보기관의 실무적 방첩 개념과 우리 법령상의 방첩 개념을 중심으로 보다 실제적인 의미에서의 방첩 개념을 적용하기로 한다.

3. 방첩의 유형

가. 예방적 방첩 활동 (보안)

적대 세력의 정보적 위협에 대비한 예방적 활동이라고 할 수 있는 보안(security)은 개인이나 조직 또는 국가가 그 존립을 확보하거나 경쟁에서 승리하

161 배정석, p.15, 2024.

는 데 필요한 요소를 찾아 그것을 보호하기 위한 수단을 말한다.[162] 따라서 보안이란 국가뿐만 아니라 기업체를 포함한 단체, 개인에게도 필요한 것이며, 실제로 그러한 주체들은 의식적이든 무의식적이든 자신들의 이익을 지키기 위한 보안대책들을 실천하고 있다. 보안은 주체에 따라 개인, 기업, 국가보안 등으로 나눌 수 있고, 보호해야 하는 대상에 따라서는 인원, 문서, 시설, 전산, 통신보안 등으로, 업무 분야에 따라서는 군사, 공작, 산업보안 등으로 분류할 수 있다.[163] 우리나라에서 국가적 보안 업무체계가 정립된 것은 1964년 3월에 대통령령인 「보안업무규정」이 제정된 시점으로 볼 수 있는데, 「보안업무규정」은 우리나라 보안 업무를 총괄하는 국가정보원의 업무 중 보안 업무 수행에 필요한 사항을 규정하고 있으며 문서, 시설과 장비, 인원 보안 등에 관한 상세한 내용과 절차를 정하고 있다.

1) 비밀의 보호

보안이 비밀을 지키기 위한 것이라면 우선적으로 해야 할 것은 무엇이 비밀인지를 정해야 하는데, 국가 차원의 보안 업무에 관한 기본적 법령인 「보안업무규정」은 제2조 1호에서 "비밀이란 「국가정보원법」에 따른 국가 기밀로서 이 영에 따라 비밀로 분류된 것을 말한다."라고 하여 실질적 비밀성이 아니라 국가 기밀 중에서 법령에 따라 비밀로 분류된 것(일정한 형식을 갖춘 것)만 비밀로 취급된다는 것을 알 수 있다. 또한 비밀의 전제 조건이 되는 국가 기밀에 대해 「국가정보원법」(제4조 1항 2호)은 "국가의 안전에 대한 중대한 불이익을 피하기 위하여 한정된 인원만이 알 수 있도록 허용되고 다른 국가 또는 집단에 대하여 비밀로 할 사실 · 물건 또는 지식으로서 국가 기밀로 분류된 사항만을 말한다"라고 하고 있다. 또한 직무로서의 보안 업무의 범위를 "문서 · 자재 · 시설 · 지역 및 국가안전보장에 한정된 국가 기밀을 취급하는 인원에 대한 보안 업무"로 규정하고 있다. 따라서 우리 법령이 정하고 있는 보안 업무는 국가의 안전에 대한 중대한 불이익을 피하기 위해 한정된 인원만 알 수 있도록 한 사실, 물건, 지식 중에서 국가 기밀로 분류된 문서, 자재, 시설, 지역, 인원을 대상으로 하며, 그중에도 중요한 것들은 일

162 국가정보포럼, "국가정보학", 서울: 박영사, p.135, 2006.

163 국가정보포럼, p.137, 2006.

정한 형식을 갖춘 '비밀'로 분류하여 더욱 철저한 관리를 하는 것이라고 할 수 있다.

이에 따라 「보안업무규정」은 보호해야 할 비밀을 그 중요성과 가치의 정도에 따라 다음 각 호와 같이 구분하고(규정 제4조), 해당 등급의 비밀취급 인가를 받은 사람만이 취급할 수 있도록 하고 있다(규정 제8조).

1. Ⅰ급비밀: 누설될 경우 대한민국과 외교관계가 단절되고 전쟁을 일으키며, 국가의 방위계획·정보활동 및 국가방위에 반드시 필요한 과학과 기술의 개발을 위태롭게 하는 등의 우려가 있는 비밀
2. Ⅱ급비밀: 누설될 경우 국가안전보장에 막대한 지장을 끼칠 우려가 있는 비밀
3. Ⅲ급비밀: 누설될 경우 국가안전보장에 해를 끼칠 우려가 있는 비밀

결국 「보안업무규정」이 정하고 있는 비밀의 등급은 추상적 표현으로 중요도를 표시하였을 뿐이고 구체적 경우에 있어서는 비밀분류 권한이 있는 사람이 실무적 판단에 따라 정할 수밖에 없다고 보아야 한다. 또한 비밀은 분류, 보관, 복제, 열람, 공개 등에 있어서 엄격한 절차와 원칙을 지켜야 하는데, 이와 관련된 구체적인 내용을 정해 놓은 것이 「보안업무규정」과 「보안업무규정시행규칙」이다. 한편 비밀은 아니지만 '직무 수행상 특별히 보호가 필요한 사항'은 대외비로 하며 업무와 관계되지 아니한 사람이 열람, 복제·복사, 배부할 수 없도록 보안대책을 수립·시행하여야 한다.[164]

2) 국가 보안 시설, 장비, 지역의 보호

「보안업무규정」(제32조 제1항)은 "국가정보원장은 파괴 또는 기능이 침해되거나 비밀이 누설될 경우 전략적·군사적으로 막대한 손해가 발생하거나 국가안전보장에 연쇄적 혼란을 일으킬 우려가 있는 시설 및 항공기·선박 등 중요 장비를 각각 국가보안시설 및 국가보호장비로 지정할 수 있다"라고 규정하여 문서뿐 아니라 시설과 장비도 보호대상으로 하고 있다. 또한 각급기관의 장과 관리기관 등

164 「보안업무규정」 시행규칙 제16조.

의 장은 일정한 지역을 보호구역 또는 통제구역으로 정하는 등 인원·문서·자재·시설의 보호를 위하여 보호지역을 설정할 수도 있다(제34조 1항). 이러한 국가기밀에 속하는 문서, 자재, 시설, 지역 및 이를 취급하는 인원에 대한 보안책임은 기본적으로 이들을 관리하는 중앙행정기관, 공공기관 및 관리기관(국가보안시설 또는 국가보호 장비를 관리하는 기관)에게 있으나(규정 제3조), 국가정보원장으로 하여금 이들에 의한 보안 업무가 적절히 수행되고 있는지를 확인하고, 결과를 분석, 평가하며, 보안사고 예방을 위한 보안측정, 신원조사, 보안사고 조사 및 대 도청, 보안교육, 컨설팅 등 각급 기관의 보안 업무를 지원하는 업무를 수행토록 하고 있다(규정 제3조의2). 즉, 보안책임이 있는 각급기관의 장이 자체적인 보안 업무를 수행하되, 이들 업무를 기획 총괄하고, 분석 및 평가하며, 사고발생 시 조사 및 지원하는 등 포괄적 업무는 국가정보원이 수행하도록 하고 있는 것이다.

3) 신원조사

국가정보원장은 관계기관장의 요청에 의해 국가기밀을 취급하는 인원에 대한 충성심과 신뢰성을 확인하기 위한 신원조사를 하는데, 그 대상은 국가기밀을 취급하게 될 공무원 임용 예정자, 비밀취급인가 예정자, 국가보안시설·보호장비를 관리하는 기관의 장과 그 업무를 수행하는 직원 등이다(제36조). 다만, 자체적으로 신원조사 업무에 대한 전문성을 갖추고 있고 조직이 방대하여 대상 인원이 많은 국방부와 경찰청에 대해서는 신원조사 권한의 일부를 위탁할 수 있도록 하고 있다. 이러한 신원조사 업무는 문서, 시설, 장비에 대한 보안 업무와 달리 이들 보호대상을 다루는 주체인 사람을 그 대상으로 하는 것으로서 보안 업무 중 가장 중요하며, 사람은 한번 신원조사를 했다고 하더라도 시간이 지남에 따라 가치관과 환경, 조건이 변화할 수 있어 주기적인 재조사가 필요하다는 특성을 갖는다.

4) 보안조사 및 보안감사

국가정보원장은 비밀의 누설 또는 분실, 국가보안시설·국가보호장비의 파괴 또는 기능 침해, 승인을 받지 않은 보호지역 접근 또는 출입 등의 보안사고가 발생할 경우 사고원인 규명 및 재발 방지대책 마련을 위하여 보안사고 조사를 한다(제38조). 또한 중앙행정기관 등의 장은 보안관리상태와 그 적정 여부를 조사하기 위하여 보안감사를 실시하고 그 결과를 국가정보원장에게 통보하여야 한다(제39조, 제42조). 보안감사와 관련해서 중앙행정기관에 대한 보안감사를 기관 자체 감사로 하고 있는 것은 보안 평가의 기본원칙인 객관적 평가가 불가능하고, 전문성 부족과 공정한 평가를 저해할 가능성도 있어 불합리한 제도로 보여진다. 업무 전문성과 객관적 지위에 있는 기관이 담당하는 것으로 개선이 필요하다.

그 밖에도 「보안업무규정」은 비밀 분류에 있어 최소한 분류의 원칙, 비밀 표시의 원칙, 열람과 공개의 제한, 국가보안시설 및 국가보호 장비의 지정 등 보안업무를 수행하는 데 필요한 구체적인 내용들을 규정하고 있다.

나. 방어적 방첩 활동 (색출, 차단, 견제)

활동으로서의 방첩 업무 중 방어적 업무는 방첩의 가장 기본이 되는 활동으로서 주로 누가 우리에게 위협이 되는 적대적 정보활동을 하는 스파이인지를 찾아내고(색출, detect), 그들이 자신들이 설정한 정보목표에 접근하지 못하도록 막고(차단, disrupt), 스스로 활동을 자제하도록 압박하거나 경고하여 임무수행을 원활하게 하지 못하도록 하는 것(견제, deter) 등이다. 이러한 활동을 위해서는 관련첩보입수, 자료조사, 주변탐문, 미행감시, 전화나 대화의 감청, 영상채증 등 일련의 현장활동이 이루어져야 하는데 대상자가 눈치채지 못하도록 비노출로 해야 하며, 현장 상황이 다양하여 많은 인원과 비용이 소요되는 쉽지 않은 업무이다. 색출은 찾아낸다는 의미이고 방첩 활동의 시작으로서 다른 활동으로 발전시켜 나가기 위한 기본이 되는 활동이며 개념은 비교적 단순하다. 한편 차단과 견제는 비슷해 보이지만 분명한 차이가 있다. 정보 소스에의 접근을 막는 것이 차단이고, 스파이를 심리적으로 위축시켜 스스로 활동을 자제하도록 하는 것이 견제라고 할 수 있을 것이다. 예를 들어 스파이가 포섭하려고 접촉하고 있는 인물에게 미리 주의를 주어 포섭당하지 않게 하는 경우는 차단이라고 할 수 있고, 스파이에게 자신이 감시당하고 있다는 사실을 의도적으로 노출시키는 방법으로 활동을 위축시키는 것은 견제라고 할 수 있을 것이다.

다. 공격적 방첩 활동 (침투, 역용, 기만)

방첩 활동은 적대 세력의 정보적 위협에 대한 단순한 방어적 활동만이 아니며, 적대 세력에 대한 공격적인 활동을 포함한다. 적대 세력이 우리에게 보낸 스파이를 찾아내는 것은 대단히 힘든 일인데, 스파이를 보내는 세력의 내부에 우리 스파이가 있다면 유용할 것이다. 그들의 의도, 정보활동 방법, 우리에게 보낸 스파이가 누구인지 등을 알아낼 수 있기 때문이다. 적 정보기관 내부자를 포섭하든지, 우리 스파이가 적 정보기관에 채용되도록 하여 상대 기관 내부에 우리 스파이를 투입하는 것(침투, Penetration)이 중요한 이유다. 또한 적이 보낸 스파이를 역으로 포섭하여 우리 스파이로 만드는 것(역용, Using)은 더욱 유용하다. 전자의 경우처럼 정보기관 내부의 상대 정보기관 스파이를 두더지(Mole)라고 하며, 후자의 경우처럼 상대 정보기관 스파이를 활용하는 것을 이중스파이(Double Agent) 공작이라고 한다. 특히 이중스파이는 상대 기관의 신뢰를 받고 있고 우리에 대한 스파이 활동을 수행하므로 적의 임무, 의도, 계획, 수법 등을 고스란히 알 수 있으므로 이중스파이 공작은 방첩공작의 꽃이라고 할 수 있을 것이다. 또한 적이 오판하도록 하기 위해 잘못된 정보를 제공하는 것(기만, Deception)도 정보전에서 아주 중요한 요소인데 잘못된 정보를 제공하는 수단은 여러 가지가 있을 수 있으나 그중 가장 유용한 수단은 상대가 보낸 스파이를 역으로 활용하는 것이다. 따라서 이중스파이를 활용한 기만 공작은 방첩이 단순하게 적의 스파이 활동을 막는 것에서 그치지 않는 중요한 정보전의 수단임을 보여주는 것이다.[165]

라. 방첩 분석

광의의 방첩에 포함되는 보안 이외에 협의의 방첩은 주로 활동으로서의 방첩을 말하지만 방첩 업무에서 더욱 중요한 것은 방첩 분석이다. 일반적으로 정보기관에서 분석은 수집활동을 통해 입수된 첩보를 종합하고 판단 요소를 더하여 의미 있는 정보를 생산하는 것을 말한다. 특히 방첩분석은 정보활동 전문가인 적대 세력을 상대로 그들의 의도를 알아내고, 위협의 내용과 수준을 평가해 대응책을

165 배정석, p.20, 2024.

제시해야 할 뿐 아니라 우리의 공작적 활동에 대한 적의 반응을 예측하고, 적으로부터 입수된 정보가 우리를 기만하기 위한 것이 아닌지 등을 판단해야 하는 고도로 복잡하고 전문적인 작업이다. 이를 위해서는 현장활동 요원들로부터 입수되는 정보적 가치가 있는 첩보뿐 아니라 적 스파이나 우리 쪽 공작원의 단순한 행동과 반응까지 면밀히 분석하여 정확하게 상황을 판단할 수 있는 노련한 분석관이 필요하다. 특히 이중스파이 공작이나 기만공작을 수행하기 위해서는 상대의 인식과 사고의 과정을 추정하고 예측할 수 있는 고도의 전문성과 경험을 갖춘 분석관의 역할이 매우 중요하다. 대개 방첩기관에서는 즉각적으로 인식되는 현장 활동을 중요시하여 분석 요원의 역할을 경시하거나 자원 배정에도 인색한 경향이 있는데 충분한 숫자의 역량 있는 분석 요원이 확보되어야만 다양한 가정과 첩보 검증을 통해 보다 정확한 분석이 가능하다는 점을 인식하여 그 중요성을 간과하지 말아야 할 것이다.

요컨대 방첩(Counterintelligence)은 외국의 자국에 대한 정보활동을 탐지하고 이를 무력화함(Neutralize)으로써 자국의 안전과 이익을 지켜내는 정보활동이라고 말할 수 있으며, 이러한 의미로 방첩을 정의할 때 **방첩은 적의 우리에 대한 정보활동을 다양한 방법으로 파악**(understanding)**하여, 이들의 활동을 막아내며, 이러한 외부 공격자들에 대한 정보를 바탕으로 내부적 대비책(보안)을 더 잘 마련하도록 하는 일련의 활동**이라고 할 것이다.[166]

166 배정석, p.21, 2024.

제2절

방위산업 방첩의 특성

1. 국가안보 차원의 중요 방첩대상

전쟁 수행이나 국방력 유지를 위한 물자를 생산하는 방위산업은 국가안보를 위한 중요한 산업분야로서 고대로부터 국가적 보호의 대상이었으며, 주로 적대국에 역량과 기술이 노출되지 않도록 비밀을 유지하는 것이 중요시되었다. 또한 방위산업과 관련된 정보는 전쟁 승리를 위해 반드시 필요한 정보로 인식되어 각국 정보기관의 주요 정보수집 대상이기도 하다. 따라서 방위산업과 관련된 정보를 보호하기 위한 예방대책으로서의 방위산업 보안은 물론이고, 외국의 자국 방위산업에 대한 정보활동을 찾아내고 견제, 차단하는 방첩 활동 또한 국가 방첩 활동의 중요한 대상으로 인식되어 왔다. 이처럼 방위산업은 그 자체가 국가안보의 중요한 요소로서 외국의 정보활동 대상이며, 따라서 이에 대응하는 방위산업 분야의 방첩 활동도 당연히 방첩 업무의 중요한 분야로 수행되고 있다. 미국은 방위산업 기반(Defense Industrial Base)에 대한 외국의 공급망 위협 제거를 국가방첩전략(National Counterintelligence Strategy)의 주요 목표 중 하나로 명시하고 있으며[167] 우리나라도 2021년 개정된 「국가정보원법」에서 국정원의 직무를 나열하며 기존의 '방첩'이라는 단어에 "방위산업 침해에 대한 방첩을 포함한다"라고 특별히 부연 설명하고 있다.[168] 국가정보원은 법 개정 이전에도 방위산업에 대한 방첩 업무

167 National Counterintelligence Strategy 2020(https://www.dni.gov/files/NCSC/documents/features/20200205-National_CI_Strategy_2020_2022.pdf)(접속일: 2024년 6월 29일)

168 「국가정보원법」 제4조 제1항 제1호 나목: 방첩(산업경제정보 유출, 해외연계 경제질서 교란 및 방위산업침해에 대한 방첩을 포함한다) 대테러, 국제범죄조직에 관한 정보.

를 당연한 임무로 수행해 왔으나 개정된 법에서 이를 명문으로 설명한 것은 그만큼 방위산업이 중요한 방첩대상 분야로 부각되었으며, 다른 국가기관 및 방위산업체들에게 방위산업에 대한 방첩이 국가정보원의 직무 범위에 포함되어 있음을 분명하게 알리고 협력 체계를 갖추기 위한 목적이 있다고 볼 수 있다.

2. 복합적 기밀보호 요소

방위산업 방첩은 군사기밀, 산업기밀, 관련된 정책정보 등이 적대국 또는 경쟁국에 유출되지 않도록 하는 복합적 기밀보호 요소를 갖고 있다. 이는 생산되는 제품이 국방에 관련된 전쟁물자로 단순한 산업기밀에 더하여 군사기밀 요소를 갖추고 있을 뿐 아니라 제품의 수요자가 각국 정부라는 점에서 국가 간 국방, 외교, 통상 분야의 정책적 판단이 개입되기 때문이다. 따라서 주로 산업기술 보호에 치중되고 예외적으로 정책적 판단 요소가 개입되는 일반적 산업보안과는 구별되는 점이 많다.

그동안 우리나라 방위산업은 주로 외국으로부터의 수입과 기술도입에 의존하던 시기를 지나 중공업과 전자 분야 산업의 비약적인 발전에 따라 자체적으로 개발한 독자 기술을 갖게 됨으로써 수출이 가능해지고, 기술유출까지 우려해야 되는 수준으로 발전하였다. 주로 군사기밀 보호에 치중하였던 방위산업 보호가 기술유출에 착안한 것도 비교적 최근의 일이다. 반도체, 조선, 디스플레이, 자동차 등 국내기술의 해외 유출에 대비하여 국가 차원에서 산업보안에 관심을 두기 시작했던 90년대 중반까지도 방산기술에 대한 산업보안 차원의 기술유출 문제는 그리 중요한 이슈가 아니었다. 그러나 2000년대에 이르러 방위산업 분야에서도 기존의 군사기밀 유출 방지 차원의 군사보안 이외에 기술유출 방지를 위한 산업보안 시각의 방위산업 보호가 논의되기 시작하였다. 이제는 오히려 방위산업과 관련한 보안 이슈에서 군사기밀 유출보다 산업기술 유출 문제가 더 중요시되어 가는 분위기이다. 또한 방위산업의 생산물인 무기체계 등은 다른 산업 분야의 제품들과는 달리 전쟁물자에 해당하여 수익성에 따라 어느 나라에든 수출할 수 있는 것이 아니다. 적성국가나 국제적 협약 등으로 물자나 기술 이전이 금지된 국가에는 판매할 수 없으며, 우방국에 판매할 경우에도 상대국과의 군사, 외교적 관계가 제품의 수입과 수출에 큰 영향을 주기 때문에 국가 차원의 정책적 개입이 많고 역할도 클 수밖에 없는 것이다. 따라서 방위산업 방첩은 산업기술의 유출방지뿐 아니라 군사기밀의 보호, 관련된 정책 정보의 보호 등 복합적 기밀보호 요소가 모두 고려되어야 한다는 특징을 갖는다.

3. 시장경제와 국가안보의 균형

방위산업에는 국가기관뿐 아니라 이윤추구가 목적인 사기업이 참여하고 있으며, 시장경제의 논리뿐 아니라 국가안보와 국익이라는 안보 정책적 논리가 함께 고려되어야 한다는 특성을 갖는다. 방위산업도 일반 산업 분야와 마찬가지로 기본적으로는 경제성을 기반으로 한 시장원리에 의해 생산과 구매가 결정되는 것이지만, 국가가 구매자라는 점과 물자의 안정적 조달이 필요하다는 점, 관련 군사기밀이 보호되어야 한다는 점, 수출 대상국이 제한된다는 점 등에서 일반 시장구조와는 성격을 달리한다. 특히 보안 문제와 관련해서는 일반 산업 분야에서는 기술유출을 막기 위한 기업 스스로의 노력이 우선하고, 국가 핵심기술이나 첨단산업기술의 해외유출 등 일부 예외적인 경우에만 국가가 나서서 규제하는 반면, 방위산업 분야에서는 전쟁 소요 물자라는 특성에 따라 제품의 성능 및 개발 동향 등 관련정보 일체가 적국으로 유출되는 것을 막기 위해 국가가 주도적으로 나서서 보안을 강제할 필요가 있다. 무기에 대한 제원이나 성능 등은 적에게 알려질 경우 적의 대응책 마련에 도움을 주게 되어 아군의 경쟁력을 상실하게 하는 중요한 군사정보로서 적에 대한 군사적 우위를 유지하기 위해서는 엄중히 보호될 필요가 있는 정보이기 때문이다. 따라서 기업의 입장에서는 자신들의 이해가 걸린 문제인 기술유출로 인한 시장침해 및 경쟁력 상실 등을 방지하기 위한 수준보다 훨씬 더 강한 수준의 보안조치가 국가에 의해 강제적으로 요구되는 것이고, 기업은 이에 대해 지나친 규제라는 불만을 가질 소지가 있다. 따라서 기업이 필요로 하는 수준 이상의 보안요구에 대해서는 자발성을 기대하기 어렵기 때문에 규정이나 점검 등을 통해 이행을 강제하는 조치가 필요하며, 이에 대한 기업의 이해가 따라 주어야만 한다. 더군다나 단순한 보안이 아니라 국가 안보적 수준의 방첩대책이 마련되고 시행되기 위해서는 기업과 정부의 입장 차이에 대한 충분한 이해와 협조 필요성이 매우 크다고 할 수 있다. 무엇보다도 방위산업은 외국인, 외국 방산기업, 연구소 등 민간 차원의 기술유출 시도 이외에도 각국 정보요원, 외교관, 무관 등 외국 정부가 직접 무기개발 동향 정보나 관련기술, 정책정보 등의 수집활동에 나서기 때문에 개별 기업 혹은 국방부, 산업부 등 일반부처 차원의 내부적 보안관리 이외에 적대 세력들의 위협을 수집, 분석하고 이를 견제, 차단하기 위한 전문 정보기관의 방첩 활동이 필요하다는 것을 이해시킬 필요가 있다.

요컨대 방위산업에 대한 정보적 위협에 대응한다는 방위산업 방첩은 새로운 개념이 아니며 군사기밀 보호 등을 위해 기존 방첩의 영역에 중요한 요소로 포함되어 있던 개념이다. 단순히 경제적 이익을 목적으로 기술이나 경영상 정보를 빼내 가는 산업스파이로부터 기업과 국가의 경쟁력을 지키기 위한 일반 산업보안 업무보다 먼저 방첩 활동의 대상이 되었던 것이다. 다만 방위산업 방첩은 군사기밀 보호라는 국가안보적 측면과 기술유출 방지라는 산업보안적 측면이 동시에 존재하는 특별한 분야이고, 수요자가 정부뿐이며, 수출 시에도 구매자가 다른 나라의 정부라는 사실로 인해 군사, 외교, 통상에 관한 정책적 고려가 함께해야 한다는 점과 전략물자 수출통제체제 등 국제협약에 의해 특정 국가와는 거래가 통제되는 등으로 인해 단순한 기술유출뿐 아니라 국가의 관련정책에 대한 침해나 국제적 의무사항의 준수 의무까지 복합적 관리의 대상이며, 위협의 주체도 외국의 정부, 정보기관, 군, 기업 등 다양하여 입체적이고 종합적인 형태의 보호대책이 필요하다고 할 수 있다. 특히 우리나라의 경우에는 북한과의 오랜 군사적 대치 상황에서 방위산업에 대한 국가안보적 관점의 방첩 활동은 중요성을 갖고 지속되어 왔으나 방위산업 관련기술 대부분이 외국으로부터 도입되던 상황에서는 방위산업 기술유출을 방지하기 위한 방첩 활동은 주목받지 못하다가 2000년대 이후 방산기술의 획기적 발전으로 인해 기술유출 문제가 부각되면서 보호대책 강구가 긴요해진 것으로 볼 수 있다.

방위산업 방첩의 보호대상

1. 군사기밀 보호

방위산업은 전쟁의 수단인 무기의 생산과 관련된 산업분야라는 점에서 오래전부터 생산기술뿐만 아니라 성능, 생산계획, 생산량 등 관련된 정보가 군사기밀로 다루어져 왔으며 국가안보와 관련된 중요한 정보로 취급되어 왔다. 이미 1965년 제정된 국방부 「군사보안업무훈령」에 군수업체에 대한 보안 업무가 포함되었고, 1977년에는 국방부 훈령인 「방위산업보안업무훈령」이 제정되었다. 무기에 대한 제원이나 성능 등은 적에게 알려질 경우 적의 대응책 마련에 도움을 주게 되어 아군의 경쟁력을 상실하게 하는 중요한 정보로서 적에 대한 군사적 우위를 유지하기 위해서는 엄중히 보호될 필요가 있는 정보이기 때문이다. 우리나라에서 군사기밀 보호를 목적으로 하는 대표적 법률인 「군사기밀보호법」(제2조 1호)은 "군사기밀이란 일반인에게 알려지지 아니한 것으로서 그 내용이 누설되면 국가안전보장에 명백한 위험을 초래할 우려가 있는 군 관련 문서, 도화, 전자기록 등 특수매체기록 또는 물건으로서 군사기밀이라는 뜻이 표시 또는 고지되거나 보호에 필요한 조치가 이루어진 것과 그 내용을 말한다."라고 규정하고 있어, 군사기밀로 보호되는 것은 군 내부의 문서와 물건 및 그 내용임을 알 수 있다. 따라서 국방력 형성에 중요한 요소가 되는 총·포·탄약·함정·항공기·전자기기·미사일 등 무기체계를 조달하는 방위산업은 당연히 군사기밀에 해당하는 물품과 내용이 포함되어 있을 수밖에 없으며, 그들 물품의 획득계획과 요구 성능을 포함한 관련 내용들도 군사기밀에 해당하는 것이 대부분이어서 일찍부터 방위산업은 군사기밀 보호의 대상이 되어 왔다. 그런데 일반 산업 분야에서 제조업체가 소비자의 요구를 미리 알아야 시장이 필요로 하는 제품을 개발하듯이 방위산업체도 유일한 구매자인 정부의 조달계획이나 요구사항들을 미리 알아야 제품을 개발하거나 판매할 수 있으므로 관련된 정보수집 요구가 발생하게 되고, 이 과정에서 군사기밀의 유출이 빈번히 발생할 수밖에 없는 구조를 가지고 있다. 그동안 우리나라에서 '방위산업'이 국방을 위한 물자를 생산하는 대규모 제조업이라는 일반 인식과 더불어 '방산비리'라는 부정과 부패로 얼룩진 산업구조로 알려지게 된 이유이다. 외국에서 무기를 도입하는 과정에서 정치권이나 군 고위층에 대한 로비와 뇌물제공 등이 만연해 대형 방산비리로 부각되면서 사회적 물의가 야기되거나, 국내 방위산업체와 수요자인 군 고위층이 결탁한 부정부패 사례가 빈번하게 발생하였고 이러한 과정에서 필연적으로 유출되는 군사기밀과 관련하여 보안대책을 강화해야 한다는 주장이 반복되곤 하였다. 2006년 국방부와 분리하여 방위사업청을 설립한[169] 취지 중 하나도 거기에 있으며, 「방위사업법」(제6조)이 청렴서약제와 옴부즈만 제도 등에 많은 부분을 할애하고 있는 것도 바로 이 같은 이유에서다. 우리나라에서 방위산업 군사기밀 보호를 위한 대표적인 기관으로는 국군방첩사령부가 있으며, 국가정보원도 국가방첩 차원에서 「군사기밀보호법」과 관련한 정보의 수집과 방첩 활동을 하고 있다.[170]

2. 산업기술 보호

국가 간의 보이지 않는 전쟁인 정보전은 주로 국가의 생존과 안전을 지키기 위한 목적으로 수행되며, 전통적으로 전쟁 승리 목적의 군사정보와 국제정치에서의 우위를 점하기 위한 외교상 정보를 주요 목표로 하였으나, 국력과 안보에서 경제가 차지하는 비중이 커져 감에 따라 경제안보의 개념이 확대되면서 정보기

169 2006년 1월 1일 국방부 조달본부를 폐지하고 국방부로부터 방위사업 계획 · 예산 · 집행 · 평가 및 중앙조달군수품의 계약에 관한 사무를 이관 받아 국방부 외청으로 방위사업청을 설치.

170 「국가정보원법」 제4조 제1항 제1호 나목(방위산업 침해를 포함한 방첩) 및 다목(「군사기밀보호법」에 규정된 죄에 관한 정보)에서 관련정보의 수집 · 작성 · 배포를 국정원의 직무로 명시하고 있다.

관들도 국가이익(National Interest)을 위한 정보활동에 나서게 되었다. 특히 1990년대 들어와 냉전이 종식된 이후에는 각국 정보기관이 경쟁국의 산업기술, 통상 전략 등의 경제정보 수집에 더욱 활발히 나서기 시작하였다. 이 과정에서 필연적으로 적과 우방이 따로 없이 국가이익을 위한 산업, 경제 분야 정보전이 치열해졌고, 특히 문서와 자료의 디지털화와 인터넷을 통한 컴퓨터 해킹 기술의 발달로 기술 탈취가 쉽고, 빠르고, 대량화됨에 따라 국가 간 경제 스파이전이 급격히 확대되었다. 따라서 기존에 개별 기업의 문제로만 인식되었던 산업기술과 경영정보 탈취에 대비한 산업보안활동도 각국 정보기관 방첩 업무의 중요한 부분으로 인식되었고, 경제방첩이 새로운 업무로 부각되기 시작했다. 미국은 1996년 Economic Espionage Act를 제정하여 외국 정부(정부투자기관 포함)가 개입하는 경제정보활동을 간첩행위로 간주하고 적극적인 방첩 활동에 나섰으며 대부분 나라도 이에 따르기 시작하였다. 우리나라에서도 1990년대 말부터 산업보안이란 용어가 기업이나 언론에서 자주 사용되기 시작하였으나 국가 차원에서 방첩활동의 일환으로 중요성을 갖기 시작한 것은 2003년 10월 국가정보원에 '산업기밀보호센터'가 설립된 이후라고 보아야 할 것이다.[171] 이후 2006년에는 산업기술을 국가 차원에서 지키기 위한 노력으로 「산업기밀의 유출방지 및 보호에 관한 법률」(이하 「산업기술보호법」이라 한다)이 제정되면서 사회 전반에 산업보안의 중요성이 부각되고 법률 용어들도 정립되기 시작하였다. 「산업기술보호법」은 산업경쟁력 제고를 위해 중요한 기술을 국가가 '산업기술'로 지정하여 보호하고, 그중에서도 경제적 가치가 높아 해외로 유출될 경우 국가안보와 국민경제 발전에 중대한 악영향을 줄 수 있는 기술은 '국가핵심기술'로 지정하여 더욱 엄중하게 보호한다는 개념을 도입한 것으로, 산업기술의 국가적 보호에 획기적인 전기를 가져왔다고 볼 수 있다. 물론 이 법 이전에도 타인의 상표 사용 등에 의한 부정경쟁을 방지하고 영업활동에 유용한 기술상 또는 경영상의 정보(영업비밀)를 보호하기 위한 「부정경쟁방지 및 영업비밀보호에 관한 법률」(이하 「영업비밀보호법」이라 한다)이 오래전(1962년 제정)부터 있었으나 「영업비밀보호법」이 개인의 권리침해 구제 차원의 법이라면 「산업기술보호법」은 국가 차원의 기술 보호를 위한 법이라는 데 차이

171 한국산업보안연구학회, "산업보안학", 서울: 박영사, p.5, 2022.

가 있다. 「영업비밀보호법」이 보호하는 대상은 크게 '기술상의 영업비밀' 과 '경영상의 영업비밀'로 나눌 수 있는데, 이들 비밀은 ① 공지되지 않고 ② 비밀로 관리되고 있으며 ③ 경제적 유용성이 있다는 점의 요건만 갖추면 특허처럼 사전 등록하거나 산업기술처럼 국가가 지정하지 않았더라도 광범위하게 보호받을 수 있어 기술유출로 인한 개인적 피해 구제에 있어서는 보다 폭넓게 활용되고 있다. 방위산업에 있어서도 이들 산업기술 보호와 관련된 내용이 적용되는 것은 당연하다.

3. 방산기술 보호

우리나라에서 초창기 방위산업은 대부분의 무기체계를 선진국 제품 또는 기술에 의지하던 수준이어서 방위산업 기술유출에 대한 문제는 반도체, 조선, 자동차, 디스플레이 등 먼저 세계적 경쟁력을 갖춘 일반 산업 분야 기술유출의 문제가 심각해진 것보다는 뒤늦게 인식되었으며, 우리 방위산업이 자체적 기술을 확보하고 무기 수출이 국익에 기여하게 되면서 비교적 뒤늦게 주목받게 되었다. 방산기술도 산업기술에 속하며 기존의 산업기술 보호에 관한 법령들에 의해 보호를 받는 것은 당연하다. 그러나 우리나라의 방위산업 관련기술이 선진국 수준으로 발전하고 수출에서 차지하는 비중도 늘어나자 이들 법만으로는 방산기술을 효율적으로 보호하는 데 부족하다는 필요성에 따라 2012년 12월에 특별히 「방위산업기술보호법」이 제정되어 국가가 방위산업기술을 지정하고, 보호 체계를 지원하며, 불법적 기술유출을 처벌하는 방안이 마련되었다. 이 법에서 말하는 '방위산업기술'이란 방위산업과 관련한 국방과학기술 중 국가안보 등을 위하여 보호되어야 하는 기술로서 방위사업청장이 같은 법 제7조에 따라 지정하고 고시한 것을 말한다.[172] 이 법에서는 부정한 방법으로 방위산업기술을 취득, 사용 또는 공개하는 행위를 금지하고, 기술유출과 침해행위가 발생하면 방위산업기술을 보유하거나 방위산업기술과 관련된 연구개발사업을 수행하고 있는 대상기관의 장은 방위사업

172 「방위산업기술보호법」 제2조(정의) 제1호 및 제7조(방위산업기술의 지정 · 변경 및 해제 등).

청장과 정보수사기관의 장에게 그 사실을 신고하도록 의무화하고 있는데[173] 여기서 말하는 정보수사기관이란 국가정보원, 검찰청, 경찰청, 해양경찰청, 국군방첩사령부를 말한다.[174] 방위산업기술에 대한 침해를 국가안보에 대한 위협으로 보고 방첩기관에 신고하도록 체계를 마련한 것이다. 방위산업에 있어서 기술유출은 대상기관으로 지정된 기업이나 연구소 자체의 보호대책(보안) 이외에 국가 방첩기관에 의한 보호가 필요하며 이를 위해서는 빠른 소통과 협력이 무엇보다 중요하기 때문이다. 「방위산업기술보호법」(제2조 2호)은 그 대상기관으로 방위산업기술을 보유하거나 연구개발하는 기관으로서 국방과학연구소, 방위사업청, 각 군, 국방기술품질원, 방위산업체, 전문연구기관, 일반기업, 연구기관, 전문기관, 대학 등으로 규정하고 있어 군 관련기관이거나 방위산업체로 지정된 업체뿐 아니라 방위산업기술로 지정된 기술을 보유하거나 연구개발하는 모든 기업(일반기업 포함)과 연구소 및 대학까지 대상이 되며, 이들에게는 다양한 규제가 따르게 되어 있다. 기술 보호에 필요한 대책을 세워 운영해야 하고 그 실태를 주기적으로 조사받아야 하며, 수출 및 국내 이전 시에도 제한을 받을 뿐 아니라, 기술유출 및 침해가 발생한 경우에는 반드시 신고해야 하고, 방위사업청과 정보수사기관으로부터 조사도 받아야 한다. 이러한 의무사항들은 일반 산업기술 보호를 위한 조치 이외에 방위산업기술에 대한 추가적인 보호조치로, 대상기관 입장에서는 부담스러운 규제로 인식될 수 있다. 방위산업은 대개 규모가 크고 첨단기술이 적용되는 경우가 많기 때문에 기업의 입장에서는 당연히 신기술을 개발하거나 자체적으로 개발한 기술을 철저히 보호하여 경쟁력을 지켜 나갈 필요가 있다. 하지만 국가적 차원에서도 방위산업기술을 보호하여 산업경쟁력뿐만 아니라 국방력에서의 우위를 유지해야 할 필요가 있다. 현대에 와서 방위산업에 적용되는 기술이 민간 분야에서도 활용되는 경우가 늘어나고, 민간 분야의 기술도 방위산업에 적용되는 경우가 늘어나고 있다. 이들 이중용도(Dual Use) 품목이 늘어갈수록 방위산업체들은 자신들의 기술에 가해지는 보안상 규제에 불만이 늘 수밖에 없다. 자신들의 이해가 걸린 문제인 기술유출에 따른 시장침해 및 경쟁력 상실 등을 방지하기 위한

173 「방위산업기술보호법」 제11조.

174 「방위산업기술보호법」 시행령 제5조 제2항.

수준보다 훨씬 더 강한 수준의 보안조치가 국가에 의해 강제적으로 요구되기 때문이다. 따라서 단순한 보안이 아니라 국가 안보적 수준의 대책이 마련되고 적용되기 위해서는 기업과 정부의 입장 차이에 대한 충분한 이해와 협조 필요성이 매우 크다고 할 수 있다.

4. 군사, 외교, 통상 정책 및 국제협약 등의 보호

방위산업 방첩(Defense Industry Counterintelligence)은 방위산업을 대상으로 한 외국 등 적대 세력의 정보활동을 찾아내고 그 정보활동을 확인 · 견제 · 차단하기 위한 대응활동으로서의 정보활동이다. 따라서 외국을 비롯한 적대 세력이 방위산업을 대상으로 정보활동을 한다면 관련되는 모든 범위에서 방첩 활동이 이루어져야 할 것이다. 방위산업과 관련한 외국의 정보활동은 단순한 군사기밀 및 방위산업기술뿐 아니라 관련된 정책정보나 외교 전략을 겨냥하기도 하는데, 이는 전쟁물자인 무기의 수출과 수입은 단순한 무역이 아니라 적국과 동맹국을 구분하여 이루어지는 군사, 외교적 문제이기도 하기 때문이다. 무기 수출을 위해서는 수입 당사국이나 수출 경쟁국의 외교 및 통상 전략을 미리 파악해야 하는 경우도 있다. 이를 위해서 정보기관들은 관련국가 간에 이루어지는 교섭과 접촉 및 내부 정책 방향에 대한 정보도 입수하려고 노력한다. 따라서 방위산업과 관련된 군사, 외교, 통상정책 등과 관련한 정보의 유출과 이들 정책에 영향력을 행사하려는 공작활동(Influence Operation) 등 위협 요소를 찾아내고 이를 차단하는 활동이 필요하다. 실제로 방위산업과 관련한 외교 협상이 미흡하여 기술유출이 발생한 경우도 있다. 2020년 국방과학연구소(ADD) 퇴직 연구원들의 대규모 기밀유출 사건 조사 과정에서 밝혀진 내용 중 아랍에미리트(UAE) 연구기관으로 이직한 연구원의 정밀유도무기기술 UAE 유출 사건과 관련, UAE 측은 2018년 초 우리 정부 고위 관계자 등으로부터 무기개발연구소 설치를 위한 지원방안을 제안받으면서 입수한 정보를 바탕으로, 막상 협의에는 미온적으로 응하며, 은밀히 우리 기술자를 빼간 것으로 추정되어 외교가 안팎에서 UAE 측의 외교 결례와 함께 우리 정부의

안일한 자세에 대한 비판 여론이 일기도 했었다.[175]

한편, 방산물자 및 국방과학기술을 국외로 수출하거나 그 거래를 중개하고자 하는 경우에는 방위사업청장의 허가를 받아야 하며(「방위사업법」 제57조 제2항), 국제수출통제체제(전략물자 수출통제체제)에 따라 국제평화 및 안전유지와 국가안보를 위하여 수출통제가 필요한 물품이나 기술로 지정된 전략물자에 대해서는 산업통상자원부 장관이나 관계부처 장관의 수출 허가를 받아야 하는데(「대외무역법」 제19조)[176] 이러한 과정에서도 국제 거래상의 최종 구매자가 누구인지는 일반 정부부처가 확인하기 힘든 일이어서, 해외에서의 정보수집 능력과 외국 정보기관들과 협력이 가능한 정보기관의 역할이 필요하다고 하겠다. 특히 전략물자 수출통제체제는 국제협약에 따른 의무라서 지키지 않으면 국제적 제재를 받을 수 있는데도 기업 입장에서는 중요성을 인식하지 못하는 경우가 많고, 알더라도 영업이익을 위해 몰래 수출하는 경우도 많다. 2006년 국정원에 적발된 전략물자 불법 수출 사건에서 방산업체 7곳은 컨소시엄을 구성하여 105mm 곡사포용 대전차 고폭탄 등 6종의 포탄을 연간 수만 발씩 생산할 수 있는 포탄 제조공장 설비와 제조기술을 1,400억 원에 통째로 미얀마에 몰래 수출하였는데, 미얀마는 우리나라가 1996년에 가입한 재래식 무기와 기술의 이전을 통제하는 바세나르 협정(VA)에 의해 방산물자 수출이 엄격히 통제된 국가였다.[177]

---

175 주간조선 배용진, “수조 가치 무기기술 유출에도 입 닫은 정부”, 2021년 4월(http://weekly.chosun.com/news/articleView.html?idxno=17133).

176 「대외무역법 시행령」(제32조)이 정하고 있는 국제 수출통제체제는 다음과 같다.
1. 바세나르체제(WA): 재래식 무기와 이중용도 물품 및 기술의 이전을 통제
2. 핵공급국그룹(NSG): 원자력 관련 물자 및 기술의 이동 통제
3. 미사일기술통제체제(MTCR): 일정 수준 이상 미사일 완제품과 부품 및 기술의 통제
4. 오스트레일리아그룹(AG): 생화학무기 및 제조장치 통제
5. 화학무기의 개발·생산·비축·사용 금지 및 폐기에 관한 협약(CWC)
6. 세균무기(생물무기) 및 독소무기의 개발·생산·비축 금지 및 폐기에 관한 협약(BWC)
7. 무기거래조약(ATT): 재래식 무기가 테러, 민간인 학살에 사용되지 못하도록 거래 통제

177 동아일보 정원수, “무기공장 통째로 미얀마에 불법 수출”, 2006년 12월(https://www.donga.com/news/article/all/20061207/8382158/1).

제4절

방위산업 방첩의 주무기관과 주요 방첩대상

1. 방위산업 방첩의 주무기관

외부의 정보적 위협으로부터 안전을 지켜내기 위한 내부 대비 태세인 보안업무와 달리 좁은 의미의 방첩은 외국 정부, 외국단체, 외국인 등에 의한 외부의 정보적 위협을 능동적으로 색출, 차단, 견제, 활용하기 위한 정보활동으로서 개인이나 기업 또는 일반 국가기관이 아닌 방첩기관의 고유 업무이다. 우리나라에서도 방첩은 국가정보기관인 국가정보원의 주요 업무로 규정[178]되어 있으며, 방첩에 대한 구체적인 사항을 규정한 대통령령인 「방첩업무규정」은 방첩 업무를 수행하는 '방첩기관'으로 국가정보원, 법무부, 관세청, 경찰청, 특허청, 해양경찰청, 국군방첩사령부 등 7개 기관을 명시[179]하고 있다. 또한 이들 방첩기관들과 협력하여 방첩업무에 참여하는 기관들을 '방첩관계기관'으로 정의하고, 법령에 따라 설치된 국가기관 및 국가정보원장이 국가방첩전략회의 심의를 거쳐 지정하는 지방자치단체와 공공기관을 방첩관계기관으로 명시하고 있다.[180] 즉 방첩은 기본적으로 방첩기관이 방첩관계기관들과 협력을 통해 수행하는 업무이며, 기업이나 개인이 자체적으로 수행하는 업무가 아닌 것이다.

방위산업 방첩도 국가방첩 활동의 일환으로 모든 방첩기관과 방첩관계기관들이 수행해야 하는 방첩 업무의 한 분야라고 할 수 있으나, 기본적으로는 업무상 밀접한 관련성을 가진 방첩기관들이 주도적으로 수행해야 할 것이다. 우선 방첩

178 「국가정보원법」 제4조 제1항 제1호.

179 「방첩업무규정」 제2조 제3호.

180 「방첩업무규정」 제2조 제4호.

기관 중에서는 국가정보원과 국군방첩사령부가 방위산업 방첩 업무의 주무기관이라고 할 수 있다. 국가정보원은 외국 정보기관을 포함한 적대 세력의 모든 정보적 위협에 포괄적으로 대응하는 국가방첩 업무 전담 정보기관이며, 분야별로 정보업무를 수행하는 부문정보기관과 달리 국가차원의 정보활동을 수행하면서 다른 부문 정보기관들의 방첩 업무를 총괄하고 조정하는 국가정보기관이기 때문이다. 방산방첩의 주요 보호대상인 군사기밀 보호, 산업보안, 정책정보에 대한 보안 업무 등도 국가정보원이 수행하는 주요 업무이다. 또한 국군방첩사령부는 국방부와 각 군의 군사 분야 방첩 업무를 전문적으로 수행하는 방첩기관으로 군 관련기관과 방위산업체들의 군사기밀 보호를 주 업무로 하기 때문이다. 방첩관계기관 중에서는 방위산업과 관련 있는 부처인 국방부, 산업통상자원부, 방위사업청 및 방위산업기술 개발과 관련이 있는 연구기관인 국방과학기술원, 국방기술품질원 등이 주무기관에 해당 된다고 할 수 있다. 그러나 방위산업 방첩 업무를 효율적으로 수행하기 위해서는 이들 방첩기관이나 방첩관계기관 등 주무기관뿐 아니라 방위산업 관련기업들의 참여가 필수적이다. 방위산업 관련기술과 생산시설을 직접 보유하고 운용하며, 많은 직원이 비밀취급인가를 받고 관련 업무에 종사하고 있기 때문이다. 따라서 이들이 방첩 업무를 이해하고 방첩기관과 긴밀히 협조할 수 있도록 협력 체계를 갖추고, 방위산업체 종사자들이 적대 세력의 정보적 위협에 경각심(Awareness)을 가질 수 있도록 하기 위한 방첩기관의 교육, 홍보, 정보공유가 매우 중요하다.

한편 보안 업무와 관련해서는 「보안업무규정」에 따라 국가정보원장이 국가보안 업무의 기본정책을 수립하고 보안측정, 신원조사, 사고조사 등의 업무를 수행하지만 방위산업체 및 연구기관에 대한 보안사고 조사 및 보안측정 등은 국방부장관에게 위탁하고 있다.[181] 따라서 실질적으로는 국방부의 보안 업무를 담당하는 방첩사령부가 방위산업체를 대상으로 한 보안 업무 실무를 담당하게 된다.

181 「보안업무무규정」 제45조 제2항: 국가정보원장은 필요하다고 인정할 때에는 각급기관의 장에게 제35조에 따른 보안측정 및 제38조에 따른 보안사고 조사와 관련한 권한의 일부를 위탁할 수 있다. 다만, 국방부장관에 대한 위탁은 국방부 본부를 제외한 합동참모본부, 국방부 직할부대 및 직할기관, 각군, 「방위사업법」에 따른 방위산업체, 연구기관 및 그 밖의 군사보안대상의 보안측정 및 보안사고 조사로 한정한다.

2. 방위산업 방첩의 주요 방첩대상

가. 외국 정보기관

각국의 정보기관은 자국의 안보와 국익을 위한 정보를 수집하고 외국의 자국에 대한 정보활동에 대응한 방첩 활동을 하는 것을 임무로 한다. 특히 냉전종식 이후의 정보기관들은 과거 전쟁 승리를 위한 군사첩보 위주의 정보활동에서 벗어나 산업기술을 포함한 경제정보 수집 비중을 늘리고 있다. 특히 방위산업과 관련된 정보는 군사안보목적의 정보이면서 동시에 산업기술에 관한 경제정보이기도 하여 각국 정보기관의 주요 정보수집 대상이다. 방위산업 기술과 관련된 정보가 국제정치에 영향을 주어 세계사의 방향을 바꾸기도 한다. 미국이 핵무기를 완성한 1945년 이후 불과 4년 만에 소련이 핵무기 기술을 빼내 핵실험에 성공(1949년)하지 않았더라면 1950년 6·25전쟁은 일어나지 않았을지도 모른다. 핵무기 확보를 통해 미국과 맞설 자신감이 없었더라면 스탈린이 북한의 남침을 허용하지 못했을 가능성이 높기 때문이다. 맨해튼 계획에 참여한 독일 출신 영국 물리학자 클라우스 푹스는 이미 1942년에 소련 정보기관에 포섭되어 7년간이나 미국과 영국의 핵무기 기술을 소련에 넘겨주었으며 미국과 영국의 방첩기관은 소련의 핵실험 이후인 1950년에야 그를 적발하였다.[182] 2013년 에드워드 스노든이 폭로한 미국 NSA(National Security Agency)의 비밀 자료에 따르면 중국은 이미 2007년경 미국의 첨단 스텔스 전투기인 F35의 엔진 설계도와 배기 냉각기술 등 핵심기술 자료들을 스파이 활동을 통해 빼내 갔으며 이를 활용해 J20 등 스텔스기를 개발했을 가능성이 크다고 한다.[183] 미국의 CIA나 NSA도 자국의 방위산업 수출과 기술 우위 유지를 위해 방위산업정보를 수집하고 있음은 물론이다. 우리나라에서도 각국 정보기관 요원이 방위산업과 관련한 정보를 수집 중이며, 2013년 12월에는 외교관으로 위장한 러시아 정보기관 요원이 우리나라 방위산업체 소속 연구원에게 금품을 제공하고 포섭하여 경항공기 신소재 관련기술과 EMP(전자기파) 폭탄

182 Klaus Fuchs, Wikipedia(https://en.wikipedia.org/wiki/Klaus_Fuchs)(접속일: 2024년 6월 16일).

183 이투데이 배준호, "중국 스파이, 미군 F35 스텔스기 정보 빼돌려", 2015년 1월(https://www.etoday.co.kr/news/view/1058164).

방호 관련기술을 수집하다가 적발되기도 하였다.[184]

나. 외교관 및 무관

각국이 외교사절의 일원으로 해외 공관에 파견하는 외교관이나 무관들은 '공개된 스파이'로 칭해질 만큼 주재국에 대한 정보수집을 기본적 임무로 수행한다. 특히 무관들은 현역 장교들로 구성되며 주재국 군 당국과 친선 및 정보교류를 임무로 하지만 예로부터 주재국의 군사적 동향을 파악하는 고유의 임무를 갖고 있으며, 주재국 방위산업에 대한 정보를 입수하는 것도 당연한 기본 임무이다. 또한 무관들 중에는 다수의 군사정보기관 요원들이 포함되어 전문적이고 공세적인 정보활동을 하는 경우가 많은데, 이들은 기본적으로 주재국의 군사력 평가에 필요한 정보와 군사적 의도를 파악하기 위한 정보에 관심이 많으나, 전쟁의 승패가 첨단무기에 의해 좌우되는 경향이 커지면서 방위산업 관련정보도 중요 목표로 삼고 있다. 무기 수출국의 무관들은 군 당국자들과의 빈번한 교류 기회, 무기관련 자료에 대한 접근성 및 군사시설 출입 용이성 등으로 인해 주재국 방위산업에 대한 경쟁정보나 자국산 무기를 수출하는 데 도움이 될 수 있는 정보를 수집하는 데 있어 자국의 방위산업체들보다도 유리한 위치에 있다. 이들은 방위산업 분야의 구체적인 기술정보를 포함하여 주재국의 국방정책이나 군 당국의 무기도입 계획, 경쟁 상대국의 무기에 대한 평가 등을 수집하여 본국에 보고하는 것은 물론이고, 현지에 진출한 자국 방위산업체 직원들과도 수시로 정보를 교류하면서, 방산과 관련된 정책 결정에 관여하고 있는 주요 인물들에 대한 정보를 지원하고, 그들과의 접촉 기회를 주선하는 등 측면 지원을 담당하기도 한다. 물론 무기 수입국가 무관들의 경우에는 주재국 무기의 특성과 성능을 파악하여 자국에 보고하는 업무도 수행하므로 이들의 동향을 파악하여 무기도입 계획이나 수출 경쟁국 관련 정보를 입수할 수도 있다. 또한 무관 중 일부는 전역 후 자국 방위산업체에 채용되어 주재국에 다시 파견되기도 하는데, 무관으로 근무 당시의 주재국 군 당국 및 방위산업체 간부들과의 인맥을 활용하기 위해서이다. 따라서 외국 무관들이

184 연합뉴스 이우성, "러시아에 군사기술 유출 혐의 연구원 등 구속", 2013년 12월(https://n.news.naver.com/mnews/article/001/0006643687?sid=101).

퇴역 후 상사원 신분으로 재입국하는 경우에는 방첩당국의 관심 인물이 되는 경우가 많다. 군사적 협력관계에서 공유하던 군사기밀이 비즈니스에 활용될 가능성이 높고, 공적인 입장에서 맺은 친분으로 신뢰성을 확보한 이들에 대해 군 관계자나 공무원들의 경각심이 이완되어 있을 가능성도 높기 때문이다.

다. 외국 방위산업체

외국 방위산업체들은 자신들의 제품을 팔기 위해 주로 군의 무기도입과 관련된 정책과 계획에 관심이 많으며, 경쟁 관계에 있는 방위산업체들의 경쟁정보, 기술정보를 수집하기 위한 정보활동을 한다. 방산기술은 일반 산업보안에서와 마찬가지로 「영업비밀보호법」, 「산업기술보호법」에 의해 보호받을 뿐 아니라 「방위산업기술 보호법」에 의해서도 보호되고 있으며, 특히 단순한 기술유출 이외에 군사기밀이 유출되는 경우에는 「군사기밀보호법」에 의해 처벌되는 경우도 많다. 특히 외국 방위산업체들은 수요자인 군의 무기획득계획과 작전요구성능(ROC, Requirement of Operational Capability) 등을 미리 알아내기 위해 군 당국자들에게 접근하여 정보를 수집하고, 심지어는 이들 계획에 미리 자신들에게 유리한 조건을 포함시키기 위한 영향력 공작을 수행하기도 한다. 이 과정에서 외국 방위산업체들은 이러한 정보활동에 자신들이 직접 개입되어 유사시 발생할지도 모르는 형사처벌 논란 등을 피하기 위해 현지 지사 이외에 대리인(무기중계상)들을 활용하는데, 이들은 대개 군에서 고위 장교로 퇴역한 예비역들이다. 따라서 이들과 친분 관계로 접촉하는 과정에서 군사정보를 유출한 현역 장교들이 「군사기밀보호법」 위반 혐의로 처벌을 받는 경우도 종종 발생한다. 잘 알려진 사례가 1998월 9월 발생한 '린다 김 로비' 사건이다. 이 사건으로 육해공 3군의 영관급 장교 4명이 기소됐고, 전직 국방부장관이 구설에 오르기도 했는데, 당시 우리 군의 대북감청 시스템인 '백두시스템 설계 참고자료'와 '공군 전자전 장비' 등 군사기밀이 유출되어 사회적 문제가 되기도 했다.[185] 2014년에도 우리 해군의 잠수함 사업 관련 군사기밀이 방위산업체와 무기 중개상을 통해 독일 업체에 유출된 것으로

185 주간경향 김재홍, "방위산업 '손 큰 로비'가 주도한다", 2006년 8월(http://weekly.khan.co.kr/khnm.html?mode=view&code=113&artid=12682).

드러나기도 했다.[186]

라. 외국 협력사 및 합동 연구기관

일반 산업보안 분야에서 기술유출의 상당부분을 차지하는 것은 협력사 직원이나 합동연구를 진행한 기관 또는 기업 관계자이다. 이들은 협력사로부터 기술을 제공받아 생산에 참여하거나, 관련기술을 공동으로 연구하는 과정에서 자연스럽게 기술자료에 접근할 수 있고, 어렵지 않게 기술을 습득하게 되어 기술유출 행위에 대한 문제 의식을 갖지 않게 되는 경우가 많다. 또한 협력사의 경우 자신들의 기술이 아니라는 이유로 관리를 제대로 하지 않는 경우도 많고, 합동연구의 경우에는 외부인임에도 동반자로 인식하여 제한구역 출입통제나 기술자료 접근권한 제한조치 등 물리적 보안을 허술하게 관리하는 경우가 많다.

2024년 2월에 한국형 초음속 전투기 KF-21 공동개발을 위해 한국항공우주산업(KAI)에 파견된 인도네시아 국영항공우주기업(PTDI) 기술진이 비인가 이동식 저장장치(USB)를 이용해 전투기 설계도에 해당하는 KF-21의 '카티아(CATIA)' 도면 자료 등 관련자료를 KAI 외부로 빼돌리려다 적발되었다. USB는 모두 8개로 18Gb(기가바이트) 분량이며 개별 자료 건수만 약 6,600건에 달하였다.[187] 이 사건에서 KAI는 외국인 기술진에 대해 제한구역 출입통제나 물품 반출입 시 물리적 보안 관리를 제대로 하지 않은 것으로 드러났다. 2013년 1월 발사에 성공한 우리나라 최초 발사체 나로호 발사를 위해 우리나라에 체류하던 러시아 기술진과 장비를 해외까지 따라 나와 24시간 감시하며, 기술유출을 차단했던 러시아 방첩기관 요원들의 보안활동과 비교되는 사건이다.

마. 내부자

외국의 정보기관이나, 외교관, 무관, 기업들은 스스로 정보를 수집하는 경우도

186 한국일보 김정우, "방산업체 대표·무기중개상, 잠수함 사업 군사기밀 獨업체에 유출", 2014년 11월(https://www.hankookilbo.com/News/Read/201411131672428422).

187 문화일보 정충신, "인도네시아에 KF-21 설계도면 유출… 빼돌리려던 USB서 발견", 2024년 3월(https://www.munhwa.com/news/view.html?no=2024031901070830114001).

있지만 대부분은 정보목표 내부자를 포섭하여 정보를 입수한다. 「방첩업무규정」에서 방첩을 "국가안보와 국익에 반하는 외국 및 외국인·외국단체·초국가행위자 또는 이와 연계된 내국인"의 정보활동에 대응하는 것으로 규정[188]하고 있는 것도 내국인의 협조가 없이는 외국인들의 정보수집활동이 어렵기 때문이다. 산업보안에 있어서도 기술유출자들의 80% 이상은 피해 기업의 전직 또는 현직 직원들이라는 점을 고려할 때 내부자들의 기밀유출 위험성은 대단히 높다고 할 수 있다. 또한 내부자는 다양한 출입통제 시스템이나 감시 장비, 컴퓨터 비밀번호, 방화벽 등 외부 침입을 전제로 하는 모든 보안조치를 무력화하기 때문에 잠재적 위험성이 크고 대책 마련도 쉽지 않다.[189] 방위산업 방첩에 있어서는 방위산업과 관련된 정보와 기술을 다루는 국방부, 방위사업청, 각 군, 방위산업체, 연구기관 등의 종사자들이 모두 내부자가 될 수 있으며, 이들에 대한 비밀취급인가, 교육, 훈련 등 인사 관리적 보안활동과 평상시 동향파악, 출입통제, 감시 시스템, 외부로의 자료유출 방지를 위한 컴퓨터 네트워크 보안 시스템 구축 등이 필요하다. 2020년 4월 국가정보원, 경찰, 국군방첩사령부 등에 의해 적발된 국방과학연구소(ADD) 퇴직 연구원들에 의한 기밀유출 사건에서 일부 퇴직 연구원들이 ADD 근무 시절 자신이 개발을 맡았던 분야의 방위산업체 등으로 이직하면서 대량의 자료를 유출한 것으로 밝혀졌다. 당시 밝혀진 내용에 따르면 고위급 연구원 60여 명이 허가 없이 기밀을 빼내 갔으며, 특히 서울의 한 사립대 연구소 책임자로 자리를 옮긴 고위급 연구원은 드론 등 무인 체계와 미래전 관련정보, AI(인공지능) 기술 등이 포함된 연구 자료 68만 건을 유출한 것으로 알려졌다. 우리 군 최고의 무기체계 및 핵심기술 연구기관인 ADD의 허술한 보안관리와 연구원들의 해이한 보안의식을 그대로 보여주며 사회적 충격을 준 사건이었다.[190]

최근 미국에서는 정보유출에서 내부자가 차지하는 비중이 높고 피해도 크다는 점에 착안하여 정부 및 관련기관 내부자들의 정보유출에 대응하기 위

188 「방첩업무규정」 제2조(정의).

189 배정석, p.84, 2024.

190 금강일보 한상현, "창설 50주년 국방과학연구소(ADD) 기밀 수십만건 유출 의혹", 2020년 4월 (http://www.ggilbo.com/news/articleView.html?idxno=763597).

한 방안으로 미국의 방첩 업무를 총괄하는 국가방첩보안센터(NCSC, National Counterintelligence and Security Center) 산하에 내부자위협대응센터(NITTF, National Insider Threat Task Foerce)라는 별도 기구를 창설하고,[191] 정부기관별로는 내부자 위협 프로그램을 운용토록 하고, 센터가 이를 지원하도록 함으로써 내부자에 의한 정보유출 위험에 적극 대응하고 있다. 특히 방위산업 방첩과 관련해서는 미국 국방부 산하 국방방첩보안국(Defense Counterintelligence and Security Agency)에서 관련 정부기관뿐 아니라 비밀취급인가를 받은 방위산업체 직원들을 대상으로도 내부자 위협에 대응한 산업보안 프로그램(National Industrial Security Program)을 운용하고 있다.[192] 한편, 내부자가 정보를 유출하게 되는 동기로는 금전 욕구나 조직에 대한 불만 등 능동적인 원인과, 외부 세력의 유혹이나 협박에 의한 포섭 등 수동적 원인이 있을 수 있어[193] 핵심인력 관리를 위해서는 취약 요인 분석이 반드시 필요하다.

191 미국 정부기관들의 비밀정보 유출과 부당한 공개를 막기 위한 '내부자 위협 프로그램'을 주관하고 발전시키기 위해 미국 대통령 행정명령 13587에 따라 2011년 10월 설립.

192 DCSA홈페이지(https://www.dcsa.mil/)(접속일: 2024년 5월 30일).

193 스파이 활동의 동기로는 M.I.C.E(Money, Ideology, Compromise, Ego)로 알려진 금전, 이념, 협박, 자아 등이 있음.

방위산업에 대한 정보적 위협의 유형

방위산업 방첩을 통해 색출, 견제, 차단, 활용해야 하는 적대 세력의 정보적 위협이란 그들의 우리 방위산업에 대한 정보활동을 말하며, 정보활동은 다양한 유형으로 분류될 수 있다. 정보를 수집하거나 공작을 수행하는 등 정보활동의 방법은 크게 인간을 활용하는 정보활동인 HUMINT(Human Intelligence)와 기술적인 방법을 이용하는 TECHINT(Technical Intelligence)로 나눌 수 있다. HUMINT는 전통적인 정보활동 방법으로 정보요원 자신이 직접 하거나, 정보목표에 접근이 가능한 사람을 활용하여 임무를 수행한다. 따라서 대상 목표인 사람의 감정이나 의도까지 알아낼 수 있고 비용이 적게 드는 장점이 있는 반면, 사람을 매개로 하기 때문에 수집하는 사람의 주관적 판단이나 성향이 개입될 수 있어 객관적이지 못하고 의도적으로 속이거나(기만) 배신할 가능성도 있는 등의 단점이 있다. 반면에 TECHINT는 통신, 신호, 영상 또는 각종 계측 자료 등 기술적인 방법을 활용하는 것으로 정보의 객관성이 담보되고 대량으로 수집이 가능한 등의 장점이 있는 반면, 적의 의도나 조직 내부의 갈등 등 인간적 요소는 알아내기 어렵고 고가의 장비 운용 등을 위해 비용이 많이 든다는 단점이 있다.

1. HUMINT(인간활용 정보활동)

가. 직접 수집

본인이 직접 정보목표에 접근하여 정보를 수집하는 것으로 주로 신분을 위장하거나 의도를 위장하여 목표에 접근하는 방법을 사용한다. 학술회의에 참가한다든지, 공동연구를 빙자하여 기술이나 정보를 수집할 수도 있고, 좀 더 적극적으로는 대상 목표기업에 위장 취업하여 정보를 수집할 수도 있다. 내부자가 조직을 배신하고 정보를 유출할 경우에는 주로 자신이 담당하던 업무자료나 동료들의 자료를 저장 장치(USB, 외장하드)를 통해 빼내거나 이메일, 클라우드 등을 통해 유출하기도 한다. 최근에는 외국 회사로 직접 이직하는 것이 동종업종 취업금지 조항에 의해 금지되어 있을 경우 아예 컨설팅 회사를 차린 후 빼낸 기술을 활용하여 외국 기업 등에 기술 컨설팅 명목으로 자료나 기술을 이전하기도 한다.

2007년 국내 자동차회사 전현직 직원 9명이 중국으로 자동차 제조기술을 유출한 사건에서 전직 직원 5명이 기술컨설팅 회사를 차린 다음, 현직 직원 4명으로부터 차체 조립기술 등 57개 자료를 넘겨받아 중국기업에 팔아넘긴 사례가 있다.[194] 2022년 수원지검 방위사업·산업기술범죄형사부는 국내 반도체 세정장비 기술을 중국 업체나 연구소 등에 팔아넘겨 수백억 원을 챙긴 혐의를 받는 7명을 구속기소 했는데, 이들은 국내 최대 반도체 회사의 자회사에서 근무하다 퇴사 시 기술 관련정보를 반납하지 않거나, 협력업체로부터 기술정보가 담긴 부품을 받는 방식으로 설계도면, 부품 리스트, 약액 배관 정보, 소프트웨어 등 대부분의 기술을 탈취하였고, 빼낸 기술로 만든 제품으로 중국업체 등의 투자를 유치했으며, 이후 중국에 합작법인을 설립해 관련기술을 모두 이전시키는 대가로 지분을 받기로 약속했다고 한다.[195] 이처럼 기술유출 방법은 지속적으로 진화하며 다양화되고 있어 적발하기가 어려워지는 실정이어서 기업과 관계기관 간의 협력 체계를 강화하는 것이 더욱 중요시되고 있다.

나. 내부자 포섭

HUMINT를 통한 가장 전형적인 정보수집 방법은 정보 소스에 접근할 수 있는 인물을 포섭하여 정보를 수집하는 것이다. 정보기관에서는 정보 소스에 접근

194 MBN 정창원, “자동차기술 산업스파이 적발”, 2007년 5월(https://n.news.naver.com/mnews/article/057/0000057598?sid=115).

195 아시아경제 강우석, “잇따르는 해외 기술유출”, 2022년 5월(https://view.asiae.co.kr/article/2022052615132636869).

하여 직접 정보를 수집하는 인물을 공작원(Agent)라고 하며, 공작원을 운용하는 정보요원을 공작관(Case Officer)이라고 한다. 수집하고자 하는 정보가 특정 조직 내부에 있다면 당연히 내부자 중에서 활용이 가능한 인물을 찾아내 포섭하는 것이 가장 좋은 방법이 될 것이다. 따라서 무엇보다 중요한 것은 정보 소스에 접근할 수 있는 인물 중 포섭 가능성이 있는 인물을 찾아내는 것인데, 이를 물색이라고 한다. 좋은 대상자를 물색한다면 정보수집 공작의 성공 가능성은 그만큼 커진다고 할 수 있다.[196]

2023년 1월 미국에서 중국인 유학생 지차오췬이 「외국대리인등록법(Foreign Agent Registration Act)」 등 위반 혐의로 징역 8년형을 선고받았다. 그는 2013년 시카고 일리노이공대 석사과정에 입학 후 방학 중 일시 귀국 시 중국 정보기관인 국가안전부에 포섭되어 6천 달러를 받았고, 미국 내 중국과 대만계 엔지니어와 과학자 8명의 신원정보를 '중간고사 시험문제'라는 제목으로 국가안전부 공작관에게 발송하였는데, 이들 중 7명은 방위산업체 종사자들이었다.[197] 중국 정보기관이 유학생을 활용하여 정보활동을 했다고 하여 화제가 되었는데, 유학생은 숫자가 많고 다양한 곳에 접근할 수 있으며, 전문 정보요원을 활용하는 것보다 비용이 적게 들고, 발각되었을 경우 외교적 부담도 적어 공작원을 물색하는 데는 효율적일 수 있을 것이다.

국내에서는 2014년 외국계 방산업체에 취업한 퇴직 장교들이 현역 장교들을 통해 군사기밀을 빼돌린 사건이 발생하였는데 이들은 2010년부터 4년간 항만 감시 체계, 중거리 공대지 유도폭탄 작전요구성능(ROC), 잠수함(KSS-1) 성능개량 계획, 항공기 관련 항재밍(anti jamming) 위치정보 시스템(GPS) 등 수십 건의 군사기밀이 담긴 합동참모회의 회의록을 통째로 빼돌린 것으로 알려졌다.[198] 2015년에는 프랑스 방산업체 탈레스의 한국 지사장인 프랑스인이 국내 방산업체 임원을

196 배정석, p.86, 2024.

197 New York Times Ketie Benner, "U.S. Army Reservist Is Accused of Spying for China", 2018년 9월(https://www.nytimes.com/2018/09/25/us/politics/ji-chaoqun-china-spy.html?searchResultPosition=1).

198 경향신문 황경상, "군피아 장교들, 외국 방산업체에 군사기밀 팔아 넘겨", 2014년 7월(https://www.khan.co.kr/politics/defense-diplomacy/article/201407031417581).

포섭하여 '항공기 항재밍 GPS 체계'와 '군 정찰위성', '장거리 지대공 유도무기(L-SAM)' 사업과 관련한 군사기밀을 e메일로 넘겨받은 혐의로 검찰에 기소되었는데,[199] 이 회사는 2006년에도 전직 국방과학연구소(ADD) 부소장 출신을 컨설턴트로 고용해 차기 호위함 레이더 관련 군 작전요구성능(ROC)과 K-SAM 저고도 레이더 사업과 관련한 기밀 등을 현직 ADD 연구원으로부터 전달받아 프랑스 본사에 전달한 사실이 있었다.[200]

다. 침투

침투는 정보목표 조직에 직접 스파이를 투입하여 장기적으로 정보를 빼내는 방법으로 목표 내에 취업하거나 내부 조직원을 포섭하여 장기적으로 활용하는 것이다. 2015년 국가정보원에 적발된 인도인 산업스파이는 일본 대학 석사학위 취득, 나이지리아 현장 근무 등 가짜 경력으로 7년 동안 국내 조선사 세 곳을 돌면서 전기제어 엔지니어로 위장 취업한 후 석유시추선 설계도면, 해양 LNG설비 관련 기술자료 등을 무단으로 USB 저장 장치 등에 복사하고, 주요 부품 등을 휴대전화로 촬영하는 등 수법으로 첨단기술을 유출하였다.[201] 내부자로 침투하여 정보를 수집하므로 외부로 정보유출을 방지하기 위한 보안수단이 무력화되고 장기간 다량의 정보를 수집할 수 있었다. 2023년 3월 영국 일간 데일리메일은 중국의 국방 관련 대학 졸업생 30여 명이 BAE시스템, 롤스로이스 등 항공우주분야 첨단 방위산업체와 국가기반시설 관련산업에 종사 중이라며 불법 기술유출과 군사정보 취득이 우려된다고 보도했는데, 해당 대학들은 북경항공항천대학, 북경이공대학, 하얼빈공업대학, 하얼빈공정대학, 남경항공항천대학, 남경이공대학, 서북공업대학 등 중국 정부가 정한 국방산업분야 특화 7개 대학(國防七子, Nicknamed the 'Seven Sons of National Defence')이다. 미국은 이미 이들 대학 출신들에 대해 스파

---

199 서울경제 박성규, "전파방해 무력화 군사기밀 佛업체에 유출", 2015년 1월(https://n.news.naver.com/mnews/article/011/0002623246?sid=102).

200 연합뉴스 윤석이, "국과硏 군사기밀, 佛 군수업체로 유출", 2006년 3월(https://n.news.naver.com/mnews/article/001/0001250302?sid=102).

201 뉴시스 이재은, "해양설비 핵심기술 무단유출 인도인 구속기소", 2017년 3월(https://newsis.com/view/?id=NISX20170327_0014790990&cID=10201&pID=10200).

이 활동 위험성으로 비자 발급을 제한 중인 것으로 알려져 있다.[202]

미국의 뉴욕포스트는 2020년 12월 호주와 영국 매체들이 폭로한 상하이 중국 공산당원 195만 명의 명단을 분석하여 중국 현지의 미국 정부기관 및 기업에 침투한 공산당원들을 밝혀냈는데 이들이 가장 많이 침투한 기업은 방위산업 및 항공우주업체 보잉으로 중국 현지 사업부에 17개 공산당 지부 252명의 공산당원이 근무 중인 것으로 알려졌다.[203] 이처럼 정보목표 내 침투는 일회성인 단편적 수집이 아니라 장기적인 공작이라는 점에서 외부에서 단편적으로 정보를 수집하는 것과는 차이가 있으며 성공적일 경우 수십 년간 안정적인 정보 출처로 활용할 수도 있어 대단히 효과적인 방법이라고 할 수 있다.

라. 영향력 공작

영향력 공작은 일반적으로는 대상 국가의 정치인, 고위 공무원, 기자, 학자 등을 포섭하여 자국에 유리한 정책을 유도하거나 자국에 우호적인 여론을 조성하는 등의 영향력을 행사하는 것을 말하는데, 방위산업 분야에서도 뇌물이나 향응 제공, 취약점 조성 등을 통해 정책 결정자들에게 압력을 행사하거나 우호적 여론을 조성하여 자국산 또는 자사의 무기를 도입하게 하는 경우가 있을 수 있다.

앞서 소개한 국방과학연구소(ADD) 전 부소장 출신의 방산 컨설턴트는 2004년 프랑스 방산업체 탈레스가 육군 천마미사일 양산사업(K-SAM)을 수주할 수 있도록 영향력을 행사했다며 그 대가로 100만 유로(한화 14억 원)를 요구했던 사실이 검찰 수사과정에 밝혀지기도 했다.[204] 또한 1996년에는 방산비리 사건 중 가장 널리 알려진 린다 김 사건이 발생했다. 2,200억 원이 소요되는 대형 국방사업

202 Daily Mail Tom Kelly and Jacob Dirnhuber, “Dozens of graduates from Chinese ‘defence universities’ working in British arms firms could be spying for Beijing, new investigation reveals”, 2023년 3월(https://www.dailymail.co.uk/news/article-11900731/Graduates-Chinese-defence-universities-working-British-arms-firms-spies-Beijing.html).

203 뉴스데일리 전경웅, “美 영사관·방산업체 침투한 공산당원들”, 2020년 12월(https://www.newdaily.co.kr/svc/article_print.html?no=2020121600159).

204 연합뉴스 윤석이, “국과연 군사기밀 佛 군수업체로 유출”, 2006년 3월(https://n.news.naver.com/mnews/article/001/0001250302?sid=102).

인 통신감청용 정찰기 도입사업에 로비스트 린다 김을 고용한 미국의 E-시스템사가 응찰업체 가운데 가장 비싼 가격을 제시했는데도 프랑스와 이스라엘의 경쟁업체를 물리치고 최종 사업자로 선정되었는데, 사업자를 선정하기 3개월 전에 당시 국방부장관이 린다 김을 만난 사실이 확인되었고, 국방부 장관이 린다 김에게 업체 선정 경위를 의심하기에 충분한 내용의 연애편지를 보낸 것이 확인되어 논란이 되었다. 당시 국회 국방위원장과 변호사, 산업자원부 장관, 국회의원 등이 폭넓게 관련되어 있을 것이라는 의혹까지 제기되었지만 예비역 공군 장성과 현역 영관급 장교 등 6명이 2급 군사기밀을 외부로 빼돌린 혐의로 구속되었을 뿐이다.[205] 2023년 10월 미국에서도 거물 정치인이 외국을 위해 영향력을 행사한 혐의로 기소되었다. 로버트 메넨데즈 미국 상원 외교위원장이 이집트로부터 현금과 금괴 등 수십만 달러의 뇌물을 받고 2018년부터 2022년간 이집트와 미국의 방위산업 물품거래 및 군사원조에 영향력을 행사하여 「외국대리인등록법(FARA Foreign Agent Registration Act)」 위반 혐의로 기소된 것이다. 그는 미국 상원이 3억 달러에 달하는 이집트에 대한 군사원조를 보류하자 미국 상원의원들에게 보낼 이집트 측의 해제요청 서신을 대필해 주기도 했다고 한다.[206]

마. 계약 및 인수합병

투자, 판매, 공동연구, 외주생산, 기술제휴 등 기업운영 과정에서 계약조건의 미비에 의한 기술유출, 영업비밀의 유출, 국가안보 침해 등이 발생할 수 있으며, 이를 막기 위해서는 철저한 사전 검토가 필요하다. 특히 외국 정부나 외국 기업과의 대규모 거래에서는 성급한 성과 위주의 판단으로 영업비밀의 유출이나 안보상 위험, 국익 손실이 발생할 가능성이 있으므로 객관적 입장의 기관에서 심도 있게 검토할 필요가 있다. 또한 인수합병의 경우에는 기술을 포함한 기업의 모든 영업비밀 자료가 통째로 이전되는 것은 물론, 국가 산업구조나 안보적 위협이

205 네이버지식백과, 린다김로비사건(https://terms.naver.com/entry.naver?docId=1215165&cid=40942&categoryId=31778)(접속일: 2024년 6월 2일).

206 New York Times Mark Mazzetti and Vivian Yee, "Behind a Senator's Indictments, a Foreign Spy Service Works Washington", 2023년 10월(https://www.nytimes.com/2023/10/13/us/politics/menendez-egypt-intelligence-government.html).

될 수도 있으므로 사전에 정부 차원의 검토가 중요하며, 필요시 인수기관의 진정한 의도를 알아보는 정보활동도 이루어져야 한다. 이러한 종류의 위협에 대비하기 위한 법과 제도는 미국에서 가장 잘 발달하였는데, 관련 법으로는 미국 방위산업 기반에 심대한 피해를 줄 우려가 있을 경우 상무부 장관이 수출을 금지할 수 있는 「수출통제개혁법(ECRA, Export Control Reform Act 2018)」, 국가안보에 영향을 미치는 미국 기업의 인수, 합병을 대통령이 금지할 수 있는 「외국인투자 및 국가안보법(FINSA, Foreign Investment and National Security Act 2007)」, FINSA를 강화하여 군사, 첨단기술, 에너지 등 국가안보와 밀접한 산업의 인수, 합병뿐 아니라 소프트웨어, 금융 서비스 등의 정보접근 가능성까지 규제하는 「외국인투자위험심사현대화법(FIRMA, Foreign Investment Risk Review Modernization Act 2018)」 등이 있으며, 외국인 투자가 국가안보를 해칠 우려가 있는지를 범정부 차원에서 심사하기 위한 정부위원회로 외국인투자위원회(CIFIUS, Committee on Foreign Investment in the United States)를 두고 있다. 우리나라의 관련 법으로는 「산업기술 보호법」, 「대외무역법」 등이 있다.[207]

2. TECHINT(기술활용 정보활동)

가. 정보시스템 해킹

디지털 시대가 시작되면서 모든 정보는 디지털화되고, 컴퓨터에 보관되게 되었으며, 다시 인터넷 시대가 시작되면서 컴퓨터들이 연결되게 되었는데 이것이 정보나 기술을 훔쳐 가는 데 매우 용이한 도구가 되었다. 컴퓨터 해킹은 물리적 접근 없이도 정보를 빼내 갈 수 있을 뿐 아니라 신속하고, 안전하며, 비용도 저렴하다. 해킹을 막기 위해 방화벽 설치, 보안 전문기업의 원격 관제 서비스를 통한 관리 등 컴퓨터 보안을 강화하지만 공격자는 늘 방안을 찾기 마련이다. 특히 최근에는 AI를 활용한 해킹이 새로운 위협으로 부상하고 있으며, 마찬가지로 AI를 활용한 사이버보안 대책도 강구되고 있다. 개인의 호기심에서 시작된 해킹은 기

207 배정석, p. 90, 2024.

업 차원에서는 첨단 기술정보를 훔치는 수단으로 활용되고 있으며, 국가적 차원에서도 정보수집활동의 일환으로 활용되고 전쟁의 수단이 되기도 한다. 특히 방위산업과 관련한 기술정보는 돈을 지불하고도 살 수 없는 경우가 많아 해킹을 통한 기술유출이 심하며 모든 국가가 보안에 힘쓰고 있다. 국회 국방위원회에 따르면 방사청과 국방과학연구소(ADD) 서버에 대한 해킹 시도는 매년 늘어나고 있는데, 2018년 1,970건에 달하던 이들 기관에 대한 해킹 시도는 2021년 들어 5,250건으로 3,280건(166.5%) 늘었다고 한다. IP 추적 결과 해킹 공격을 가장 많이 시도한 국가는 중국인데, 2018년 562건에서 2021년 3,003건으로 약 6배가 늘었다고 한다. 정부 및 군 기관이 아닌 방산기업에 대한 해킹 공격 시도는 연평균 120만 건에 달한다는 분석도 있다. 대표적인 사건으로는 2021년 한국형 전투기 KF-21 보라매 제작기업과 3,000톤급 최신 잠수함 건조 조선업체 등에 대한 해킹이 적발된 바가 있다.[208] 주로 북한이 중국 등 제3국의 IP를 경유해 시도하는 경우가 많겠지만 중국을 비롯한 다른 나라의 공격도 치열할 것으로 보인다. 방위산업 선진국인 미국에서도 해킹은 가장 큰 정보적 위협으로 인식되고 있는데 2022년 2월 미국 연방수사국(FBI), 국가안보국(NSA), 사이버보안 · 인프라 보안국(CISA)은 2020년 1월부터 2022년 2월까지 러시아 정부의 지원을 받는 해커들이 미국 방위산업체들을 대상으로 집중적인 사이버 공격을 했다고 발표하면서 유출된 정보는 미국의 무기 플랫폼 개발 및 배치 일정과 차량 사양, 통신 인프라 및 정보기술(IT) 계획 등으로 방위산업체들의 보안강화가 필요하다고 경고하였다.[209] 최근 들어서는 휴대전화가 컴퓨터로 진화하면서 해킹의 대상이 되고 있으며, 이스라엘 보안기업 NSO그룹이 만든 휴대전화 해킹용 스파이웨어 페가수스는 테러와 범죄에 맞서는 정보기관을 위해 개발됐다지만, 해외에 수출된 이후 실제 운용 과정에서 불법적인 정보 습득에 사용됐다는 의혹이 불거지고 있다.

208 시사저널e 유호승, "수주잔고 100兆 방위산업, 기술 유출·해킹 복병···민관 협업으로 강경 대응", 2023년 4월(http://www.sisajournal-e.com/news/articleView.html?idxno=298734).

209 뉴스1 박병진, "美, 러 지원 해커들, 미국 방위산업체 지난 2년 동안 해킹", 2022년 2월(https://www.news1.kr/articles/?4587512).

나. 도청

도청은 전기적인 방법으로 제3자 간의 대화를 엿듣거나, 통신을 엿듣는 것을 말한다. 불법적인 방법으로 듣는 것을 도청(盜聽)이라고 하고, 국가기관이 법령에 따라 수사나 정보수집 목적으로 영장을 발부받아 합법적으로 듣는 것을 감청(監聽)이라고 한다. 기술 발전에 따라 초소형 첨단 도청기기들이 활용되면서 이를 찾아내는 보안기기 역시 발전하고 있다. 하지만 노출 회피를 위해 도청장비에 첨단 비화기능을 장착하거나 무선 주파수 탐지를 회피하기 위해 건물 내장형 유선장비를 설치하는 등 다양한 방법이 활용되고 있어 정밀한 보안대책이 필요하다. 최근에는 주요 임원실이나 회의실 등에 주기적인 대 도청 탐지를 하거나 아예 대도청장비를 상시 설치해 두는 방법을 도입하는 기업들도 늘고 있다. 중요 회의에서는 무선 마이크를 쓰지 않는 등 기본적인 보안수칙을 마련하는 것도 필요할 것이다. 누구나 상시적으로 휴대하는 스마트폰은 대화 및 통화녹음 기능이 있어 편리한 도청수단으로 활용 될 수 있으나 반대로 휴대폰에 악성 코드를 심어 대화도청 등 다양한 방법으로 사용될 수 있으므로 보안의식을 높이고 늘 경각심을 갖는 것이 중요하다. 휴대전화를 해킹할 경우 전 세계 어디에서든 통신감청이 가능해져 위험성이 증가하였는데, 2013년 미국 NSA(국가안보국) 외주업체 직원 에드워드 스노든의 폭로로 밝혀진 바에 의하면 미국은 프리즘이라는 프로그램과 구글, 애플, MS, 페이스북, 야후, 유튜브, 스카이프, 팔톡, AOL 등 미국 내 9개 회사와의 협력을 통해 전 세계 누구든지 이메일 주소나 전화번호만 알면 대상자를 도청할 수 있다고 한다. 특히 이스라엘 방산업체 NSO가 개발한 휴대전화 해킹 툴인 페가수스는 일반적 휴대전화 해킹 툴처럼 미끼인 링크를 클릭하지 않고도 전화기에 침투할 수 있고 문자, 동영상, 사진 등 자료를 빼내갈 뿐 아니라 전화기를 위치 추적기나 도청기로 활용할 수도 있다고 하며, 미국 CIA, FBI 등을 비롯한 각국 정보기관이 구매한 것으로 알려져 있다.[210] 문제는 우리나라 정보기관이나 수사기관들은 국내에서도 외국 스파이들이나 이와 연계된 내국인들의 휴대전화를 감청하지 못한다는 것이다. 현행 「통신비밀보호법」으로도 방첩을 위해 감청영장

---

210 한국경제TV 장재은, "미, 초강력 해킹툴 '페가수스' 제작사 몰래 인수 시도", 2022년 7월 (https://www.wowtv.co.kr/NewsCenter/News/Read?articleId=AKR20220711077800009).

청구가 가능한데도 통신사들이 협조를 거부하고 있는 상황으로, 다른 나라와 달리 협조를 강제하는 조항이 없어 영장집행이 불가능한 기형적인 경우이다. 과거 국가정보원 불법감청 사건의 후유증으로 인해 국민들의 정서가 휴대폰 감청을 받아들이지 않는다는 이유로 국회가 「통신비밀보호법」을 개정해 주지 않고 있기 때문인데, 세계적으로 보기 드문 경우이며 OECD 국가 중 유일한 것으로 시급히 「통신비밀보호법」을 개정할 필요가 있다.[211]

다. 검색

검색이란 범죄 증거나 단서를 찾기 위한 특정한 공간의 수색을 말하는 용어지만 정보활동과 관련해서는 호텔방 등 숙박시설, 항공기 탑승 시의 위탁화물 등에 대한 수색이나 이를 통한 노트북, 휴대전화 등의 저장물 검사 등을 일컫기도 한다. 특히 중국 등 권위주의 국가에서는 모든 숙박업소에서 외국인 투숙객에 대한 여권정보를 국가안전기관에 통보하도록 되어 있으며, 호텔방 개방 등도 협조하도록 법이 의무화하고 있다. 따라서 이런 국가들을 여행할 경우에는 노트북 등 저장매체는 위탁화물에 포함시키지 말고 휴대해야 하며, 숙소에서도 외출 시에는 방안에 두지 말고 반드시 휴대해야 한다. 특히 중국에서 2023년 7월 1일부로 시행되고 있는 개정 「반간첩법」은 국가안전 목적으로 휴대전화를 포함한 모든 전자, 통신기기에 대한 영장 없는 검색 권한을 인정하고 있어, 중국 당국이 정보수집 목적으로 입출국 시 또는 불시 검문을 통해 저장된 자료를 검색하거나 자료를 탈취할 수도 있으므로 각별히 주의하여야 한다.[212]

라. 리버스엔지니어링

리버스 엔지니어링(Reverse Engineering) 또는 역공학은 완제품인 장치 또는 시스템의 기술적인 원리를 구조분석을 통해 발견하는 과정으로 대상(기계 장치, 전자 부품, 소프트웨어 프로그램 등)을 분해해서 분석하는 것을 포함한다. 최근에는 컴퓨터

211 배정석, p.94, 2024.

212 배정석, p.95, 2024.

프로그램에 많이 쓰이고 있지만 원래는 상업적 또는 군사적으로 하드웨어를 분석한 것에서 시작되었다.[213] 경쟁사의 신제품을 구매하여 분해해 봄으로써 기술을 파악하는 것이 대표적인데 무기체계 등 방산물품에 대해서도 기술을 파악하기 위해 활용되며 이를 막기 위한 방편으로 분해나 분석을 못하게 봉인하거나, 분해나 분석을 시도할 경우 삭제되거나(소프트웨어), 파괴 또는 확실한 증거를 남기는 등의 기능을 탑재하는 안티탬퍼링(Anti Tampering) 기술이 적용되기도 한다. 첨단기술이 적용된 무기체계 등 방산물자를 수출할 경우에는 현지에서의 복제, 기술유출 등을 막기 위한 대비책을 반드시 마련해야 한다.

213 네이버 시사상식사전, 리버스엔지니어링(https://terms.naver.com/entry.naver?docId=3377284&cid=43667&categoryId=43667)(접속일: 2024년 6월 3일).

제6절

미국의 방위산업 방첩

우리나라의 초기 방위산업은 대부분의 무기체계를 외국에서 수입하고 자체 생산하는 품목에 있어서도 외국으로부터 도입된 기술을 적용하던 수준이어서 기술 보호에는 주목하지 않았던 것이 사실이다. 이러한 단계에서는 무기체계에 대한 성능과 물량, 획득계획 등 정보가 적에게 알려지지 않도록 하는 군사기밀 보호에 주력할 뿐 기술유출에 대비한 조치는 중요하지 않았던 것이다. 이제는 제조업 강국으로서 방위산업에 있어서도 자체 기술을 개발하게 되고 선진국 수준에 이르는 방위산업 기술과 제조 능력을 갖추었음에도 이를 보호하는 조치에 있어서는 제대로 된 체계가 준비되지 못한 측면이 있다. 반면에 규모와 기술면에서 세계 최강의 방위산업을 보유하고 있는 미국은 오랫동안 관련된 군사기밀과 기술을 지켜가기 위한 제도를 발전시켜 왔으므로 이에 대해 알아보는 것은 우리 방위산업 방첩을 발전시키기 위해 중요한 참고사항이 될 것이다. 다음에서는 미국 방위산업 방첩의 국가적 체계와 방위산업 방첩 전문기관인 국방방첩보안국(DCSA, Defense Counterintelligence and Security Agency)을 중심으로 미국의 방위산업 방첩에 대해 알아보도록 한다.

1. 미국의 방위산업 방첩 체계

미국의 국가정보 업무는 국가정보장(DNI, Director of National Intelligence)을 정점으로 CIA, FBI, NSA 등 17개 정보기관이 정보공동체 IC(Intelligence Community)를 구성하고 있으며, 그중에서도 방첩 업무는 DNI 산하에 국가방첩보안센터(NCSC, National counterintelligence and Security Center)가 중심이 되어 산하 정보기관들의 방첩 업무를 총괄하고, 일반 정부부처들과의 방첩 협력 체계를 갖추고 있다. 방위산업 방첩은 국가방첩의 중요한 분야로 다루어져 4년마다 작성되는 국가방첩전략(National Counterintelligence Strategy)에서도 중요 방첩목표로 명시되어 있다.

미국의 모든 정보기관이 국가적 방첩목표인 방위산업 방첩에 대한 정보업무를 수행한다 하더라도 방위산업 방첩 주무기관은 미국의 대표적 국내 방첩기관인 FBI와 국방부 산하기관 및 방위산업체들의 방첩 업무를 전담하는 국방방첩보안국(DCSA, Defense Counterintelligence and Security Agency)이라고 해야 할 것이다. FBI는 법무부 산하 수사기관으로 더 잘 알려져 있지만 내부 조직인 NSB(National Security Branch)를 중심으로 외국의 정보적 위협에 대응하는 미국의 국내정보기관으로서 당연히 방위산업 방첩 업무도 수행한다. FBI의 방위산업 방첩 업무는 외국 정보기관이나 외국 방위산업기업들의 미국 방위산업에 대한 침해행위를 적발하고 이에 대한 공격적 방첩 활동으로서의 방첩공작(이중스파이 공작, 함정수사 등을 포함)을 추진하는 등 적극적인 대응활동을 수행한다. 반면 DCSA는 방위산업 방첩에 특화되어 국방부 산하기관뿐 아니라 방위산업체 종사자들에 대한 신원조사 등 내부자 위협 대응과 교육까지 담당하며 방산방첩의 전문성과 체계를 갖추고 미국 내 방위산업 생태계 전반의 방첩 업무를 담당한다. 한편 미국의 방산방첩 업무 중에서도 핵무기와 관련된 분야의 방첩 업무는 핵무기 프로그램, 해군을 위한 원자로 생산 등의 핵안보를 다루고 있는 에너지부 내 정보방첩국(OICI, Office of Intelligence and Counterintelligence)에서 담당하고 있다.

한편, 방위산업 방첩에 있어 기술유출 차단의 중요성이 커져가는 가운데 국가안보를 위해 방산기술을 포함하는 산업기술의 해외 유출을 방지하기 위한 다양한 법률과 제도가 마련되어 있다. 외국 정부가 개입된 기술유출에 대해서는 단순절도(Theft)가 아니라 스파이 행위(Espionage)로 처벌할 수 있도록 하는 「경제스파이법(EEA, Economic Espionage Act 1996)」뿐 아니라, 앞서 제5절에서 설명한 방위산업 기반에 피해를 줄 우려가 있을 경우 수출이나 기술이전을 허가하지 않는 「수출통제개혁법(ECRA 2018)」, 국가안보에 영향을 미치는 미국 기업의 인수나 합병을 금지할 수 있는 「외국인투자 및 국가안보법(FINSA 2007)」, FINSA를 강화한 「외국인투자위험심사현대화법(FIRMA 2018)」 등이 있으며, 외국인 투자가 국가안보를 해칠 우려가 있는지를 범정부 차원에서 심사하기 위한 정부위원회로 외국인투자위원회(CIFIUS)를 두고 있다.

2. 국방획득 프로그램과 방첩

미국의 방위산업 방첩과 관련하여 큰 특징의 하나는 국방획득의 전 과정에서 획득계획의 중요정보(CPI, Critical Program Information) 개념을 설정하고 이를 보호하기 위한 방안으로 단계별 프로그램 보호계획(PPP, Program Protection Plan)을 갖추고 있다는 점이다. 우리나라에서도 국방획득 과정의 보안요소를 규정하고 있는 법과 지침은 있으나 원칙이나 방침의 제시 수준에 머물고 있으며, 미국과 같이 모든 단계의 절차에서 정보 보호 요소를 고려하도록 상세한 내용을 담고 있는 수준은 아니다. 미국의 국방획득 프로그램 보호계획(PPP)은 획득 수명주기 동안 기술, 구성품, 정보에 대한 위협과 취약점을 평가하고 대응책을 강구하여 위험을 관리하는 활동계획으로 설계되었으며, 그 목적도 취약점, 공급망 위험, 전장손실, 외국 스파이, 내부자 위협(5가지)에 대비하기 위한 것임을 명시하고 있다. 또한 단계별 작업그룹 구성, 예산편성 등에도 방첩요소를 반영하고 방첩 전문가를 참여시켜 전 과정에서 체계적인 방첩 활동이 이루어지도록 제도화하고 있다. PPP에서는 리스크와 코스트 비교분석, 취약점 대응방안, 공급자 위협 최소화 전략 등과 함께 외국의 개입 가능성과 영향(Foreign involvement expectation and impact)을 평가하도록 하고 있고, 우리가 적용하고 있는 분야별(관리적, 물리적, 기술적 보안 또는 문서, 인원, 시설, 정보통신 보안 등) 보안 체계와 달리 단계별 보안 체계(위협 및 취약점 분석평가 → 보호대책수립 → 보호구현 → 감사) 수립을 중심으로 하고 있다는 점에서도 우리와 차이가 있다. 우리가 평면적이고 특정 시점에서의 보호대책을 마련하는 정적인 보호 체계 중심이라고 한다면, 미국은 전체 획득과정에서 단계별 보호수준을 평가하고 점검하는 절차를 중요시하여 지속적이고 역동적인 보호 체계를 수립하고 있다고 하겠다. 또한 획득계획의 중요정보(CPI) 및 핵심 구성품에 대한 위협 평가 시에도 '외국의 정보수집 위협 탐지'(Identify foreign collection threat)라는 방첩요소가 포함되어 있으며, 보안위협 분야(System Security Risk Area)에도 외국의 정보수집(Foreign Intelligence Collection)이 포함되어 있다. 즉 PPP를 통해 핵심기술이 유출되지 않도록 하는 기술 보호(CPI 식별, 안티탬퍼, 수출통제), 핵심 구성품에 악성 기능이 없도록 보호(소프트웨어와 하드웨어 보증, 공급망 관리), 중요정보가 유출되지 않도록 보호(문서, 인원, 정보통신)하는 것이 핵심인데, 이를 위한 대책으로서 안티탬퍼, 수출통제, 공급망위험관리(SCRM), 소프트웨어 보장, 하드웨어보장, 사이버시큐리티 등과 함께 방첩(Counterintelligence)을 중요 요소로 포함시키고 있다.

요컨대 최첨단의 기술력을 갖고 있는 미국의 국방획득 프로그램 보호계획은 각 단계에서 늘 외국의 정보활동을 의식하고, 그러한 위협으로부터 프로그램을 보호해야 한다는 뚜렷한 의지가 내포되어 있는 것이다. 이 점이 정보의 유출을 방지하는 보안대책을 필요로 하되 외국의 정보적 위협이라는 방첩요소가 명시적으로 반영되어 있지 않은 우리의 보호대책과 근본적 차이점이고 이로 인해 구체적인 대책과 절차에서도 차이를 가져온다고 볼 수 있다.

3. FBI의 방위산업 방첩

FBI는 흔히 범죄 수사기관으로만 알려져 있으나 2차 세계대전을 전후한 시기의 독일 스파이들에 대한 대응활동과 냉전시기 소련 스파이들을 색출하는 임무를 수행하는 등 오랜 방첩 활동의 역사를 갖고 있는 미국 내 방첩 활동 주무기관이다. 최근에는 대 중국 방첩에 주력하고 있으며, 방위산업을 중심으로 한 산업스파이 대응에 중점을 두고 있다. FBI의 방첩 활동은 국가안보에 관한 정보활동을 전담하는 부서인 NSB를 중심으로 방첩정보수집, 차단, 견제, 이중스파이 공작 등 심도 있는 방첩 공작을 추진하며, 사법처리가 필요할 경우 수사담당 부서와 협조하는 등 정보와 수사를 한 기관에서 수행함으로써 효율적으로 방첩 활동을 수행한다. 2021년 10월 미 해군에서 '핵 추진 프로그램'에 배속돼 일하던 기술자 조나단 토비와 그의 아내가 핵잠수함 설계 데이터를 브라질에 팔려고 시도하다 FBI의 방첩공작에 적발되어 체포되었다.[214] 당시 FBI는 브라질로부터 첩보를 입수하고 브라질 요원으로 위장하여 수차례 가상화폐를 전달하며 접근하여 기밀자료를 입수한 후 체포하였는데, 미국 법이 함정수사를 인정하기 때문에 가능한 일이었다. FBI가 중국 정보기관이 포섭한 미국 내 스파이를 색출했을 뿐 아니라 이중스파이 공작을 통해 그를 조종(Handling)하던 중국 정보기관의 공작관(Case Officer)까지 제3국으로 유인하여 현지 경찰을 통해 체포한 사례도 있다. 이 사건을 통해 2022년 11월 연방법원이 중국 국가안전부 요원「쉬옌쥔」에 대해 스파이 혐의로 징역 20년형을 선고한 것은 최근 FBI 방첩공작의 대표적 성공사례라고 할 수 있다. 이 사건은 중국 본토의 정보기관 요원이 미국으로 압송되어 미국 법에 의해 사법처리된 최초의 사례이며, 비밀로 취급되는 정보기관의 방첩공작 내용까지 상세하게 언론에 공개된 예외적 사례이기도 하다.

세계 3대 항공기 엔진 제작사 GE에이비에이션 기술자로 중국계 미국인인「데이빗」은 2017년 3월 소셜미디어 링크드인(linkedIn)을 통해 난징항공우주대학(NUAA) 관계자로부터 강연 초청을 받았고, 모든 여행 경비와 강연료를 받는 조건으로 이메일을 통해 중국 방문 계획을 구체화했다. 그는 NUAA에서 강연 시 민감한 내용에 대해 질문을 받기도 하였으나 GE의 기술정보가 누설되지 않도록 나름 노력했다. 방문 과정에서 장쑤성의 국제과학기술개발협회 부회장이라는 직함을 가진「취후이」를 소개 받았으며, 큰 환대와 더불어 3,500달러의 강연료를 받았다. 중국이 광범위하게 활용하는 학술회의를 가장한 정보 수집 및 포섭 공작의 전형이다. 합법적인 학술회의에 참석해서 환대를 받고 강연 후 질문을 받게 되면 자신의 가치를 인정받고 싶은 마음과 보은 심리가 작용하여 민감한 질문에도 답을 할 수밖에 없는 인간적 심리를 이용하는 것이다. 중국을 방문하고 6개월이 지난 2017년 11월 1일「데이빗」은 FBI 요원들의 방문을 받았고, 결국 사실대로 말할 수밖에 없었다. 그의 집은 압수수색을 당했으며 더 많은 증거가 드러났다. 하지만

214 한겨레신문 정의길, "'땅콩버터'에 숨겨…핵잠수함 정보 팔려던 부부, 위장근무 FBI에 체포", 2021년 10월 (https://www.hani.co.kr/arti/international/international_general/1014636.html).

FBI는 그를 체포하는 대신 협조할 것을 요청했고, 그는 FBI에 협력하기로 했다. 「데이빗」은 2018년 2월 춘절을 맞아 다시 중국을 방문하고 싶다고 이메일을 보냈다. 「취후이」는 2개의 구글 이메일 계좌를 사용했고, 모든 자료와 통화내역은 주기적으로 애플의 클라우드 서버(iCloud)에 저장되고 있었는데 FBI는 이를 통해 많은 사실을 알게 되었다. 스파이를 포섭하고, 조종(핸들링)하는 「취후이」의 본명은 「쉬옌쥔」이었다. 중국 국가안전부 소속으로 외국 기업들로부터 정보를 빼내기 위해 스파이를 키우고 조종하는 공작관(Case Officer)이었다. 그가 NUAA의 한 교수에게 "미국의 F-22에 대한 정보를 빼내야 한다"라고 말한 통화 기록, 2013년부터 미국의 '하니웰', 프랑스의 '사프란' 등 여러 항공관련 기업들로부터 기밀정보를 입수해 온 정황을 보여주는 통화내역, 정보전달 시 주의사항 등 많은 정보가 그의 클라우드에 저장되어 있었다. 「쉬옌쥔」은 GE의 항공기 엔진관련 기술자료를 요구했고, 「데이빗」은 해당 자료를 보냈다. 하지만 이들 자료는 FBI와 GE가 협의하여 만든 '중요해 보이지만 별 내용은 없는 자료'들에 불과했다. 이중스파이 공작에서는 적의 의심을 피하고 신뢰를 얻기 위해 적절한 정보제공(Feeding)이 필요하기 때문이다. 춘절 중국 방문을 앞두고 「쉬옌쥔」은 보상을 약속하며 구체적 요구목록을 보냈다. 「데이빗」은 중국 방문 직전에 "갑자기 3월에 프랑스 출장이 잡혀서 중국 휴가를 취소해야 한다"라는 이메일을 보냈다. 그러면서 그가 요구했던 자료의 준비된 목록을 보내며 더 큰 관심을 갖도록 만들었다. 그들은 프랑스 출장 중에 벨기에나 독일, 네덜란드에서 만나기로 했다. FBI는 체포한 스파이의 미국 송환을 허용할 나라를 물색했고, 벨기에 정부의 사전 승인을 받았다. 그러나 「쉬옌쥔」은 네덜란드에서 만나기를 고집하며, 벨기에 브뤼셀에서 당일치기 여행이 가능한 네덜란드의 로테르담에서 만나자고 했다. 접선 장소를 벨기에로 유지해야만 하는 FBI는 "만나기로 한 날엔 회사 직원 모두가 참석해야 하는 행사가 있어서 브뤼셀을 떠날 수 없다"라고 답하도록 했다. 결국 두 사람은 벨기에 브뤼셀의 유명한 상가인 '갤러리 루야알 상튀베르'의 한 커피숍에서 만나기로 했다. 그러나 약속시간 몇 시간 전에 주변을 확인하러 간 「쉬옌쥔」과 중국 국가안전부 요원 2명은 벨기에 경찰에 체포됐고, 그의 소지품에서는 미화 7천 달러와 7,700유로의 돈뭉치, 메모리 카드와 리더기 및 4대의 휴대폰 등이 발견되었다. 그중 한

대는 체포 다음날 원격으로 내용이 삭제되었으나 나머지 휴대폰의 포렌식을 통해 그가 입수하려던 기술 목록 등이 발견되었다. 「쉬옌쥔」은 6개월 뒤 경제 스파이 혐의로 미국으로 추방됐고, 결국 미국 법정에 서게 된 것이다.[215]

이 사건은 최근 미국과 중국의 첩보전이 얼마나 치열하게 전개되고 있는지를 잘 보여주는 대표적인 사례라고 할 수 있다. 특히, 자국에 체류 중인 외국 정보기관의 공작관(스파이 핸들러)을 해외로 유인하여 체포하는 경우는 매우 드문 사례이며, 자국의 방첩 활동 기법이 노출될 것을 꺼려하여 가장 은밀하게 취급되는 방첩 공작의 상세한 내용을 공개한 것도 대단히 예외적이라고 할 수 있다. 그만큼 미국은 스파이를 통해 자국의 기술과 정보를 무차별적으로 빼내 가는 중국에게 강력한 경고를 보낼 필요가 있었고, 자국민들에게는 중국 스파이들의 위험성을 다급하게 알리고 싶었기 때문일 것이다. 이 사건에서 FBI는 회사 측과의 긴밀한 협력으로 중국 내 정보요원을 제3국으로 유인하여 미국 법정에 세울 수 있었다. 평상시 기업과 방첩기관 간의 협력 체계를 통해 방첩 업무에 대한 충분한 이해가 전제되어 있지 않았다면 장기간 보안유지와 긴밀한 협조가 필요한 방첩공작은 불가능했을 것이다. 방첩기관과 방위산업체 간의 긴밀한 협력 필요성을 잘 보여준 대표적인 사례라고 할 수 있다.

실제로 FBI는 기업들과의 파트너십을 유지하고 정보를 공유하며 협력을 강화하기 위해 별도의 민간협력부서(OPS, Office of Private Sector)를 두고 기업들과의 긴밀한 협력 체계 구축 및 소통을 강화해 나가고 있다. FBI는 방위산업이나 첨단기술 보유기업 임직원들을 대상으로 외국의 정보적 위협과 방첩 활동에 대한 이해를 촉진하고 경각심(Awareness)을 갖도록 지원하는 교육 프로그램을 운영하며 자연스럽게 FBI의 방첩 활동에 협력할 수 있도록 유도하고 있다. FBI의 각 지부는 산업 분야별 협력자들을 대상으로 방첩교육, 경각심(Awareness) 제고 세미나 등을 지원하고 있으며, OPS 가이드를 통해서 스파이를 찾아낼 수 있는 유용한 지

215 New York Times Yudhijit Bhattacharjee, "The Daring Ruse That Exposed China's Campaign to Steal American Secrets", 2023년 3월(https://www.nytimes.com/2023/03/07/magazine/china-spying-intellectual-property.html?searchResultPosition=1).

식을 제공하고 있다.[216]

표 7-2 외국의 경제스파이 주요 대상 분야

정보통신기술
희소 천연자원의 공급과 관련된 정보나 미국 정부나 기업과의 협상에서 우위를 점할 수 있는 정보
국방기술(해양 시스템, 드론, 항공우주기술)
급성장하고 있는 산업분야(클린에너지, 헬스케어, 의약, 농업기술)에서의 민간 또는 이중용도(dual use) 기술

출처: FBI홈페이지(OPS Guide)

표 7-3 스파이 행위의 징후

인가받지 않은 업무 시간 외 근무
허가받지 않고 중요한 정보를 집으로 가져감
불필요한 복사
소프트웨어나 하드웨어에 관한 회사 규칙 미준수
제한된 사이트 접근
비밀자료 다운받기
인가받지 않은 연구 수행

출처: FBI홈페이지(OPS Guide)

4. DCSA의 방위산업 방첩[217]

DCSA(국방방첩보안국)는 미국 국방부와 산하기관 및 방위산업체들의 인원보안(신원조사), 산업보안, 보안교육 및 훈련 등을 담당하는 기관으로서 미국 방위산업에 대한 방첩 및 보안 업무의 주무기관이다. DCSA는 방첩 및 보안 업무와 관련된 교육, 훈련, 자격인증, 신원검증 대상자에 대한 신원조사와 핵심기술에 대

216 https://www.fbi.gov/file-repository/economic-espionage-508.pdf/view(접속일: 2024년 6월 14일).

217 DCSA Home, https://www.dcsa.mil/(접속일: 2024년 6월 3일).

한 보호활동을 주 임무로 하는데, 구체적으로는 각 군 및 국방부 산하기관, 100개 이상의 연방기관에 대한 보안 서비스 및 이들 기관과 계약관계에 있는 10,000개 이상의 비밀취급 기관(기업)들에 대한 감독(연간 200만 명 신원조사) 업무를 수행한다. 2019년까지 국방보안국(Defense Security Service)으로 운영되다가 개편되었으며, 개편 당시 국가신원조사국(NBIB, National Background Investigation Bureau)의 임무인 연방정부 공무원 신원조사 기능을 넘겨받아 국방부뿐만 아니라 연방정부 및 산하기관 직원(계약관계에 있는 기업체 직원을 포함)의 신원조사 업무도 수행한다. DCSA가 수행하는 방첩 및 보안 업무의 구체적인 내용은 다음과 같다.

그림 7-1 미국 국방방첩보안국(DCSA) 업무분야(출처: DCSA 홈페이지)

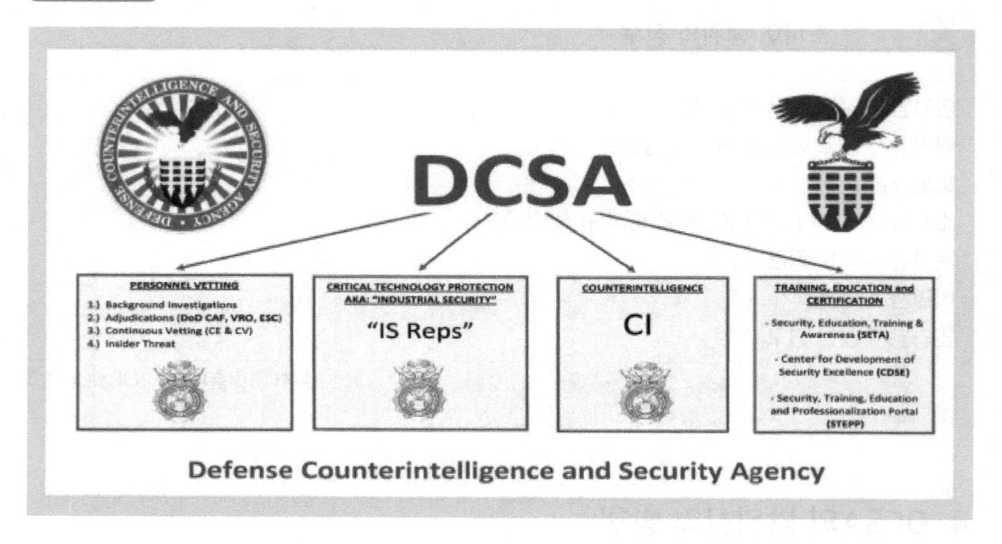

가. 신원검증(Personal Vetting)

연방 공무원 및 계약관계에 있는 기업들에 대한 무결성 및 신뢰성 검증을 위한 신원조사와 주기적인 검증 업무를 수행(필요시 거짓말탐지기 검사)하는데, DCSA의 신원조사는 연방 신원조사 프로그램, 국방부 심사, 주기적 재평가, 내부자 위협 평가 등을 포함한다. 비밀취급 인가를 받고자 하는 지원자가 전자적으로 서류를 제출하면 조사와 판정 과정을 거쳐 비밀취급이 인가되고 등록되는 절차를 거친다. 신원검증 과정에서는 개인의 성향, 정신건강, 외국 연계혐의(foreign influence), 범죄경력, 평소 행실, 신용 등을 확인한다. DCSA 산하에는 국가신원조사 서비스(NBIS, National Background Investigation Services)도 있는데, 연방정부의 신원조사를 신청, 평가, 지속적인 검증 등 처음부터 끝까지 원스톱으로 진행하는 IT시스템이다. NBIS는 강력한 데이터 보호와 사용자 편의성 제고, 데이터 공동 활용이 가능한 하나의 통합 시스템으로 DCSA는 2020년 10월 국방정보시스템운용국(DISA)으로부터 NBIS의 관리를 넘겨받았고, 그동안 운용되던 여러 가지 신원조사 IT 프로그램을 NBIS로 통합시키는 계획을 추진 중이다.

나. 핵심기술 보호(Critical Technology Protection)

국가산업 보안 프로그램(NISP, National Industrial Security Program)을 통해 비밀로 분류된 민감한 미국 정부의 정보 및 핵심기술을 보호하기 위해 비밀취급이 인가된 10,000여 개의 기업을 감독한다. DCSA는 이들 기업이 자신들의 시설, 인원, IT시스템의 취약점을 공격으로부터 적절히 보호하고 있는지를 감독한다. DCSA는 이들 산업체와 협력하여 산업기술정보 시스템에 대한 적대 세력들의 침입, 위협 가능성을 찾아내고 해결책을 찾는 데에도 중요한 역할을 수행한다. 즉 기업의 시설, 인원, 정보 시스템을 안전하게 유지함으로써 국가안보를 지키는 임무를 수행한다(1만 개의 기업과 12,500개의 시설 대상). 또한 국방부 산하의 비밀, CUI(Controlled Unclassified Information, 비밀은 아니지만 이에 준하여 관리되어져야 하는 정보), 중요 데이터 등을 생산하거나 취급하는 기업들을 감독, 감시(monitoring)하는 임무를 수행하며, 이를 위해 산업보안센터(ISD, Industrial Security Directorate)를 두고 있다. 또한 국가산업보안운용매뉴얼 NISPOM(National Industrial Security Program Operating Manuel)에 따라 비밀을 취급하며 민감한 직책에 근무하는 보안대상 기관 종사자들(12,000개 시설의 1백만 명)은 국방보안 정보 시스템(DISS, Defense Information System for Security)을 통해 해외여행 등 중요 보고대상에 관련된 사실을 등재하도록 하고 있어 민간인임에도 보안을 위한 많은 의무사항을 부과하고 있다. 한편 DCSA는 관련 기업들에게 산업보안 관련 정책과 요청사항의 변경내용 등을 전달하기 위한 산업보안서신(ISL, Industrial Security Letters)을 수시로 전달, 배포하는 방식으로 기업체들과의 소통을 강화하고 있다.

다. 방첩(Counterintelligence)

방첩은 해외나 국내 적대 세력의 민감 국가안보 정보 및 기술을 훔치려는 시도를 찾아내고 차단하며, 정부 지도자들과 관련자들에게 이런 위험을 알려주는 임무를 수행한다. 미국의 정보, 보안, 법집행 기관들과의 긴밀한 협조를 통해 외국의 정보활동에 대응하여 미국의 기술, 공급망, 인원 등 산업현장과 그 근무자들의 신뢰성을 확보하고, 외국의 정보적 위협을 색출, 차단, 견제(detect, disrupt, deter)함으로써 보호대상 인원에 대한 신뢰성과 산업현장의 보안성을 지켜낼 수 있도록 지원한다. 또한 내부자로부터의 위협을 색출, 평가, 최소화하고, 비인가된 정보유출을 관리 감독한다. DCSA는 보안이 필요한 산업체의 직원들이 의심스러운 외부 접촉이 있을 경우 이를 보고하도록 하는 제도인 의심접촉 보고(SCR, Suspicious Contact Report) 제도를 운용중이다. 방첩 업무를 위해서는 방첩센터(Office of Counterintelligence)를 두고 있다.

DCSA가 작성한 2023년에 비밀 해제된 국가산업 보안 프로그램(NISP, National Industrial Security Program) 보호대상 비밀취급 기업체들에 대한 기술탈취 위협실태 보고서(Targeting U.S. Technologies: A Report of Threats to Cleared Industry)에 따르면, 2022년에 DCSA에 접수된 의심접촉보고(SCR)는 2021년에 비해 8% 증가한 26,000건이었으며, DCSA는 이중에서 비밀 정보나 기술을 불법적으로 입수하거나 내부자를 포섭하기 위한 외국 세력의 시도로 보이는 수천 건을 검토 및 확인하였다. 산업기반기술 리스트(IBTL, Industrial Base Technology List) 중에서 최고의 정보수집 대상은 전기전자, 소프트웨어, C4(지휘, 통제, 통신, 컴퓨터) 등 3개 분야로 전체 신고 건수 중 36%를 차지하였으며, 나머지 64%는 IBTL 중 다른 27개 분야에 속하는 기술들이 차지하였다.[218]

218 https://www.dcsa.mil/Portals/128/Documents/CI/DCSA-TA-23-006%20Unclassified%202023%20Targeting%20US%20Technologies%20Report.pdf?ver=JumYyDRDZSY1Qhsx7PCi9A%3d%3d(접속일: 2024년 6월 1일).

표 7-4 2022년 미국 비밀취급인가 기업에 대한 외국의 기술탈취 시도

SCR(의심접촉) 보고 건수	IBTL(산업기반기술) 분야	비율
비밀취급 대상기업 종사자들의 외국에 의한 정보수집 의심 접촉 보고(SCR) 26,000건 * 2021년 대비 8% 증가	전기전자, 소프트웨어, C4(지휘, 통제, 통신, 컴퓨터) 등 3개 분야 기술	36%
	다른 27개 분야 IBTL에 속하는 기술	64%

출처: 미국 DCSA 홈페이지 내용을 근거로 작성

라. 훈련, 교육, 인증(Training, Education, and Certification)

DCSA는 연방정부 및 방위산업체 직원들에게 보안교육 및 훈련과 자격인증 업무를 수행하는 보안훈련센터(CDSE, Center for Development of Security Excellence)를 운영하고 있는데 CDSE는 국가산업 보안 프로그램에 따라 국방부, 연방정부, 보안 대상기업 관계자들에게 교육, 훈련을 제공하는 중추기관이다. CDSE는 보안필요 기관 근무자들이 국가적 보안도전에 효율적으로 대응할 수 있도록 하기 위해 보안관련 지식을 발전시키며, 전달하고, 서로 교환하는 역할도 수행한다. 또한 CDSE는 미국의 정보기관, 보안기관, 법집행기관 등에 대한 불순한 의도의 침투를 방지하기 위해 채용 인원에 대한 신뢰성 평가를 제공한다. 또한 국가신뢰성평가센터(NCCA, National Center for Credibility Assessment)는 거짓말탐지기와 기타 신뢰도 검증 기계 및 기법에 대한 교육을 담당한다. NCCA의 중심적인 임무는 신뢰성 평가에 대한 훈련, 감독, 연구를 통해 연방기관들이 미국 국민과 국가이익, 중요시설 및 보안을 지킬 수 있도록 하는 것이다. 이 밖에도 DCSA는 전산 프로그램 운용센터(PEO, Program Executive Office)를 두고 DCSA 전체 IT 프로그램이 통합성과 혁신성을 유지해 나갈 수 있도록 하여 다양하고 발전된 국가안보 역량을 국방부, 미국정부, 보안필요 기업들에게 제공한다. PEO는 클라우드기반 아키텍처, 빅데이터 플랫폼, 데이터와 엔지니어링이 결합된 통합전산망 서비스, 애자일 방식의 효율적 소프트웨어 개발 서비스 등을 제공하는 것을 임무로 하고 있다.

5. 시사점

미국의 방위산업 방첩은 국가방첩의 핵심요소로 미국의 최고 국가정보 책임자인 국가정보장(DNI) 산하 국가방첩보안센터(NCSC)가 중심이 되고 정보공동체 모두가 참여하는 체계를 갖추고 있으나, 국방부 산하에 방위산업 방첩을 전담하는 기관인 DCSA(국방방첩보안국)를 설치하여 국가기관뿐 아니라 방위산업체까지 포함하는 방산방첩 협력 체계를 갖추고 있다. 이를 위해서는 비밀취급인가를 받는 방위산업체 직원인 민간인들에 대해서도 철저한 신원검증과 교육을 실시하고 있으며, 이들을 교육하고 훈련하는 임무를 방첩기관인 DCSA가 수행하도록 하고 있다. 또한 방산업체 종사자들은 비밀취급인가를 받으려면 민간인이라 하더라도 거짓말탐지기 조사를 포함한 정밀한 신원조사를 받아야 하며, 해외 출입국 시 보고의무, 의심스런 접촉(직접, 통신, 이메일 등)이 있을 경우 보고의무 등을 부여하여 철저한 보안관리를 하고 있는 점이 우리와 다른 점이다. 우리나라에서는 거부감을 고려, 주요 보직 공무원들에게도 신원조사 시 거짓말탐지기 조사(Polygraph Test)를 하지 못하고 있으며, 민감한 직위의 공무원들조차도 해외여행과 관련한 보고제도가 미비한 실정이고, 「방첩업무규정」에 따라 시행되고 있는 외국인 접촉 시 특이사항 보고도 공무원 등 '방첩관계기관' 구성원들로만 제한하여 시행되는 등 방위산업 방첩과 관련한 체계적 대응 시스템이 상대적으로 미흡한 실정이다. 우리나라에서도 방위산업체에서 비밀을 취급하는 임직원들에 대해서는 비밀을 취급하는 국가공무원이나 군인과 마찬가지로 취급하는 비밀의 수준과 직책에 따라 구분하여 더욱 철저하고 심도 있는 인원보안 관리 및 교육을 통해 적대 세력의 정보적 위협이나 내부자의 정보유출 위험성에 대비하는 것이 필요하다. 또한 미국에서는 내부자들로부터의 위협을 찾아내고, 평가하고, 최소화하는 활동으로서의 내부자 위협에 대한 대응활동을 방첩의 가장 중요한 요소로 인식하고 있는바 우리도 더욱 강력한 내부자 위협 대비태세를 갖추는 것이 필요해 보인다. 한편 DCSA의 잘 갖춰진 교육시설과 프로그램을 통한 전문인력 양성 시스템을 참고하여 방위산업체 보안인력의 전문성을 강화하고, 방첩에 대한 이해를 제고하기 위한 체계적인 교육 시스템을 구축, 정보적 위협에 대한 경각심(Awareness)을 제고함으로써 민관군 협력체제를 더욱 공고히 하는 것이 중요하다고 생각된다.

제7절

방위산업 방첩 발전 방안

방위산업에 대해 그동안 익숙했던 '보안'이 아니라 '안보'라는 확대된 개념을 적용하여 국가안보 차원에서 방위산업을 보호하고 이를 통해 국가안보에 기여하기 위해서는 예방적 활동인 보안보다 적극적인 국가정보활동인 '방첩'의 역할 확대가 필요하다. 방첩 활동을 통해 외국 세력(외국정부, 외국기업, 외국인, 비국가행위자를 포함)의 우리 방위산업에 대한 정보적 침해를 견제, 차단하는 선제적 대응이 가능하고, 수집된 방첩정보를 관련 정부부처 및 기업들과 공유하여 빠르게 변화되는 위협환경에 대비한 적절한 보안대책을 마련할 수 있기 때문이다. 내부자 위협에 대해서도 기업들의 사내 정보 및 현장 접근성과 방첩기관의 공권력을 통한 조사 기능이 협업체제를 갖추었을 때 완벽한 대비태세(보안)를 갖출 수 있는 것이다. 또한 그 과정에서 관련 외국의 의도를 파악하여 방위산업의 대외적 경쟁력을 확보하는 전략을 수립하는 데에도 도움이 될 수 있을 것이다. 이러한 방위산업 방첩의 발전을 위해서는 ① 방첩에 대한 인식 전환과 정보적 위협에 대한 경각심(Awareness) 제고 ② 방첩기관과 관련 국가기관 및 기업체 간 방위산업 방첩 협력 체계 구축을 위한 법령 정비 ③ 방위사업청을 「방첩업무규정」상 '방첩기관'으로 지정하여 방위산업체 방첩 업무 관리 강화 ④ 국방획득 단계별 방첩요소 반영, 절차적 방첩 내재화 ⑤ 해외진출 방위산업체 현지 사업장 방첩 체계 확립 ⑥ 이윤추구를 위한 사기업의 시장 논리와 국가안보의 균형을 지향하는 방위산업 방첩 정책의 추진 등이 필요하다고 생각된다. 이를 구체적으로 살펴보면 다음과 같다.

1. 방첩에 대한 인식 전환과 위협에 대한 경각심(Awareness) 제고

방위산업 보호에 관한 업무를 소극적 보안에서 적극적 활동인 방첩으로 확장하고, 방위산업 방첩의 필요성을 인식시키기 위해서는 무엇보다도 먼저 적대 세력의 방위산업 대상 정보적 위협에 대한 경각심(Awareness) 제고가 필요하다. 방위산업이 국방과 관련된 산업분야로 군사기밀 및 산업기밀 유출 방지를 위해 엄격한 보안관리가 필요하다는 점에 대해서는 기본적인 인식을 갖고 있으나, 그것이 국방, 외교, 통상, 산업 등 국가안보와 국익의 복합적 요소를 갖춘 중요한 국가간의 정보전 분야라는 점에 대해서는 아직도 인식이 부족하다. 보안은 적의 공격에 대비하여 우리 내부를 단속하는 것이고, 방첩은 공격자인 적들에 대한 정보를 수집하여 그들의 공격을 무력화시키는 활동이다. 방위산업체와 일반 국가기관들이 담당하는 것은 보안 업무에 해당하고, 방첩은 방첩기관이 수행하는 적극적인 정보 업무이다. 보안과 방첩은 정보적 위협으로부터 방위산업을 보호한다는 동일한 목적하에 서로 유기적으로 연계되어 있다. 방첩 활동을 통해 적들의 의도, 공격 목표, 방법, 수단, 역량 등을 미리 알고 이에 대응할 수 있는 보안대책을 마련하는 것이 필요하다. 또한 방첩기관은 기업 차원에서는 불가능한 정보위협 세력의 동향이나 의도를 사전에 파악할 수 있으며, 공권력을 활용하여 정보유출 혐의자에 대한 정부기관 등록자료, 범죄기록, 출입국기록, 통신자료 등을 활용할 수 있고 범죄 혐의가 있다면 압수수색을 하거나 체포하여 조사할 수도 있으므로 기업이나 일반 국가기관의 보안활동과는 차원을 달리한다. 하지만 이러한 활동을 제대로 하기 위해서는 방위산업의 업무 내용을 잘 알고, 기술적 전문성이 있으며, 현장 접근성이 뛰어난 기업의 도움이 절대적으로 필요하다. 따라서 방첩기관과 관련 정부부처 및 방위산업체 간 방첩 업무의 중요성에 대한 충분한 이해를 바탕으로 긴밀한 협력 시스템을 구축하는 것이 중요하다. 무엇보다 적대 세력의 정보적 위협에 대한 경각심(Awareness) 제고가 중요하며, 이를 위한 방첩기관의 지속적인 교육과 컨설팅 지원 등이 필요하다. 방첩은 국가안보와 국익을 지키기 위한 비밀 정보활동의 일환으로 일반 국민의 입장에서는 이해하기 힘들고 거부감을 갖기가 쉽기 때문이다. 미국의 방첩 업무를 총괄하는 국가방첩보안센터(NCSC)가 중요한 임무(Mission)로 내세우고 있는 것도 위협분석(Threat Assessment)과 함께 공무원 및 민간기업에 외국의 정보적 위협에 대해 알리는 것(Raising Awareness)이라는 점을 참고할 필요가 있다. 또한 국방부 산하의 방첩기관인 국방방첩보안국(DCSA)도 자신들의 방첩 업무를 "방산기술과 프로그램에 대한 외부 위협을 식별하여 관계자들에게 알려주는 것"이라고 정의하고 있는 점에 대해서도 주목하여야 한다. 최근 우리나라 방위산업의 기술적 수준과 수출경쟁력이 크게 높아짐에 따라 방위산업에 대한 관심도가 커지고 있기는 하지만 여전히 방위산업 방첩에 대해서는 구체적인 이론과 개념 정립이 부족하므로 방첩기관이 중심이 되어 정부, 기업, 학계가 참여하는 건설적 토론을 유도하고, 관련된 이론의 정립 및 교육과 홍보가 필요하다.

2. 방위산업 방첩 협력 체계 구축을 위한 법령 정비

방위산업 보호를 분야별로 나누어 본다면 군사기밀 보안과 산업기술 보안에 대해서는 관련 법체계와 컨트롤타워가 분명하게 구축되어 있으나 방위산업 방첩에 대해서는 아직 법체계가 미흡하다. 우선 기존부터 중요하게 여겨 온 군사기밀 보호에 관해서는 형법, 「군사기밀보호법」 등을 중심으로 업무체계가 잘 잡혀있고, 오래전부터 방첩사령부가 컨트롤타워의 역할을 해 오고 있다. 또한 비교적 최근에 부각된 방위산업기술보호에 관해서는 2015년에 「방위산업기술보호법」이 제정되면서 국방부 장관이 위원장인 방위산업기술보호위원회를 정점으로 하는 체계가 확립되었으며, 국방기술보호국을 두고 방위산업에 관한 실무를 담당하는 방위사업청이 컨트롤타워의 기능을 하도록 되어있다. 하지만 방위산업 방첩에 대해서는 아직 인식과 업무 체계 등이 분명하게 정리되지 않은 실정이다. 2020년 개정된 「국가정보원법」에서는 국가정보원의 직무 중 방첩에 대해 규정하면서 "방위산업 침해에 대한 방첩을 포함 한다"라고 특별히 명시하여 방위산업 방첩이 국가정보원의 직무임을 명확히 하였으나, 방첩 업무에 관한 구체적 내용을 규정하고 있는 대통령령인 「방첩업무규정」에는 방위산업 방첩에 대한 구체적 규정이

미비하다. 다만 방첩 업무를 위한 기관 간 협조(「방첩업무규정」 제4조)와 기획조정(「방첩업무규정」 제5조) 규정을 통해 국가정보원이 통합적 국가방첩 업무의 컨트롤타워 역할을 하도록 하고 있는 것은 분명하다. 따라서 국가정보원이 방첩 활동의 일환인 방위산업 방첩의 컨트롤타워 역할을 하는 것은 명확하지만 이를 위해서는 좀 더 구체적인 내용들이 법제화되어야 한다. 먼저 방첩에 관한 최고 의사결정 기구인 국가정보원장 주재의 '국가방첩전략회의' 산하에 '방위산업 방첩 소위원회'를 설치하여 방위산업 유관 정부부처인 국방부, 산업자원부, 방사청, 국군방첩사령부 등이 참여하도록 함으로써 전문성 있고 심도 있는 회의체를 구성하고, 방위산업체와 방위산업 유관기관 대표 등도 의사 개진을 할 수 있는 자격을 부여하여 참여할 수 있도록 하는 방안이 바람직해 보인다. 다음으로는 방첩기관과 방첩관계기관에 방첩관련 정보를 지원하고 있는 국가정보원 산하의 방첩정보공유센터에서 방위산업관련 방첩정보를 방위산업체들에게도 지원할 필요가 있다. 방위사업청이 방첩기관으로 지정된다면 방첩정보공유센터에 직접 참여할 수 있으므로 이를 통한 방위산업체와의 정보공유가 더욱 원활해질 수 있을 것이다. 또한 이러한 체계가 제대로 작동하기 위해서는 참여 당사자 간의 역할에 대한 충분한 이해가 우선되어야 한다. 특히 우리나라에서는 방위산업 보호와 관련한 업무를 '방산보안'과 '방산기술보호'로 나눠 보호대상을 군사기밀과 방산기술로 구분하고 있으며, 방위산업체 역시 이에 따라 민간업체 또는 군수업체로 구분하는 등 영역을 분리하고 있고, 통합적 개념의 방위산업 방첩에 대해서는 인식이 미흡한 실정이므로 방위산업 방첩에 대한 법령정비를 통해 방위산업 방첩 업무체계를 명확히 하는 것은 무엇보다 중요해 보인다.

3. 방위사업청을 방첩기관으로 지정, 방위산업체 방첩관리 강화

최근 각국에서 발생하는 정보적 침해와 스파이 활동 동향을 고려할 때 방첩에서 가장 중점을 두어야 할 분야는 사이버 침해와 내부자 위협이라고 할 수 있다. 우리나라의 경우 최근 사이버보안에 대한 경각심은 크게 향상되었으나 사람에 대한 관리는 대단히 느슨한 편이다. 산업보안 분야에서 내부자(전, 현직 포함)에 의한 정보유출이 80%를 넘는다는 통계에서 나타나는 바와 같이 내부자 위협이 심각한데도 체계적인 관리가 부족하다는 것이다. 미국의 경우 비밀취급인가를 받는 방위산업체 종사자에게는 정부 기관 종사자와 같은 수준의 엄격한 보안관련 의무(신원조사, 특정 해외출장보고, 수상한 접촉 보고의무, 거짓말 탐지기 검사 등)를 부과하고 있는 반면, 우리나라는 아직 방위산업체 종사자들에 대한 적절한 관리대책이 미흡한 실정이다. 대통령령인 「방첩업무규정」은 방첩 업무를 수행하는 '방첩기관' 뿐 아니라 각 정부기관 및 지자체와 주요 공공기관들을 '방첩관계기관'으로 지정하여 방첩 업무수행에 관한 협의체에 참여시키고, 교육과 홍보를 지원하고 있으나 민간기업은 여기에 포함되어 있지 않다. 방위산업이 국가안보적 관점에서 보호되어야 하는 특별한 산업 분야로 그 종사자들도 국가로부터 비밀취급인가를 받는 특별한 지위에 있다는 점을 감안하여 이들 기업을 '방첩관계기관'에 포함시키는 것이 바람직하다는 의견[219]도 있으나, 이윤 추구를 목적으로 하는 민간기업에 대해 국가기관이나 공기업에 준하는 국가적 규제와 책임을 부여한다는 것은 기업의 정체성과 조직문화, 법체계 문제로 한계가 있다. 대신 방위사업을 주관하고 방위산업체들에 대한 업무상 지도 감독권을 가진 방위사업청을 방첩기관으로 지정하여 자체 훈령과 지침에 근거를 마련하고, 업무상 관련성 등을 활용하여 방위산업체들에 대한 방첩 업무를 계획, 지도, 감독, 교육하도록 한다면 방위산업체 및 그 종사자들에 대한 방첩을 강화할 수 있을 것이다. 방위산업 업무를 잘 이해하고 있는 방위사업청이 방첩기관으로서 역할을 함으로써 적합한 내용의 교육과 컨설팅 지원이 가능할 뿐 아니라 정보기관과의 협력에서도 중간자 역할을 원활하게 수행할 수 있을 것이다. 또한 방첩기관의 일원으로 '방첩정보공유센터'에 참여할 수 있게 되어 방위산업 방첩과 관련된 위협 정보를 보다 신속하게 지원받을 수 있게 되고, 다른 방첩기관의 협조를 받기도 쉬워질 것이다. 미국의 국방방첩보안국(DCSA)이 정부기관뿐만 아니라 1만 2,000개가 넘는 방위산업체들의 방첩과 보안 업무를 총괄하면서 철저한 신원조사 및 교육, 훈련까지 지원하고 있는 점을

219 김영기, "방산안보 환경변화에 따른 국가정보의 역할", 한국국가정보학회 2022 연례학술회의 논문집, p.150, 2022.

참고할 필요가 있다.

4. 국방획득 단계별 방첩요소 반영, 절차적 방첩 내재화

국방획득 과정에서도 각 단계별 방첩요소가 고려될 수 있도록 관련조직과 임무, 기능이 명확하게 설정될 필요가 있다. 미국은 국방획득체계가 잘 발달되어 있으며 국방획득 과정에서 방첩의 기능과 역할에 대해서도 각종 보호 프로그램 등을 통해 잘 설명되어져 있고, 관련조직과 임무도 체계적으로 잘 갖추어져 있어 우리가 참고 할 사항이 많다. 미국의 국방획득 프로그램 보호계획(PPP, Program Protection Plan)에서는 보안, 사이버보안, 안티탬퍼 등과 함께 방첩(Counterintelligence)을 필요 요소로 규정하고 있고, 방첩지원계획(Counterintelligence support plan)도 필수 요소로 정하고 있다. 추상적이고 단편적인 사안별 방첩 활동이 아니라 연구개발 단계부터 획득과정의 모든 절차와 단계별로 방첩요소가 고려되고, 방첩 전문가가 참여토록 하는 시스템을 마련하는 것이 필요하며, 여기에 필요한 예산도 반영해 두어야 한다. '분야별 방첩'도 중요하지만 '단계별 방첩', '절차적 방첩'을 통해 보다 체계적인 방첩 업무수행이 가능해질 수 있고, 이를 통해 방위산업체들도 명확한 절차에 따른 예측 가능성으로 보다 쉽게 방첩 업무를 받아들일 수 있기 때문이다.

5. 해외 진출 방위산업체 현지 사업장 방첩 체계 확립

일반기업들의 산업보안 원칙에 있어서도 종업원들이 대부분 외국인인 해외사업장에서는 산업보안 관리자를 반드시 내국인으로 임명토록 하고 있으며, 보안관리를 국내보다 강화하도록 하고 있다. 하지만 우리 방위산업이 해외 수출을 시작한 것은 비교적 최근의 일로 아직 해외진출 방위산업체에 대한 현지 방첩 체계는 미흡한 실정이다. 방위산업 수출은 절충교역 등으로 인해 현지에 생산시설을 두거나 기술을 포함한 후속지원을 장기간 유지하기도 한다. 이런 과정에서 기술

유출이 발생할 가능성은 매우 크다. 특히, 해외 현지에서는 해당국 정보기관이 비밀검색, 직원포섭, 통신감청 등 자국 내 다양한 정보자산을 활용한 정보수집이 매우 용이하므로 관련 분야 전문성이 있는 우리 정보기관과의 적극적인 협력이 필요하다. 2013년 1월 발사에 성공한 한국 최초의 우주 발사체인 나로호 발사는 러시아의 기술지원으로 이루어졌지만 국내에 장기 체류하던 러시아 기술자들과 한국 연구원들의 밀접한 접촉을 막고, 주요물품을 철저히 봉인하며, 발사체 조립장 등 주요 장비가 있는 구역을 24시간 감시한 것은 함께 체류한 러시아 정보기관(FSB)의 방첩요원들이었다는 점을 참고할 필요가 있다. 우리 방위산업체의 해외 현지 사업장에 대한 철저한 보안과 더불어 현지에 장기 체류하는 엔지니어들이 현지 기관이나 업체에 포섭되지 않도록 방첩대책이 체계적으로 수립되어야 하며, 국가 차원에서 철저하게 관리되어야 한다.

6. 시장경제의 원칙과 국가안보의 균형

산업의 일환으로서 방위산업은 시장경제의 일반론에서 벗어날 수 없다. 기업은 이윤 추구를 위해서 존재하는 것이며, 국가안보를 위해 과도한 규제를 가한다면 결국 시장에서의 경쟁력을 상실하고 말 것이다. 특히, 우리 방위산업이 국내뿐 아니라 국제 시장에서 경쟁력을 확보해 가려면 어느 정도 시장경제 원리에 의한 자유로운 판매와 기술 이전 등이 이루어져야 한다. 기술 유출을 완벽하게 막기 위해 해외 판매를 금지한다면 그런 기술을 개발할 기업은 없을 것이다. 대체로 정부는 '절대적 보안'을 요구하는 반면, 기업은 '상대적 보안'을 주장한다. 기업 입장에서는 기술은 늘 진보하는 것이며 어느 정도의 기술이전은 속도의 문제이지 자연스러운 것으로 인정한다. 기술유출을 절대적으로 막는 것은 시장경제에 반하며 보안은 기술이전을 지연시킬 수 있는 정도에서 관리되어야 한다는 주장이다. 더구나 방위산업에서는 국가안보와 군사, 외교, 통상에 관한 국가적 이익을 위해 기업의 상업적 이익이 손상되는 경우도 발생할 수 있다. 이런 점에서 시장경제의 논리와 안보적 관점의 충돌은 피할 수 없어 보이기도 한다. 따라서 양자 간의 타

협점을 찾는 노력이 필요하며 시장경제의 원칙과 국가 안보적 필요성이 적절하게 고려된 균형의 유지가 필요한 것이다. 또한 기업들이 방첩 활동에 적극적으로 참여하게 하기 위해서는 방첩기관의 교육, 훈련, 컨설팅 등이 필요하며, 정보보안 설루션을 제대로 운영하지도 못하는 중소기업의 보안 시스템 구축에 필요한 자금지원 및 사이버 원격관제 시스템 운영 등 기술적 지원도 필요하다. 요컨대 방위산업에 참여하고 있는 기업들이 국가안보에 기여하기 위해 부가적 노력을 하는 만큼, 국가적 배려와 지원이 반드시 필요하다는 것이다.

7. 결론

결론적으로 방위산업 방첩이 효율적이고 체계적으로 이루어지기 위해서는 적대 세력의 방위산업에 대한 정보적 위협에 경각심(Awareness)을 갖고, 국가안보 차원에서 이루어지는 방위산업 방첩에 대한 정확한 이해를 바탕으로 방첩기관, 국가기관, 방위산업체 등 관련기관들이 긴밀히 협력할 수 있는 업무체계 정립이 필요하며, 이를 위한 정부의 적극적인 노력과 지원이 중요하다.

제8장

방산안보와 국가정보 활동
- 미국의 전략무기 보호를 중심으로 -

이정훈

제1절

국가비밀과 방산비밀

1. 비밀과 기밀, 국가비밀과 군사비밀, 방산비밀

우리는 '비밀(秘密)'과 '기밀(機密)'을 혼용하고 있다. '극비(極祕)'와 '기밀'의 차이를 아는 이를 찾기 어렵다. Ⅲ급 비밀과 대외비(對外秘)가 같은지 다른지에 대해 설명할 수 있는 이도 많지 않다. 용어에 대한 이해가 혼란스러운 것은 용어에 대한 정의가 제대로 돼 있지 않다는 뜻일 수 있다.[220]

220 비밀과 기밀을 혼용하게 된 것은 유감스럽지만 일본의 영향 때문으로 보인다. 일본의 『日本国語大辞典』은 기밀을 '비밀을 강조한 것' '매우 중요한 비밀. 특히 정치나 군사상의 비밀을 가리킨다'라고 정의하고 있다[(枢機(すうき)に関する秘密の意) 非常に重要な秘密の事柄。特に、政治上、軍事上の秘密にいう]. 일본은 헌법에 따라 군을 갖지 못하기에 일상에서는 군사기밀 대신 국가기밀이라는 용어를 사용하고 있다. 그러나 일반 법률에서는 「国家秘密に係るスパイ行為等の防止に関する法律案」「特定秘密の保護に関する法律」처럼 국가비밀이라는 용어를 사용한다. 기밀은 군사용어로만 쓰고 있다.
2차 대전에서 패한 일본은 안보를 미국에 전적으로 의존한다. 일본 방위는 미국이 책임지고 일본은 자위대를 만들어 그러한 미군을 보조하게 됐는데, 이를 규정한 것이 「미일안보조약」으로 약칭되는 「日本国とアメリカ合衆国との間の相互協力及び安全保障条約(Treaty of Mutual Cooperation and Security between the United States and Japan)」이다.
이 조약에 따라 일본은 미국과 '일미상호방위원조협정(日米相互防衛援助協定, Mutual Defense Assistance Agreement between Japan and the United States of America)'을 맺었고, 이 협정을 이행하기 위해 「일미상호방위방위원조협정 등에 따른 비밀보호법(日米相互防衛援助協定等に伴う秘密保護法)」을 제정했다. 그리고 이 법 시행령[日米相互防衛援助協定等に伴う秘密保護法施行令]을 만들었는데, 이 시행령 1조에 비밀을 '기밀(機密)' ,'극비(極祕)' '비밀(秘密)'의 3등급을 구분한다고 해놓았다. 일본은 가장 중요한 군사비밀을 기밀로 부르는데 우리는 「군사기밀 보호법」을 만들어놓고 기밀이라는 말은 쓰지 않고 비밀이라는 용어를 사용했다.
'기밀'을 시행령이 아닌 법률 제목과 용어로 쓰고 있는 나라는 대만이다. 대만은 「국가기밀 보호법(國家機密 保護法)」을 운용하고 있는데, 이 법 3조는 국가기밀을 '절대기밀(絶對機密), 극기밀(極機密), 기밀(機密)'의 셋으로 나누고 있다.

국어사전은 비밀을 '남에게 알리지 않고 숨기는 일'[221], 기밀을 '아주 중요한 비밀'[222]로 정의하고 있으니, 비밀보다는 기밀이 더 중요하고 강조된 표현임이 분명하다. 이 차이는 법률로도 확인된다. 우리는 「금융 실명거래 및 비밀 보장에 관한 법률」, 「부정경쟁 방지 및 영업비밀 보호에 관한 법률」, 「통신비밀 보호법」 등 '비밀'이라는 단어가 들어간 법률을 갖고 있다. 그런데 군사비밀만은 「군사기밀 보호법」으로 지키고 있다. 이름에 '기밀'이라는 단어가 들어간 우리 법은 이 법이 유일하다(2024년 기준).

이름에 '비밀'이 들어간 위 세 법률은 주권자인 국민이나 주권자들이 만든 법인(法人)의 비밀을 지키자고 하는 데에 유의할 필요가 있다. 이 법인에 정부도 포함될 수 있으니 정부가 다루는 국가비밀도 이 법률로 보호받을 수 있지만, 주(主)는 어디까지나 주권자인 국민과 법인의 비밀보호이다. 군은 국가에서 운영하는 것이니 군사비밀은 국가비밀일 수밖에 없다. 우리는 국가비밀을 군사비밀에 넣고, 국가비밀의 중요성을 강조하려다 보니 '기밀'이라는 용어를 써 이 법을 만든 것으로 판단된다.

2. 국가비밀을 군사비밀로 보호한다

국가가 해야 하는 가장 중요한 일은 국가안전보장(국가안보)이다. 국가는 복지와 의료, 국민교육 등도 해야 하지만 이는 국민을 상대로 한 것이라 비밀로 할 이유가 적다. 그러나 국가안보는 적국을 포함한 외국과 국내외 전복(顚覆) 세력 등을

미국은 비밀을 top secret-secret-confidential로 분류했는데 우리보다 먼저 근대화를 한 일본(대일본제국)은 기밀-극비-비밀로, 대만(중화민국)은 절대기밀-극기밀-기밀로 옮겼다. 근대화와 공화정 정부 수립이 늦었던 우리는 한자를 쓰는 두 나라의 영향을 받아 법 이름은 「군사기밀 보호법」으로 짓고도 자주성을 위해 등급은 이들과 다르게 'Ⅰ Ⅱ Ⅲ급 비밀'로 한 것이 확실하다. Ⅲ급 비밀 다음인 대외비는 영어로는 restricted이고, 평문은 unclassified라고 한다. 미국(미군)은 평문 중에서도 공개하지 말아야 할 것은 Unclassified 옆에 FOUO(For Official Use Only), SBU(Sensitive But Unclassified), LOU(Limited Official Use), LD(Limited Distribution) 등을 붙여 민간 배포를 제한하고 있다.

221 https://dic.daum.net/word/view.do?wordid=kkw000121726&supid=kku000152518.

222 https://dic.daum.net/search.do?q=%EA%B8%B0%EB%B0%80&dic=kor.

상대로 한 것이라 국민에게도 감춰야 한다. 적은 물론 국민을 상대로도 강력한 보안을 해야 하는 것이다. 국가안전보장은 군사보다 큰 개념이다. 「군사기밀 보호법」은 군사보다 큰 개념인 국가안전보장에 관한 것도 보호하고 있을까.

이 의문은 이 법 제2조가 군사기밀을 '일반인에게 알려지지 아니한 것으로서 그 내용이 누설되면 국가안전보장에 명백한 위험을 초래할 우려가 있는 군 관련 문서, 도화(圖畫), 전자기록 등 특수매체기록 또는 물건으로서 군사기밀이라는 뜻이 표시 또는 고지되거나 보호에 필요한 조치가 이루어진 것과 그 내용을 말한다'고 규정하고 있는 데서 풀리게 된다. 이 법은 국가안전보장에 관한 사항이 군사기밀에 포함돼 있다고 밝히고 있는 것이다. 따라서 국방부의 정보본부 보안정책과가 이 법의 주관 부서로 돼 있어도 국가안보를 다루는 대통령실이나 국가안보실, 국가정보원도 군사기밀을 다룰 수 있게 된다.

이 법은 3조에서 '군사기밀은 그 내용이 누설되는 경우 국가안전보장에 미치는 영향의 정도에 따라 Ⅰ급 비밀, Ⅱ급 비밀, Ⅲ급 비밀로 등급을 구분한다'고 함으로써, 다시 한번 군사비밀만이 아니라 국가안전보장에 관한 비밀도 다룰 수 있음을 보여준다. 그리고 군사기밀에는 Ⅰ급, Ⅱ급, Ⅲ급 비밀이 있다고 함으로써 기밀과 비밀이 같은 뜻임을 확인해 준다. 각주 220에서 밝혀 놓았듯 우리는 국가비밀인 군사비밀의 중요성을 강조하기 위해 일본과 대만에서 법률 용어로 쓰이고 있는 '기밀'을 법 이름에 집어넣은 것이 분명해진다.

「군사기밀 보호법」을 구체화한 것이 「군사기밀 보호법 시행령」이다. (2024년 현재) 이 시행령의 3조는 '군사 Ⅰ급 비밀'을 '군사기밀 중 누설될 경우 국가안전보장에 **치명적인** 위험을 끼칠 것으로 명백히 인정되는 가치를 지닌 것', '군사 Ⅱ급 비밀'을 '군사기밀 중 누설될 경우 국가안전보장에 **현저한** 위험을 끼칠 것으로 명백히 인정되는 가치를 지닌 것', '군사 Ⅲ급 비밀'을 '군사기밀 중 누설될 경우 국가안전보장에 **상당한** 위험을 끼칠 것으로 명백히 인정되는 가치를 지닌 것'으로 규정하고 있다. '치명적-현저한-상당한'이란 관형어를 사용한 것은 비밀 분류에 확실한 기준이 없다는 뜻일 수도 있다. 국가안보와 군사비밀에 관한 사항은 인지(認知)나 이해에 의해 그 등급이 정해진다.

이 시행령의 4조는 군사 Ⅰ급 비밀 지정권자를 '1. 「보안업무규정」 제9조 제1

항 제1호부터 제12호까지의 Ⅰ급 비밀 취급 인가권자 및 그가 지정하는 사람/2. 방위사업청장/3. 국방정보본부장/4. 해군작전사령관, 해병대사령관, 공군작전사령관/5. 국군방첩사령관, 국군정보사령관/6.「국방과학연구소법」에 따른 국방과학연구소장/7. 그 밖에 국방부장관이 지정하는 사람'으로 정해 놓았다. 1호에서 Ⅰ급 비밀 지정권자를 'Ⅰ급 비밀 취급 인가권자와 국방부장관이 지정하는 사람'으로 규정해 놓았기에 국방부에 몸담지 않은 대통령실이나 국가안보실, 국가정보원의 책임자도 군사 Ⅰ급 비밀을 지정하거나 다룰 수 있게 된다.[223]

또 위 조항의 2호와 6호는 방위사업청장과 국방과학연구소장도 군사 Ⅰ급 비밀을 지정하거나 다룰 수 있다고 해놓았으니, 방산에 관한 비밀(방산비밀)도 군사기밀이나 국가안보에 관한 비밀에 포함되는 것이 확실해진다. 그래서 국가정보기관인 국가정보원은 방산비밀을 다룰 수 있는 것이다. 국가비밀을 하위인 군사비밀로 보호하는 '위계 역전'과 국방부장관 등이 지정하는 사람 중에 국가정보원장이 포함될 수 있다고 봐야 하는 불편함은 있지만, 국가정보원은 군사비밀의 하위인 방산비밀을 다룰 수 있다.

3. 전략무기 개발과 국가정보

우리나라의 군사비밀(기밀)의 규모는 어떠할까. 2000년 국방부는 군사비밀이 56만 1,924건이라고 밝힌 바 있다. 군사비밀에는 작전과 관련된 것이 많은데, 작전과 관련된 것은 대개 문서 형태로 만들어진다. 적이 침공하는 유사시를 대비한 방어작전은 적이 침투할 수 있는 루트와 규모를 예상하고 이를 막는 차단선을 설정한 다음 그곳에 투입할 부대와 물자를 지정하는 것으로 시작한다. 이를 위해서

223 박근혜 후보가 당선된 18대 대통령 선거를 앞둔 2012년 말, 2007년 노무현 대한민국 대통령과 김정일 북한 노동당 총비서 간의 2차 남북정상회담에서 우리는 서해 NLL을 포기했다는 폭로가 나와 이슈가 됐다. 이 문제는 박근혜 정부가 출범한 뒤에도 계속 문제가 됐기에, 2013년 6월 24일 남재준 국가정보원장이 이 회의록 전문을 공개해 또 한 번 파문을 일으켰다. 남 원장이 Ⅱ급 비밀로 돼 있던 이 회의록을 공개를 결정한 것은「군사기밀 보호법 시행령」등에 따라 국가정보원장이 비밀의 지정과 해지를 결정할 수 있기 때문이었다(비밀 해제는 이 시행령 6조에 규정돼 있다).
남재준, "옥중에서 쓴 군인 남재준이 걸어온 길", 서울: 양문, pp.33~40, 2023.

는 동원할 부대와 물자를 정해 놓아야 하니 문서화한 계획이 있어야 한다.

공격작전을 만들려면 어디를 어느 기간에 점령한다는 목표부터 세워야 한다. 그리고 어떤 부대를 어느 루트로 진공시키는데, 이때 필요한 군수(軍需)는 이렇게 한다는 정교한 예측을 만들어 놓아야 한다. 적과 조우하면 격파하고 진공하거나 묶어 놓고 우회한다는 선택안도 있어야 한다. 이러한 계획도 문서로 만들 수밖에 없고 이 계획 역시 밖으로 알릴 수 없으니 비밀로 지정한다. 군사비밀의 양이 많은 것은 이 때문이다. 군사비밀의 상당수는 구체적인 설명을 위해 문서화한 것이 많다.

2000년 군사비밀이 56만 1,924건이라고 했던 국방부는 이 중 Ⅰ급 비밀은 8건이라고 밝혔다. 2016년에는 Ⅰ급 비밀은 열 건 미만이라고 했다. Ⅰ급 비밀은 도대체 어떤 것이기에 이렇게 적은 것일까. 각주 223에서처럼 2차 남북정상회담 회의록이 Ⅱ급 비밀로 지정됐었다면, '누설될 경우 국가안전보장에 **치명적인** 위험을 끼칠 것이 명백한' Ⅰ급 비밀은 무엇일까. 그러나 Ⅰ급 비밀은 알아도 밝힐 수 없으니 구체적인 논의는 하지 말자.

한 가지만 밝히기로 한다. Ⅰ급 같은 고급 비밀은 구체적이지 않다는 것이다. 고급 비밀일수록 목표 지향적이다. '어떤 경우 무엇을 어떻게 한다' 정도로만 규정돼 있다. 이를 이루기 위한 구체적인 방법은 다음 등급의 비밀로 지정해 보호한다.

국가안전보장을 하려면 동맹과 함께 자주국방을 해야 한다. 자주국방의 핵심 축이 방위산업이다. 강한 나라일수록 많은 돈과 인력을 투입해 최고의 무기를 만든다. 작전만큼이나 비밀스러운 것이 전략무기의 개발과 운용이다. 미국이 세계 최고의 방산국가로 꼽히는 이유는 궁극의 무기인 핵무기를 먼저 개발했고 가장 우수하게 운영하고 있다고 보기 때문일 것이다. 이러한 전략무기의 비밀을 지키기 위해 미국 정보기관은 어떤 활동을 하고 있는가.

미국의 군사비밀을 안다는 것은 불가능하지만, 핵무기와 ICBM(Inter Continental Ballistic Missile, 대륙간탄도미사일) 같은 전략무기는 미국도 top secret(Ⅰ급 비밀)이나 그에 준하는 것으로 보고 보안(保安)하고 있을 것이 분명하다. 뒤에서 밝히겠지만 미국은 핵무기를 개발한 뒤 국가정보를 했다.[224] 미국은 전

224 핵무기를 개발해 사용까지 한 뒤 국가정보기관인 CIA를 창설했다는 뜻.

략무기를 개발하면서 통수권자를 위한 국가정보를 시작했다. 미국이 전략무기를 어떻게 보안하며 발전시켜 왔는지를 보며 고급 방산보호와 국가정보 관계를 살펴본다.

제2절

미국의 전략무기 개발과 정보의 누설

1. 피할 수 없는 정보 누설

미국은 방위산업을 '국내 전용'과 '국내·수출 겸용' 두 갈래로 나눠 관리한다. 국내·수출 겸용에는 수출 전용[225]도 포함된다. 미국 무기에 주목하는 나라들은 미국이 수출한 무기를 입수해 분해-조립하는 것을 반복함으로써 설계구조를 파악해 같은 무기를 만들어내는 '역설계(revers engineering)'를 할 수 있다. 지금은 CAD 프로그램과 3D 프린터가 있으니 모사(模寫) 생산은 더 쉬워졌다.

때문에 미국은 최고의 전략무기는 수출하지 않는다(그러나 예외는 있다).[226] 대형 스텔스 전투기인 F-22 랩터가 대표적이다. 미국은 F-22를 최우방국에도 수출하지 않는다(2023년 기준). 그러나 동맹국의 무기 박람회나 동맹국과 같이 하는 연합 훈련에는 출격시켜 그 존재를 드러내곤 한다. 과거에는 F-15를 국내 전용으로 활용했다. 그러다 F-22 등 더 나은 전투기를 개발할 것 같자 F-15를 일본 이스라엘 한국 등 최우방국에 판매했다. 전략무기도 더 나은 것이 나오면 미국은 수출한다.

225 미국의 수출전용 무기에는 F-5 요격용 전투기가 있다. F-5는 미국 노스롭이 제작해 미 공군에 1,100여 대를 납품한 훈련기 T-38을 모체로 한다. T-38이 제법 팔리자 노스롭은 이를 토대로 단좌의 요격기 N-156F를 개발했으나, 미 공군은 록히드가 개발한 F-104를 선택했다. 사장 위기를 맞은 N-156F가 뜻밖의 기회를 잡았다. 지금도 그렇지만 당시의 미 공군은 고가의 첨단 전투기만 사용했다. 부유한 동맹국은 이러한 미군기를 도입하지만, 가난한 동맹국은 꿈도 꾸지 못한다. 미국은 가난한 동맹국을 위한 전투기를 찾다가 N-156F를 낙점했다. 미 공군은 노스롭이 생산하게 된 수출전용 요격 전투기에 F-5란 제식번호를 부여했다. 가난한 동맹국들은 이를 반겼기에 F-5는 4,000여 대 이상 팔려나간 희대의 베스트셀러가 됐다.

226 모든 일에는 예외가 있다. 미국은 최고의 전략무기인 트라이던트-Ⅱ SLBM을 영국 해군에 제공해 영국의 전략원잠인 뱅가드급에 탑재하게 했다. 최고의 동맹에게는 전략무기도 제공할 수 있다.

ICBM인 미닛맨(minuteman)-Ⅲ, SLBM(Submarine Launched Ballistic Missile, 잠수함발사탄도미사일)인 트라이던트(trident)-Ⅱ와 이를 탑재한 오하이오급 전략원잠(SSBN), 투하용 원폭인 B-61과 이를 탑재하는 재래식의 B-52와 스텔스인 B-1, B-2, B-21 전략폭격기 등은 F-22보다 더한 전략무기다. 때문에 수출하지 않고 여간해선 공개도 하지 않는다. 이는 NCND(neither confirm nor deny, 시인도 부인도 하지 않는 것)로 그 존재감을 극대화하기 위한 것으로 보인다.[227] NCND를 펼치는 전략무기일수록 적은 더 궁금해하고 두려움을 가질 수 있기 때문이다.

최강국이 되고 이를 유지하려면 '생각할 수도 없는 것을 생각해(Think the Unthinkable)' 대비해야 한다. 미국은 수출한 무기는 물론이고 수출하지 않은 무기나 정보도 적이나 3국에 넘어갈 수 있다는 것을 인정한다. '설마'라는 전제를 달고 상상해 봤던 일은 '반드시 일어나기' 때문이다. 변심한 조종사가 F-22 랩터를 몰고 적국에 투항할 수 있다. 귀순한 만큼 그는 자세한 설명을 할 것이니, 적은 더 빨리 역설계를 해 F-22 모사품을 만들 것이다.[228] 미국은 이러한 가능성에도 대비해야 한다.[229]

---

227 미국은 필요하다고 판단하면 전략무기를 특정 인물에게 공개한다. 한국에 확장억제를 제공하기로 한 미국은 이를 논의하는 한미 핵협의그룹(NCG) 회의를 위해 미국을 방문한 한국 대표단을 2023년 10월 31일 캘리포니아주 반덴버그 공군기지로 초치해, 미 공군이 정기적으로 하고 있는 미닛맨-Ⅲ 시험발사를 참관케 하고 미 육군이 운용하는 지상발사요격미사일인 GBI 시설도 견학하게 했다.
2023년 2월 미국은 같은 목적으로 방문한 한국 대표단을 전략원잠의 모항인 킹스베이 기지로 안내했고, 7월에는 오하이오급 전략원잠인 켄터키함을 부산항에 입항시켰다. 10월에는 B-51을 한국 청주기지에 착륙시켜 한국 언론에 노출시켰다.
이데일리, "한국 국방부 대표단, 7년만에 美 ICBM 시험발사 참관…역대 두 번째, 전략핵잠수함, 전략폭격기 이어 ICBM까지", 2023년 11월(https://www.edaily.co.kr/news/read?newsId=03981926635801456&mediaCodeNo=257&OutLnkChk=Y)(검색일: 2024년 5월 12일).

228 냉전기 미국과 치열히 경쟁했던 소련도 전략무기는 수출하지 않고 국내전용을 했다. 1976년 그러한 무기 중의 하나가 미그-25였다. 소련은 자국 공군에만 미그-25를 배치해 사용하고 있었는데 1976년 9월 6일, 소련의 제11공군 513전투기연대 소속 빅토르 벨렌코(Viktor Belenko) 중위가 블라디보스토크 인근의 체그에흐카 공군기지 인근에서 미그-25를 몰고 훈련하다 일본의 방공망을 뚫고 저공비행으로 하코다테 공항에 착륙해 미국 망명을 요구했다. 그 즉시 미국은 벨렌코의 망명을 받아주고, 미그-25는 일본에 있는 미군 기지에서 분해-조립하며 완벽히 역설계를 한 후 소련에 돌려주게 했다(국제법상으로는 돌려주는 게 맞다). 미국으로 건너간 벨렌코는 항공 관련 일을 하며 FBI와 CIA에 보호를 받은 것으로 알려져 있다.

229 2023년 9월 17일 미 사우스캐롤라이나주에서 해병대 항공단 소속의 중형 스텔스 전투기

무기 개발을 위해서는 실전을 상정한 '시험'을 해야 한다. 이때 전략무기 개발이 노출될 수 있다. 핵무기는 시험을 해야 성능을 확인할 수 있는데, 그 위력이 너무 강해 시험을 하면 바로 개발 사실이 드러난다. 신형 전투기라면 장기간 시험비행을 해야 하는데, 시험비행을 할 때 신형 전투기 개발 사실이 드러난다. 실전을 상정한 시험은 숨기기 어려운데, 그로 인한 정보 누설은 어떻게 막을 것인가.

신무기는 '상대를 이겨 보겠다'는 경쟁심과 '이것을 만들어 보겠다'는 의지를 가진 이들이 있어야 만들 수 있다. 신무기를 개발하려는 이들은 그때까지 개발된 첨단무기의 비밀을 알아야 한다. 이를 토대로 새로운 무기를 상상해 내는데, 이를 위해서는 다른 비밀을 숙지한 이들과 치열히 토론하는 브레인스토밍(brain storming)을 해야 한다. 좋은 무기를 만들려면 개발자들의 '자유'를 보장해 줘야 하는 것이다. 이러한 자유 속에 비밀이 누설될 수 있다. 개발에 몰두하다 난관에 봉착한 이들은, 이 사업에 참여하지 않은 이들에게 난관을 밝히며 해결책을 구할 수도 있기 때문이다.

개발자들이 과거의 신무기에 대한 정보는 물론이고 미래의 신무기에 대한 정보를 머릿속에 넣고 다닌다는 것도 문제이다. 미래의 신무기는 개발된 것이 아니니 비밀로 지정하지도 못한다. 지금의 첨단무기보다 더 중요한 미래의 무기에는 비밀 등급을 부여하지 않는데, 개발자는 난관을 돌파하기 위해 조언을 얻는 과정에서 미래의 신무기 정보를 누출할 수 있다. 첨단무기 개발 과정에서 일어날 수밖에 없는 보안 누설을 막으려면 복잡한 시스템이 필요하다.

F-35B가 자동비행 상태에서 이상을 일으키자 조종사가 비상탈출했다. 이 전투기는 조종사가 탈출한 뒤에도 자동비행장치 때문에 더 비행하다 추락한 것이 확실했다. 미국은 예상 비행항로로 여러 대의 헬기를 띄워 수색했으나 F-35B의 잔해를 찾지 못했다. 그렇게 된 첫 번째 이유로는 이 전투기의 스텔기 기능이 거론됐다. 그 지역의 레이더가 이 전투기가 자동으로 날아간 항적을 잡지 못했기에 수색대는 허탕을 친 것이다. 두 번째는 조종사가 탈출한 전투기는 아군에게 자기 위치를 알리는 신호도 보내지 않는다는 것이 거론됐다. 자기 위치 발신을 중단시킨 것은 적진에 떨어졌을 때 적이 이 신호를 포착해 조종사를 생포하는 것을 막기 위해서이다. 미국은 수색범위를 확대한 다음 날에야 추락한 F-35B 잔해를 찾았다. 고급 전투기가 적진에 추락하거나 배신한 조종사가 몰고 적에게 투항할 경우, 고급 전투기 기술을 어떻게 지켜야 할 것인가는 미국의 숙제가 되고 있다.

2. 제2차 대전의 국제정치와 전략무기 개발

최고의 무기를 만드는 계기는 국제정치의 대표인 전쟁인 경우가 많다. 사상 최대의 전쟁인 제2차 세계대전은 핵과 미사일, 레이더라는 신무기를 등장시켰는데, 미국은 이 중 가장 중요한 핵무기 개발을 선도해냈다.[230] 미국의 전략무기 개발에는 미국과 싸웠던 추축국 출신 과학자들이 참여했는데 이것도 국제정치 때문이다.

지금은 국적 제도가 보편화돼 있지만, 국적을 밝히는 여권은 제1차 세계대전을 치르면서 생겨났다. 그 무렵까지는 시민권 제도가 정착되지 않았기에 다른 나라로 건너간 이는 그곳에서 세금을 내고 살면 그만이었다. 이승만 경우가 대표적이다. 1899년 고종 퇴위 음모로 투옥됐던 이승만은 기독교를 받아들인 덕분에 선교사들의 노력으로 1905년 석방과 함께 미국으로 건너가 대학을 다니고 당시로서는 매우 드문 박사가 됐다.

1910년 대한제국은 대일본제국에 합병됐으니 그는 일본 국적을 가질 수 있지만 거부했다. 미국 국적도 갖지 않고 1945년 해방이 될 때까지 무국적자로 있었다.[231] 때문에 1941년 일본의 진주만 공습으로 태평양전쟁이 일어났을 때 그는 미국이 만든 '재미(在美) 일본인 수용소'에 갇히지 않았다. 2차 대전 직전 미국에서의 국적 문제를 거론한 것은 추축국 출신으로 원폭 개발의 단서를 제공한 아인슈타인과 엔리코 페르미 등을 설명하기 위해서이다.

아인슈타인은 1879년 프러시아에서 비롯된 독일제국 산하 뷔르템베르크(Württemberg)왕국의 울름(Ulm)시에서 유대인으로 태어났다. 영민했던 그는 독일제국의 군 복무를 피하려고 스위스로 건너가 박사학위를 받고 그곳에서 살았다. 제1차 세계대전 끝난 뒤인 1921년 '상대성이론'으로 노벨상을 받았는데, 그가 독

230 2차 대전 때의 레이더 개발은 영국이 선도했다. 영국은 1940년 프랑스를 점령한 독일이 다량의 공군기를 동원해 영국본토항공전(Battle of Britain)을 펼칠 때 막 개발한 레이더로 정교한 요격전과 방공전을 펼쳤다. 미사일 개발은 독일이 주도했다. 1942년 독일은 V-2 로켓을 개발해 1944년 미·영 연합군이 노르망디 상륙전을 할 때까지 영국을 집요하게 공격했다.

231 이승만은 해방될 때까지 무국적자로 있다가 귀국했기에 대한민국의 초대 대통령이 될 수 있었다. 임정 주석인 김구는 중국 여인과 사실혼 관계에 있어 중국 국적자란 시비가 있었고 초대 대통령 선거에서 이승만과 경쟁했던 서재필은 미국에서 여인과 결혼해 미국 국적을 갖고 있었다.

일에서 살고 있었다면 이 수상은 불가능했을 것이다. 이러한 그가 1932년 미국으로 건너가 프린스턴대학에 몸담자, 이듬해 독일에서는 히틀러가 집권해 '나치독일'을 만들어 갔다.

1938년 오스트리아와 체코의 주데텐란트를 합병한 나치독일은 이듬해(1939) 폴란드를 침공함으로써 제2차 세계대전을 일으켰다. 그 직후 아인슈타인은 루스벨트 미국 대통령에게 각국이 적극적으로 추진해온 핵분열을 독일이 성공시켰다는 내용의 편지를 보냈다. 이는 그가 독일 출신임에도 나치독일에 반대한다는 뜻이었다. 덕분에 루스벨트를 만나게 된 그는 미국 연구자들을 대표해 또 한 번 핵분열 연구의 중요성을 강조했다. 루스벨트는 학자들이 개인적 차원에서 하고 있던 원자력 연구를 국가 차원에서 추진하는 방안을 찾게 했다. 그리고 이듬해 아인슈타인은 미국 정부로부터 시민권을 받았다.

1940년 미국은 대통령 직속으로 국방연구위원회(NDRC, National Defense Research Committee)를 만들었다가 1941년 대통령 행정명령 8807호로 정식화해, 이를 과학연구개발국(OSRD, Office of Scientific Research and Development)으로 확대했다. 이 조직이 지금 백악관의 과학기술정책실(OSTP, Office of Science and Technology Policy)로 이어진다. 미국 대통령은 지금도 이 정책실을 통해 전략무기 개발에 참여한다.

그때만 해도 국비로 운영하는 국책연구소는 없을 때라 과학연구개발국은 각 대학에서 핵분열을 연구하는 학자들을 모아 나갔다. 그 시기 영국과 프랑스는 폴란드와 맺은 공수(攻守)동맹 때문에 폴란드를 침공한 나치독일과의 전쟁에 나섰다. 제2차 세계대전이 발발한 것이다. 그러나 프랑스는 나치독일에 점령되고 영국은 나치독일로부터 집요한 공습을 받게 됐다(1940년 본격화한 영국본토항공전).

1941년 8월, 이 공습에 고전해온 영국의 처칠 총리가 미국을 방문해 루스벨트 대통령을 만났다. 이 만남 후 미국은 2차 대전 참전을 결정하고 원폭 개발에 더 많은 투자를 결정했다. 영국은 공동 연구에 동의했다. 그런데 그해 12월 미국은 진주만 피습을 받았기에 또 다른 추축국인 일본과의 전쟁에도 바로 돌입했다.

이때의 미국에는 국방부(Department of Defense)가 없고 전쟁부(Department of War, 육군을 관리했기에 '육군부'로도 번역한다)와 해군부(Department of the Navy)가 있

었다. 미국은 백악관보다 훨씬 많은 예산을 쓰는 전쟁부에 원폭 개발 임무를 맡겼다. 당시 핵분열 연구와 관련된 모임은 뉴욕 맨해튼에 있는 컬럼비아 대학에서 주로 이뤄졌다. 때문에 전쟁부는 육군 공병대의 맨해튼 관구(管區)에 연구에 필요한 시설을 짓게 했는데, 여기에서 '맨해튼 프로젝트'라는 비공식 암호명이 나왔다. 본래의 암호명인 '대체 자원 개발(Development of Substitute Materials)'을 덮어버린 것.[232]

그러나 미국 육군은 맨해튼을 포함한 뉴욕에는 핵분열과 관련된 시설은 짓지 않았다. 그 무렵 추축국인 이탈리아 출신의 노벨상 수상자인 유대인 엔리코 페르미가 시카고 대학에서 'CP(Chicago Pile)-1'이라는 연구로를 지어 인공 핵분열을 연구하려고 했다. 페르미는 무솔리니의 파시즘을 혐오했기에 노벨물리학상을 받은 1938년 바로 미국으로 이주했고, 아인슈타인처럼 국적 문제를 깨끗이 정리했다. 페르미는 인공 핵분열 연구의 대가였으니 전쟁부는 시카고에 멧 랩(Met Lab)을 지어 핵분열 연구의 거점으로 삼았다.

핵폭탄 개발은 눈에 띄지 않는 곳에서 해야 한다. 때문에 허허벌판인 뉴멕시코주의 로스앨러모스와 인적이 드문 테네시주의 오크리지, 워싱턴주의 핸포드에도 연구시설을 만들었다. 전쟁부로부터 이 사업을 맡게 된 미 공병대의 그로브스 장군은 맨해튼 프로젝트 총괄을 이민자가 아닌 '순수 미국인' 오펜하이머 UC 버클리대 교수에게 맡겼다.[233] 오펜하이머는 독일에서 유대계로 태어난 아버지가 미국으로 이주했기에 뉴욕에서 출생한 '진짜 미국인'이다(유대인들은 모계 혈통을 따르기에 아버지가 유대인이라고 해서 자녀도 반드시 유대인이 되는 것은 아니다).

그는 로스앨러모스 인근에 농장을 갖고 있었기에 그곳에 연구소를 짓게 했다. 미국 최초의 국책연구소를 만들게 한 것. 그는 육군으로부터 중령 계급을 받고 6,000여 명의 연구자를 이끌며 1945년 과업을 완수해냈다. 1945년 7월 16일 뉴

---

232 핵무기 개발은 최고의 비밀이었기에 그 사업 이름조차도 밝히지 않으려고 위장 명칭을 사용했다. 이러한 관습은 우리도 받아들여 현무-3 순항 미사일을 개발할 때는 독수리 사업이라는 위장 명칭을 사용했다.

233 록히드마틴 등 미국의 주요 방산회사 관계자들에 따르면 미국은 영주권자에겐 무기 개발에 참여할 기회를 주지 않는다. 이민 1세대로 시민권을 가진 이들을 무기 개발 책임자로 임명하는 경우도 거의 없다고 한다.

멕시코주 앨러머고도 인근의 사막에서 플루토늄으로 만든 '트리니티(Trinity)'의 폭발을 성공한 것이다. 인근에 사는 이들이 이 폭발을 느꼈다. 그리고 뉴멕시코주에서 공전절후(空前絶後)의 무기가 만들어졌다는 소문이 번져나가자 미국 정부는 '앨러머고도 공군기지의 무인 탄약 창고가 폭발했으나 사상자는 없다'는 짤막한 설명으로 은폐를 했다.

그러나 연합국 사이에선 미국이 핵시험에 성공했다는 사실이 공유됐다. 계기는 그해 5월 7일 항복한 독일 문제를 처리하기 위한 연합국 수뇌회담을, 이 시험 다음 날인 7월 17일 독일의 포츠담에서 가졌기 때문이다. 연합국 수뇌들은 그때까지 버티고 있던 일본이 무조건 항복하지 않으면 '궁극의 무기'를 사용한다는 합의를 하고, 7월 26일 이를 에둘러 표현한 '포츠담 선언'을 발표했다. 이를 일본이 거부했다가 원폭 두 발을 맞은 뒤 무조건 항복을 했다. 이는 일본의 정보기관이 포츠담 선언의 의미가 무엇인지를 놓치는 '정보(판단)의 실패'를 한 것으로 볼 수 있다.

3. 승전 이후 분열한 연합국

포츠담 회담에선 핵심 연합국이, 미국의 원폭 투하로는 전 세계가 미국이 극강의 무기를 개발했다는 사실을 알게 됐다. 승리는 단결뿐만 아니라 분열의 계기도 된다. 공산국가인 소련은 애당초 미국이 통제할 수 있는 연합국이 아니었다. 그러한 소련이 원폭을 개발하려는 노력을 펼치면서 연합국은 빠르게 분열돼 갔다. 냉전이라고 하는 새로운 국제정치를 하게 된 것.

2차 대전의 '연합국(united nations)'[234]은 1941년 8월 처칠의 방미로 미국과 영국이 만든 것이다. 이러한 미·영이 1942년 1월 1일 소련과 중국 그리고 훗날 영

234 연합국을 뜻하는 보편적인 영어는 allied nations이다. 미국은 allied nations를 연합국을 뜻하는 총괄적인 용어로 쓰고, 미국이 만들게 된 각각의 동맹에는 별도 단어를 쓰는 모습을 보였다. 미국은 1차대전 연합국을 associated nations로 불렀기에 2차 대전 연합국은 united nations로 표현했다. 미국은 이 united nations(연합국)를 토대로 2차대전 직후 국제기구 UN을 만들었다. 미군은 한미연합을 combined로 표현한다. 한미연합사를 ROK-US Combined Forces Command(CFC)로 적고 있다.

연방을 이루는 나라 등 26개국과 '연합국 공동선언(Declaration by United Nations)'을 했다. 그리고 미·영 정상은 이탈리아를 사실상 항복시킨 1943년 11월 카이로에서 대일전(對日戰)을 치르는 중국(지금 대만)의 장개석 총통을 만나 '카이로 선언'을 하고, 테헤란으로 이동해 대독전(對獨戰)을 수행하는 소련의 스탈린 총비서를 만남으로써 4대 연합국 체제를 확인했다.

연합국을 만들어가는 과정에서 발표된 문서는 1941년의 미국을 방문한 처칠과 루스벨트 회담 후 나온 대서양 헌장, 1942년의 연합국 공동선언, 1943년의 카이로 선언뿐이다. 테헤란 회담에서는 공식 발표문이 없었다. 이는 연합국이 느슨한 체제였다는 뜻이다. 때문에 2차 대전에서 승리한 미국은 단단한 체제를 만들고자 했다. 협조한 나라까지 끌어들여 '연합국'을 국제기구인 UN으로 확대하기로 한 것.

소련은 이에 참여했으나 엇박자를 놓았다. 미·영이 반대해 온 공산주의를 소련군이 해방한 나라에 주입해 간 것이다. 1946년 9월 15일 불가리아 공산화를 이룬 소련은 1947년 폴란드와 루마니아, 1948년 체코슬로바키아, 1949년 헝가리를 공산화하는 데 성공했다. 이러한 공산화 열풍이 전쟁으로 역시 폐허가 된 서유럽으로도 번져오자 미국은 국내와 국외 양쪽으로 대응했다.

제2차 세계대전 때 각국은 합동군(合同軍) 체제로 전쟁을 치렀다. 행정부(또는 내각)에 육군을 이끄는 전쟁부(육군부)와 해군을 통제하는 해군부를 두고 육·해군이 따로 전쟁을 한 것. 전쟁에서 승리하려면 육·해군을 통합 지휘통제해야 하는데 그렇게 하지 못한 것이다.

가. 미국의 국내적 대응

육군과 해군을 비롯해 다른 군을 묶어 하나로 지휘통제하는 것을 통합군(統合軍) 체제라고 한다. 통합군 체제는 전쟁 시 효과적이기에 2차 대전 이전의 일본은 대본영(大本營), 영국은 연합참모본부를 만들어 운용하다 전쟁이 끝나면 해체하곤 했다. 평시가 되면 다시 합동군 체제로 돌아가는 것인데, 이는 군이 국민을 지배하지 못하게 하기 위해서였다. 가장 강력한 무력을 가진 군을 단일 조직(통합군)으로 해놓으면 이를 이끄는 수뇌는 쿠데타 등을 일으켜 단숨에 국가 권력을 장악할 수 있다. 때문에 군은 (한쪽이 쿠데타를 일으키면 다른 군으로 막을 수 있게) 단일화하지 않고 육·해군을 나눠 놓는 것이다.

이는 '분할지배(divide and rule)'와 '견제와 균형(check and balance)'으로 주권재민(主權在民)을 실현하는 방법이기도 했다. 국민의 대표인 통수권자가 군을 '분할해 놓고 지배'해야 군이 그를 제치고 국민 위에 군림하는 것을 막을 수 있다고 본 것이다. 군을 분할하면 각군 사이에선 '견제와 균형'이 일어날 수 있으니, 군이 국민을 지배하는 일을 막을 수 있다고도 보았다. 그런데 2차 대전이라는 큰 전쟁을 치르고 보니 육해군을 묶어서 싸우는 것이 훨씬 낫다는 판단이 나왔다.

2차 대전 중 미국은 자군(自軍) 전투를 우선시하는 육해군 때문에 어려움을 겪은 적이 많았다.[235] 소련이 동유럽을 공산화해가는 것은 소련과도 일전을 할 수 있다는 암시였다. 때문에 육해군을 묶어 놓아야 한다는 주장은 큰 울림을 받았다. 소련이 동유럽 국가들을 공산화해 간 1947년 미국이 미국 안보사(史)에 길이 남을 중요한 결정과 행동을 했다. 대대적인 안보체제 개혁을 한 것이다.

1947년 1월 1일 미국은 일본을 항복시킨 태평양의 미군 부대를 묶은 통합전투사령부(unified combatant command)로 태평양사령부(Pacific Command, PACOM),[236] 군정을 위해 일본에 주둔하게 된 미국의 육해군 부대를 묶은 통합전투사령부로 극동사령부(Far East Command, FECOM)를 출범시켰다.[237] 3월 15일에는 독일과

235 미국 육해군 간의 갈등은 일본과 싸운 태평양전쟁에서 심하게 드러났다. 태평양전쟁은 해전과 도서 쟁탈전 위주로 펼쳐졌기에, 육군은 이 전쟁에 거의 참여하지 못했다. 미국은 해군인 니미츠 제독이 이끄는 태평양함대와 해병대만으로 전투를 치른 것이다. 필리핀을 내주고 호주로 퇴각한 맥아더 장군이 이끄는 육군은 거의 전투에 참여하지 못했다. 일본이 점령한 섬을 뺏는 상륙전과 이후의 진공전에는 미국 해병대만 투입된 것. 그러나 오키나와 점령전부터는 오키나와가 컸기에 미 해병대와 함께 10군을 필두로 한 미국 육군도 투입됐다. 때문에 오키나와 지상전을 누가 주도할 것이냐를 놓고 육해군이 대립했다. 이 갈등은 일본을 항복시킨 후 어느 군이 일본에서 군정을 할 것인가란 갈등으로까지 이어졌다. 때문에 2차 대전 후 미국에서는 단일전장(戰場)이나 전구(戰區, theater)에서는 투입된 각군을 통합지휘할 단일 사령부가 있어야 한다는 주장이 강하게 나왔다.

236 미군 최초의 통합전투사인 태평양사는 2018년 인도태평양사로 개칭했다. 2024년 미군은 전세계 문제에 대응하기 위해 11개의 통합전투사를 운용하고 있다.

237 태평양사와 극동사를 따로 만든 것은 육해군 갈등 때문으로 볼 수도 있다. 태평양전쟁에서 일본군을 물리쳐온 것은 해군 태평양사인데, 오키나와 전투부터 미 육군이 본격적으로 참전했기에 주도권 다툼이 일어났다. 이 갈등은 항복한 일본을 어느 군이 군정(軍政)할 것인가로도 이

이탈리아를 항복시킨 유럽의 미군 부대를 묶은 통합전투사로 유럽사령부(Euro Command, EUROCOM)를 창설했다.[238]

제2차 세계대전은 미 육군 항공대의 B-29 폭격기가 원폭을 투하함으로 마무리됐다. 항공모함을 기지로 한 미 해군 항공대도 일본과 싸우는 태평양전쟁에서 큰 활약을 했다. 항공력에 주목한 미국은 그해(1947년) 9월 18일 전쟁부를 육군부(Department of the Army)와 공군부(Department of the Air Force)로 나누며, 공군을 육군에서 독립시켰다. 그리고 국방부(Department of Defense)를 만들어 해군부까지 3개 부를 통제하게 했다. 미국은 민주주의를 위해 합동군제는 유지하지만, 전투력을 높이려고 통합군 제도를 도입한 것이다.

같은 날 미국은 대통령의 통수권 행사를 강화해주기 위해 국가안전보장회의(NSC: National Security Council)를 만들었다. 국민(시민)의 대표인 대통령이 통수권을 더 잘 사용할 수 있게 해주면서 군에 대한 시민의 통제(civilian control)를 강화한 것이다. 그리고 대통령을 위한 정보기관으로 중앙정보국(CIA: Central Intelligence Agency)을 창설했다. 동유럽 공산화로 냉전이 첨예해진 시기 미국은 통합전투사와 국방부, NSC 그리고 CIA를 만든 것이다. 이러한 준비가 있었기에 미국은 1950년 6·25전쟁에 즉각 개입하고 유엔군도 만들 수 있었다.

어졌는데, 미국은 육군을 선정했다. 덕분에 맥아더 원수는 연합군 최고사령관(The Supreme Commander for the Allied Powers, SCAP)이 됐다. 미국은 이러한 현실을 인정해 맥아더가 이끄는 극동사를 만들어 일본과 한반도 등은 관할하게 했다. 1950년 북한이 6·25전쟁을 일으키자 미국 합참은 극동사에 유엔사 기능을 맡겼기에, 맥아더는 유엔사령관 직위도 겸직했다. 이러한 맥아더는 1951년 해임됨으로써 세 개 사령관직을 물러났다. 1952년 4월 28일 일본이 연합국과 맺은 샌프란시스코 강화조약이 발효해 일본은 군정을 끝내고 독립했다. 그날부로 연합군 최고사령관(SCAP) 직책이 사라졌다. 극동사는 일본에서 군정을 하는 맥아더를 위해 임시로 만든 조직이라는 지적이 있었다. 때문에 1957년 극동사를 해체하고 산하 부대는 태평양사에 편입시켰다. 6·25전쟁 때 극동사 산하에 있던 8군(8th Army)이 한국으로 이전했다. 미국은 극동사령관이 겸하던 유엔사령관을 한국에 주둔한 8군 사령관이 수행하게 했다가 1978년 한미연합사를 만들자 한미연합사령관이 겸하게 했다.

238 미국은 같은 날 유럽사를 출범하려고 했는데, NATO 창설 문제와 NATO 사령관을 맡기로 한 아이젠하워 원수가 유럽사령관은 겸하지 않겠다고 해 유럽사령부 창설은 늦어졌다.

나. 미국의 국외적 대응

공산화는 동유럽뿐만 아니라 동아시아에서도 일어났다. 1945년 8월 15일 일본의 항복으로 중국(국민당 정부, 지금의 대만 정부)은 만주국을 포함해 일본에 잃었던 영토를 되찾았다. 그러나 연안(延安)으로 도주해 있던 공산당의 도전을 받았다. 2차 국공(國共)내전에 들어간 것. 소련은 중국 공산당 군을 적극 지원했다. 항복한 일본군으로부터 노획한 무기를 대량으로 제공했다. 뒤늦게 미국의 지원이 있었지만 국민당 군은 전세를 역전하지 못했다. 이들이 대만으로 철수하자 대륙을 장악한 공산당 군은 1949년 10월 1일 중화인민공화국 수립을 선포했다.

연합국인 중국이 공산화돼 가는 것을 본 미국은 서유럽도 그렇게 될 수 있다고 보고 두 가지 정책을 추진했다. 가난할수록 분배를 강조하는 공산주의가 번창한다고 보고 1948년 5월부터 서유럽을 부흥시키는 마샬 플랜을 시작했다. 그리고 UN처럼 느슨한 연합체가 아니라 이념을 같이 하는 서유럽 나라를 묶는 동맹체로 북대서양조약기구(North Atlantic Treaty Organization, NATO) 창설을 추진했다. UN에는 소련 같은 반미국가가 있지만 NATO는 친미국가 일색이다.

2차 대전 승리 후 미국은 군정을 끝내면 독일과 일본을 독립시켜줄 계획이었다. 그러나 다시는 전쟁을 일으키지 못하게 하려고 공업을 억눌러, 목축국가(독일)나 농업국가(일본)로 있게 하려고 했다. 그런데 가난한 동유럽과 중국에서 공산주의가 기승을 부리자 서유럽 국가는 물론이고 독일 일본에도 산업을 재건할 수 있는 기회를 주었다. 전후(戰後) 복구였던 만큼 이들은 빠르게 경제를 발전시키며 공산주의의 침투를 막아냈다.

이탈리아는 미 · 영이, 일본은 미국이 항복시켰으니 문제가 없었지만, 독일은 미 · 영 · 불과 소련이 각각 항복을 받았기에 전후(戰後)처리가 복잡해졌다. 네 나라가 합의해야 새로운 독일 정부를 세워 강화조약을 맺을 수 있는데, 미 · 소는 대립했으니 합의가 이뤄질 수 없었다. 추축국을 이룬 독일 일본 이탈리아는 철저한 반공(反共)국가였다. 3국은 1938년 공산주의를 막자는 '방공(防共)협정'을 맺었다가 나치독일이 폴란드와 프랑스를 점령하고 영국과 싸우던 1940년 9월 7일 추축국을 만드는 '3국 동맹조약'을 맺고 2차 대전을 확전했다.

이러했으니 소련이 점령한 동독지역에서는 소련의 압력으로 공산화가 추진

돼도 전후 미·영·불이 점령한 서독 지역에는 강한 반공 기류가 일었다. 1949년 4월 4일 NATO를 발족시킨 미국은 이를 인정해 5월 23일엔 미·영·불이 점령한 독일 지역(서독)에 서독 정부를 세워주었다.[239] 10월 7일엔 소련이 동독 정부를 만들어줬다. 미·소 냉전으로 독일은 동서로 나눠지게 된 것이다. 마샬 플랜과 NATO 및 서독 정부 구성은 미국의 대외 냉전 대응책이었다.

다. 소련의 최초 핵시험과 핵정보 수집 공작

이러한 대비에도 불구하고 미국은 소련의 핵시험을 막지 못했다. 소련은 서독 정부가 발족하고 채 석 달도 지나지 않은 1949년 8월 29일, 카자흐스탄 세미팔라틴스크에서 소련 최초의 원폭시험에 성공한 것이다. 세계는 핵무기를 사용하는 3차 대전으로 치달을 것 같은 위기에 빠졌다. 이러한 긴장은 1950년 당시에는 '변방'이었던 한반도에서 6·25전쟁이 일어남으로써 어느 정도 해소했다.[240]

미국의 단단한 대비에도 불구하고 소련이 핵시험에 성공했다는 것은 충격이었다. 그때의 미국은 최소 10년 걸려야 소련이 따라올 것으로 봤는데, 소련은 4년 만에 성공했다. 소련의 이러한 성과는 정보활동 때문인 것으로 분석됐다. 소련의 대표적인 정보기관인 KGB는 러시아 혁명 직후인 1917년 12월 20일 만든 체카(Cheka: 全러시아 反혁명 태업단속 비상위원회)라는 비밀경찰에서 비롯돼, 1954년 이 이름(KGB)을 가졌다.

2차 대전 시기 비밀경찰을 이끈 이는 베리야(Lavrenty Beria, 1899~1953)였다. 연합국의 승리가 확실해져 가던 1944년 12월 소련 공산당 총비서 스탈린은 베리야와 물리학자인 이고르 쿠르차토프(Igor Kurchatov, 1903~1960, '소련 원자폭탄의 아버지'로 불리게 된 인물이다)에게 핵폭탄 개발 임무를 맡겼다. 비밀경찰에게도 핵폭탄 개발 임무를 맡긴 것은 연합국인 미국의 맨해튼 프로젝트를 빼내라는 뜻이었다. 베리야는 비밀경찰에 핵 정보 전담기구인 S국을 만들고 파벨 수도플라토프(Pavel

239 미·영·불은 강화조약을 맺지도 않고 서독 정부를 출범시켰다. 그리고 한반도에서 6·25전쟁이 끝난 1955년 5월, 서독을 NATO에 참여시켰다.

240 6·25전쟁 덕분에 유럽은 전쟁 위협에서 벗어났다. 미·소 전쟁을 피해 갔다는 의미로 6·25전쟁은 미·소 대리전(proxy war)이란 평가를 받고 있다.

Sudoplatov, 1907~1996)를 책임자로 임명했다.

수도플라토프의 S국은 독일 출신의 공산주의자로 영국에 망명했다가 미국의 맨해튼 프로젝트에 참여하게 된 클라우스 푹스(Klaus Fuchs, 1911~1988)를 포섭했다. 독일 뤼셀스하임에서 태어나 라이프치히대학에 다닐 때 독일 공산당에 입당한 푹스는 나치 집권 후 영국으로 이주해 브리스톨대학에서 물리학 박사학위를 취득했다. 이때의 미 · 영은 공산주의를 적대하지 않았다.

이러한 영국은 2차대전 초기인 1941년 처칠 총리가 미국을 방문해 루스벨트 미국 대통령과 정상회담을 갖고 미국의 2차 대전 참전을 약속받고 대서양헌장을 발표했다. 때문에 영국은 '튜브 합금(tube alloy) 사업'이라는 암호명으로 미국이 주도하는 맨해튼 프로젝트에 참여하게 됐다. 1942년 영국 국적을 획득한 푹스도 튜브 합금 사업에 참여했다. 1944년 미국으로 건너간 그는 로스앨러모스 연구소의 이론물리학부에서 우라늄 농축 기술을 개발하는 연구에 참여했다. 그리고 1943년부터 소련 정보기관에 미 · 영이 하는 핵무기 개발 정보를 건네줬다고 한다.

전쟁이 끝난 후 영국으로 돌아와 있던 그는 소련의 핵시험으로 미국의 핵 정보유출에 대한 수사가 이뤄지자 수사선상에 올랐다. 당국은 그가 공산당원이라는 것을 알고 있었기 때문이다. 푹스가 소련과 내통한 사실을 찾아낸 것은 암호해독 등 신호정보를 해온 영국의 정보통신본부(Government Communications Head Quarters, GCHQ)였다. 1950년 GCHQ로부터 내사 자료를 받은 영국의 국내 정보수사기관 MI-5(Military Intelligence Section 5, 가끔은 Security Service, 줄여서 SS로 불리기도 한다)가 그를 검거했다.

문제는 치열해진 냉전에도 불구하고 소련은 영국의 연합국이지 적국이 아니라는 사실이었다. 때문에 그는 간첩죄로 기소되지 않고 '기밀준수 서약 위반' 혐의로 기소돼 14년형을 선고받았다. 1959년 그는 모범수로 인정됐기에 형기를 다 채우지 않고 석방되면서 동독으로 추방됐다. 동독에서 그는 영웅 대접을 받았다.

미국에서는 '로젠버그(Rosenberg) 부부 사건'이 큰 관심을 끌었다. 이 사건은 군인이었던 그린그래스가 매형인 줄리어스 로젠버그의 강요로 자신이 갖고 있던 원자폭탄 스케치를 넘겼다고 함으로써 시작됐다. 수사에 들어간 미국 연방수사국(Federal Bureau of Investigation, FBI)은 이 부부가 이 자료를 연합국인 소련에 넘겼다고 보고, 1950년 6월 16일 남편인 줄리어스 로젠버그를 체포하고 3주 뒤엔 아내 에셀 로젠버그도 체포해 1951년 유죄면 사형을 선고하는 간첩모의죄(conspiracy to commit espionage)로 기소했다.

검찰과 증인으로 나온 고발자들은 이 부부가 핵폭탄에 관한 자료를 소련에 넘겨줬다고 주장했지만 물증은 제시하지 못했다. 1951년 1심 법원은 "한국에서는 공산주의자의 침략으로 5만 명이 넘는 미국인이 사상했고 수백만 명이 전쟁의 참사를 치렀다", "(당신들은) 우리의 훌륭한 과학자들이 예상했던 것보다 훨씬 빨리 소련이 원자폭탄을 만들게 해주는 행동을 했다"라며 이 부부에 사형을 선고했다. 그러자 그 부부를 풀어주라는 탄원이 끊이지 않았다.[241] 부부는 항소했으나 기각돼 1953년 처형됐다.

로젠버그 사건으로 미국이 시끄러운 1950년 2월 9일 위스콘신주 상원의원인 조지프 매카시(Joseph McCarthy, 1909~1957)가 공화당 당원대회에서 "미국에서 공산주의자들이 활동하고 있다. 나는 297명의 공산주의자 명단을 갖고 있다"라고 주장해 파문을 일으켰다. 그리고 4개월도 지나지 않아 한반도에서 6·25전쟁이 일어나자 그의 주장은 큰 관심을 끌었다. 그가 명단을 갖고 있다고 한 것 때문에 공산주의자를 색출하라는 여론이 들끓자 상원은 조사위원회를 구성했다.

이 위원회에서 매카시 의원은 비미활동(非美活動)위원회(Committee on Un-American Activities)를 맡게 됐는데, 그는 이 위원회가 운영할 청문회를 공개와 비공개로 나눴다. 공개 청문회는 첫 1년간 214명을 소환했고, 비공개 청문회는 395명을 부를 정도로 활발히 움직였다. 공개 청문회는 5,671쪽, 비공개 청문회는 8,969쪽의 녹취를 남겼다. 4년간 유지한 이 위원회로 정계 등 미국의 상류 계층에서 공산주의자와 친공(親共)인사들이 제거됐다.

매카시즘은 극우 광풍으로 평가되기도 하지만 6·25전쟁과 함께, 미·소 냉전

241 1951년 이 부부가 간첩 혐의로 재판을 받게 되자 장폴 사르트르, 알베르트 아인슈타인, 장 콕토, 파블로 피카소, 프리다 칼로 등 내로라하는 인사들이 수사와 기소가 잘못됐다는 주장을 했다. 교황 비오 12세도 아이젠하워 대통령에게 이 부부의 사면을 부탁했다. 그러나 매카시 같은 반공주의자들은 이 부부의 혐의가 사실이라고 주장했다. 1951년 4월 5일 1심 판사는 이 부부는 원자폭탄 비밀을 소련에 유출했고 이 일로 6·25전쟁이 발발했으니 '살인보다 더한 범죄'라며 사형을 선고했다. 부부는 항소했지만 기각돼 1953년 6월 19일 간첩 혐의자로는 2차 대전 이후 처음으로 처형됐다.

이 첨예한 시기 미국 유력층에서의 친공(親共) 세력을 없애고 자유민주주의 체제를 확립했다는 평가도 받는다. 매카시즘 열풍이 불 때 맨해튼 프로젝트를 이끌었던 오펜하이머도 위기를 맞았다. 그도 공산주의에 경도된 적이 있었기 때문이다.

공산주의자들의 뿌리인 사회주의자들은 전 세계를 인민들이 이끄는 단일 국가로 만들자며, 두 차례 '사회주의 인터내셔널(Socialist International)' 운동을 일으켰으나 실패했다.[242] 그리고 1917년 러시아 제국이 레닌이 주도한 공산주의 혁명으로 무너졌다. '공산 러시아'는 러시아제국의 영향권에 있었던 우크라이나와 벨라루스도 공산화한 후 1922년 세 나라를 모아 공산주의의 소비에트 공화국들의 연합인 '소련(USSR, Union of Soviet Republics)'을 만들었다.[243]

그리고 러시아가 영향력을 행사할 수 있는 12개 공화국을 공산화한 후 참여시켜, 몸집을 불렸다. 러시아가 15개 공산국가를 연합시켜 만든 소련이라는 국가연합은 사회주의자들이 만들려고 했던 '사회주의 인터내셔널을 실현한 것'[244]으로 이해됐다. 때문에 서구 각국에서는 이에 합세하려는 공산주의 운동이 일어났다. 1936년 스페인에서 좌우 대립으로 내전이 일어나자 유럽의 좌파 지식인들이 스페인의 공산세력인 인민전선에 의용군으로 대거 입대한 것이 대표적인 사례이다.

이러한 공산주의 운동에 가장 강하게 반대한 것은 방공(防共)조약을 맺었던 독일 · 이탈리아 · 일본이었다. 그러함에도 (나치)독일은 1939년 8월 23일 소련과 '싸우지 않는다'는 불가침조약(不可侵條約)을 맺었다. 그리고 9월 7일 폴란드를 침공

242 마르크스-엥겔스 사상에 고무된 유럽의 사회주의자들은 1862년 영국의 국제박람회를 계기로 1864년 국제 노동자 협회를 결성해 1876년까지 존속시켰는데, 이를 제1 인터내셔널이라고 한다. 제1 인터내셔널은 국가별, 개인별로 다양한 사상을 통합하지 못해 소멸했다. 그리고 프랑스 혁명 100주년을 기념한 국제대회를 연 1889년 제2 인터내셔널을 출범시켰다. 참여자들은 공산혁명보다는 각국의 의회에 진출해 자본주의를 무너뜨리자는 의견을 보였다. 자국에 공산당을 만들자고 한 것이다. 그러나 이 조직도 분파성이 심각해 제1차 대전을 계기로 무너졌다.

243 러시아는 공산주의식 의회를 소비에트(soviet)라고 했기에 공산혁명을 한 공화국을 '소비에트 공화국(soviet republic)'이라고 불렀다. 공산 러시아는 이러한 공화국을 모아 소비에트 공화국 연합(Union of Soviet Republics)을 만들었는데, 일본은 소비에트를 음차한 한자 '소(蘇)'를 붙여 이를 '소련(蘇聯)'으로 옮겼다.

244 소련은 '3차 사회주의 인터내셔널'로 불리기도 한다. 공산주의를 실현한 인터내셔널로 보고 '코뮤니스트 인터내셔널(Communist International)' 줄여서 '코민테른(COMINTERN)'으로도 불렸다.

하자 9월 17일 소련도 공격해 폴란드를 양분했다. 독일의 폴란드 침공으로 폴란드와 공수(攻守)동맹을 맺은 영국과 프랑스가 이 전쟁에 참전해 2차 대전이 본격화했다. 독일은 방어선만 치고 공세로 나오지 않은 프랑스를 점령하고 영국을 공습했다(영국본토항공전).

독일은 불가침조약대로 소련은 침공하지 않았다. 그러나 1941년 6월 22일 이 조약을 깨고 소련을 공격했다. 이 싸움으로 공산국가인 소련은 미 · 영이 주도하고 있던 대독전(對獨戰)에 참여해 연합국이 되었다. 소련은 1943년 12월 테헤란에서 가진 미 · 영 · 소 정상회담을 통해 연합국 지위를 확인받았다. 때문에 2차 대전은 자본주의 나라인 독일 · 일본 · 이탈리아 대 자본주의+공산주의 국가인 미 · 영 · 소 · 중 · (불)[245]의 전쟁이 돼 버렸다.

그런데 스페인 내전에 좌파 지식인들이 참전한 데서 알 수 있듯 미 · 영 · 불은 공산주의를 엄격히 통제하지 않았었다. 이러한 미 · 영 · 불이 독일과의 전쟁 때문에 소련과 연합하게 됐으니 용공(容共) 분위기는 이어졌다. 문제는 오펜하이머도 이러한 분위기에 휩쓸려 있었다는 점이다. 그의 지인 중에는 공산주의 사상을 가진 이들이 제법 있었고, 스페인 내전이 일어났을 때 그는 인민전선을 지지했다.

미국 전쟁부는 그의 천재성을 보고 맨해튼 프로젝트를 맡겼지만, 한편으로는 공산주의자로 의심해 그를 조사하기도 했다(1942년). 소련이 핵시험을 한 후 일어난 6·25전쟁과 로젠버그 부부사건, 매카시즘 등이 맨해튼 프로젝트를 하던 시절 오펜하이머가 전쟁부의 조사를 받았다는 것과 겹쳐지면서 미국에서는 오펜하이머를 의심하는 분위기가 만들어졌다.

일본이 항복하고 석 달이 지난 1945년 10월 오펜하이머는 맨해튼 프로젝트 책임자를 내놓고 프린스턴대학 부설 고등연구소 소장을 하다 원자력위원회 일반자문회의(General Advisory Committee of the Atomic Energy Commission)의 의장이 되었다. 그때의 미국은 보다 나은 핵무기 개발에 노력하고 있었다. 수소폭탄 개발을 시도한 것인데 1949년 오펜하이머는 이에 반대한다고 밝혀 주목을 끌었다. 소련이 핵시험에 성공한 해 오펜하이머가 미국의 수소폭탄 개발에 반대한다고 한 것이 특히 문제가 됐다.

245 프랑스(불)는 노르망디 상륙작전을 한 1944년 뒤늦게 연합국의 일원이 됐다.

미국은 1952년 11월 1일 미국령이던 마샬공화국의 에니위탁(Enewetak) 환초에서 최초의 수소폭탄 시험을 했다. 이 시험으로 환초를 이루고 있던 일루겔랍(Elugelab) 섬이 사라졌다. 그런데 채 1년도 지나지 않은 1953년 8월 20일 소련도 최초의 수폭 시험에 성공했다. 미국은 다급해졌다.

그해 12월 21일 육군은 오펜하이머가 한때 공산주의 활동을 했고 수소폭탄 제조에 반대했으며 그가 이끌었던 원폭 개발단(團)에 있을 것으로 보이는 소련 간첩 명단 제출을 지연했다는 보고서를 발표했다. 오펜하이머는 다시 조사를 받게 된 것이다. 그리고 열린 보안청문회에서 그는 숱한 질문을 받았으나 이적 행위는 하지 않은 것으로 판단돼 기소되진 않았다. 하지만 군사비밀에 대한 접근은 금지되고 원자력위원회에서도 해임됐다.

이에 대해 미국과학자동맹(Federation of American Scientist)은 '마녀사냥'이라며 주장했으나 그를 해임하는 결정을 바꾸진 못했다. 오펜하이머가 사회적으로 복권되는 데는 10여 년의 시간을 더 흘러야 했다. 급격히 반공으로 선회한 미국은 여유를 잃은 것이다. 그때의 미국은 소련에 추월을 허용할 정도로 위기에 빠져 있었다.

라. 우주개발 경쟁에서 소련에 뒤진 미국

2차 대전 때 나치독일은 V-2 로켓으로 영국을 집요하게 공격했었다. 나치독일은 폰브라운(Wernher Magnus Maximilian Freiherr von Braun, 1912~1977)으로 하여금 동독 지역인 메클렌부르크포어포메른주(州)의 시골인 페네뮌데(Peenemunde)에서 V-2를 개발하고 양산하게 했다. 때문에 영국본토 항공전을 할 때부터 미·영은 집요하게 페네뮌데를 공습했으나, 이 시설을 파괴하지 못했다.

1945년 5월 나치독일이 항복했을 때 페네뮌데를 점령한 것은 소련군이었다. 핵개발에 뒤졌던 소련은 페네뮌데의 기술자와 시설을 소련으로 가져가 미사일 개발에 전력을 기울였다. 그러나 폰브라운은 반공주의자였기에 자신을 따르는 핵심 과학자들과 같이 그곳을 떠나 미군에 항복하고 망명을 요청했다. 미 육군은 희대의 과학자를 확보했지만 그를 활용하지 않았다. 미국 기술로 원폭을 개발했으니 미사일도 미국 기술로 개발하려고 한 것이다.

그로 인해 속도가 느려졌다. 그 시기 미국은 소련이 미사일 개발에 전력을 기울인다는 것은 알고 있었다. 2차 대전 종전 직후인 1946년부터 1950년 사이 스웨덴 등 스칸디나비아반도 국가에서는 '괴항적(航跡)'을 봤다는 보고가 2,000여 건 이상 있었기 때문이다. 이 가운데 수백 건은 레이더에 그 항적이 포착되기도 했다. 언론은 이를 '유령로켓'으로 불렀다. 미 육군은 그에 대항해 '레드스톤'이라 이름의 탄도미사일을 개발하고 있었는데 소련을 확실히 앞서가지 못했다. 때문에 1950년 폰브라운을 참여시켰다.

그 시기 미국은 국방부를 만들었지만 육해공군부의 힘이 막강했기에, 각군은 독자적으로 미사일을 위한 로켓을 만들려 했다. 이 사업에 해안경비대는 물론 기상청과 민간기업까지 뛰어들었다. 소련은 독재국가의 특성대로 일사불란하게 핵과 미사일을 개발해 갔는데, 미국은 중구난방이 된 것이다. 이렇게 되면 국가 정보기관은 통수권자에게 국력을 한곳으로 모아야 한다는 판단 보고를 강하게 올렸어야 하는데, CIA는 물론이고 FBI와 군 정보기관은 하지 않았다. 정보의 실패를 한 것이다.

미사일용 로켓 개발에 더 적극적이었던 것은 핵무기도 폰브라운도 확보하지 못했던 해군이었다. 미 해군은 육군에서 독립한 공군이 전략폭격기를 보내 원폭을 투하하면 어떤 전쟁도 승리할 수 있다고 하는 바람에 상당한 스트레스를 받고 있었다.[246] 미 해군도 미국의 기술만으로 탄도미사일을 개발하려고 했다. 미 해군이 미사일을 위해 개발한 로켓은 뱅가드였다.

그러하던 1957년 10월 4일, 소련이 V-2를 토대로 발전시켜온 R-7(소유즈) 로켓을 이용해 무인 우주선(인공위성) '스푸트니크-1호'를 발사하는 데 성공했다. 한 달도 안 지난 그해 11월 3일엔 라이카라는 이름을 가진 개를 실은 유견(有犬) 우주선 스푸트니크-2호 발사를 성공시켰다. 연이은 소련의 성공에 엄청난 충격을 받은 미국은 '미국 자체 기술'에 주목해 해군으로 하여금 대응하게 했다. 다시 한 달이

246 2차대전 종전 후 육군에서 독립한 미 공군이 전략폭격기로 핵폭탄을 싣고 가 투하하면 전 세계 어떤 전쟁도 이길 수 있다고 주장했는데, 이는 '항모 무용론'으로 확대됐다. 항모를 중심으로 한 대함대를 유지한 덕분에 미국의 패권은 유지된다고 주장해 온 해군은 궁지에 몰린 것이다. 때문에 미사일 개발과 그때 막 개발된 원자로를 소형화해 함정 구동용으로 쓰는 방법 등 신무기 개발에 열을 올렸다.

지난 1957년 12월 6일 해군으로 하여금 뱅가드 발사체를 발사하게 한 것.

그러나 이 발사체는 발사대를 벗어나지 못하고 제자리에서 폭발해 버렸다. 이 장면이 한참 시장을 넓혀 가던 TV를 통해 생중계됐으니, 미국은 전 세계적으로 망신을 당하게 되었다.[247] 당황한 해군은 수개월 내에 뱅가드-2호를 쏘겠다고 했지만, 미 정부는 육군 로켓팀에게 기회를 넘기게 했다. 육군 로켓팀에 폰브라운이 있었다. 폰브라운은 미 육군이 개발해온 레드스톤의 문제점을 해결해 줬다.

미 정부의 지시가 떨어지자 미 육군 로켓개발팀은 사거리를 늘여 놓은 레드스톤용 로켓을 '주피터-C'로 개명하고 주피터-C 로켓에 익스플로러-1호 위성을 올린 발사체는 '주노-1호'로 불렀는데, 1958년 1월 31일 미 육군은 주노-1호를 발사해 익스플로러-1호를 지구궤도에 집어넣는 데 성공했다. 미국의 핵개발에 아인슈타인과 페르미 등 추축국 출신 이민자가 큰 기여를 했듯이 로켓개발에는 독일 출신의 폰브라운이 핵심 역할을 했다.

그럼에도 불구하고 미국은 우주개발과 미사일 경쟁에서 소련을 앞서지 못했다. 시제(試製) 성격이 강한 스푸트니크를 10호의 발사까지 성공한 소련은 과감하게 사람이 탄 우주선을 띄우는 '보스토크 사업'에 들어갔다. 1961년 4월 12일 소련은 유리 가가린을 태운 '보스토크-1호'를 발사하고 그를 지구로 돌아오게 하는 데 성공했다. 유리 가가린을 생환시킨 것은 소련이 지구 대기권을 뚫고 들어올 수 있는 '재돌입체 개발(reentry vehicle)'에 성공했다는 뜻이다.

재돌입체가 있어야 우주로 치솟은 ICBM은 대기권을 뚫고 들어와 적국에 원자탄이나 수소탄을 떨굴 수 있다. 유리 가가린의 생환에 미국은 크게 당황했다. 그러나 한 가지는 정리를 했다. 주노-1호 발사에 성공한 그해(1958년) 7월 29일 대통령 직속으로 항공우주국(NASA, National Aeronautics and Space Administration)을 만들어 중구난방인 우주개발을 통합한 것이다.

소련이 유인 우주선개발에 집중하고 있을 때 NASA도 같은 개념의 머큐리 계획을 추진했다. 소련이 유리 가가린의 생환을 성공시킨 한 달 뒤인 1961년 5월

247 이 실패로 인해 미국과 미 해군은 엄청난 조롱과 비난을 받았다. 소련의 흐루쇼프 총비서는 '뱅가드(vanguard, 선봉)가 아니라 리어가드(rear-guard, 후위)'라고 조롱했고, 미국의 한 신문 스푸트니크(Sputnik)에 빗대 'Oh, Flopnik'란 제목을 뽑아 올렸다. '자빠지다'는 뜻의 flop에 스푸트니크의 nik를 붙여 비웃은 것.

5일 NASA도 엘런 셰퍼드를 태운 프리덤-7호를 발사하고 그를 지구로 돌아오게 하는 데 성공했다. 무인 우주선(인공위성) 발사와 달리 유인 우주선 발사는 한 번에 성공한 것이다. 이에 자신감을 가진 존 F. 케네디 대통령은 20일 뒤 미국 의회에서 '60년대 안으로 달에 사람을 보내겠다'고 연설했다.

소련의 보스토크-1와 미국의 프리덤-7호 발사 성공으로 미국 국제정치학계와 안보당국에서는 '위협의 균형(balance of terror, 이를 '공포의 균형'이라 한 것은 정확한 번역이 아니다)'과 '상호확증파괴(mutually assured destruction, MAD)'란 말이 유행했다. 상대가 먼저 ICBM를 쏘면 전멸한다는 공포가 커졌지만, 소련이 미국으로 ICBM을 쏘면 미국도 ICBM를 쏴 서로를 확실히 파괴하니 양국은 싸우지 않는다는 '핵에 의한 평화론'도 나왔다. 그리고 SLBM을 탑재한 전략원잠(SSBN)을 건조하면서 '제2격(the 2nd Strike)' 개념이 등장했다.

미 해군이 쓴잔만 마신 것은 아니다. 1954년 1월 21일 미 해군은 사람만 견뎌 낸다면 무제한 잠항이 가능한 핵추진 잠수함 노틸러스(Nautilus)함을 진수했다. 잠수함에서 발사할 미사일은 장기보관이 가능한 고체연료를 탑재해야 한다. 1957년 뱅가드 실패를 겪은 해군은 고체연료를 쓰는 폴라리스 발사체 사업을 시작해 1958년 지상 시험발사에 성공했다. 그리고 1959년 폴라리스 SLBM 16발을 실은 최초의 전략원잠 조지 워싱턴함을 진수해, 1960년 7월 20일 물속에서 폴라리스는 쏘는 데 성공했다.

소련은 금방 따라왔다. 그해 9월 10일 줄루급 재래식 잠수함에서 SLBM을 쏜 것이다. 이때부터 미·소는 '어느 한쪽이 ICBM을 선제발사해 상대를 초토화하더라도, 전략원잠에서 SLBM를 발사해 선제공격한 쪽을 역시 초토화할 수 있게 됐다'며, 전략원잠에 탑재한 SLBM을 제2격으로 부르기 시작했다. 2격의 확보로 미국 처지에서의 상호확증파괴는 더욱 확실해졌다. 탄도미사일 개발에서 미국은 소련에 뒤졌기 때문인지 소련을 상대로 한 정보누출 소동은 겪지 않았다. 그러나 다른 일로는 소련과 심각히 대립했다.

마. 쿠바 미사일 위기와 긴장 완화

다른 일이란 1962년의 '쿠바 미사일 위기'이다. 이 위기도 국제정치 때문에 발생했다. 1868년 쿠바인들은 스페인으로부터 독립하려고 전쟁을 일으켰으나 지지부진했다. 30년이 흐른 1898년 미국은 그러한 쿠바에서 자국민을 빼내기 위해 해군 메인함(艦)을 보냈는데, 메인함이 폭발해 침몰했다. 미국은 스페인이 침몰시켰다고 보고 스페인과의 전쟁에 들어가 바로 승리했다. 이 승리로 미국은 스페인이 지배해 온 괌과 필리핀을 넘겨받고 쿠바는 독립하게 했다.

이후 미국은 '쿠바는 미국 영향권에 있다'고 여겨 왔는데, 1959년 1월 카스트로와 체 게바라가 쿠바에서 독재를 해 온 바티스타 정권을 몰아내고 공산공화국을 세우자 당황했다. 때문에 CIA가 움직였다. 미국에 와 있던 쿠바의 반공주의자 1,500여 명을 훈련시킨 미군과 CIA는 1961년 4월 이들을 쿠바의 피그만(灣)에 상륙시켰으나, 1,000여 명이 생포되고 수백 명이 사망하는 실패를 했다. 그리고 한 달 뒤 미국은 '유리 가가린 쇼크(보스토크 충격)'를 당했으니 공산주의에 대한 위기의식이 높아졌다.

이때의 미국은 ICBM은 개발하지 못하고 중거리탄도미사일(IRBM)을 핵심 투발 수단으로 삼고 있었다. 피그만 실패 직후 미국은 NATO 동맹인 이탈리아와 튀르키예(과거의 터키)에 IRBM을 배치했다. 이에 소련은 6월 4일부터 서(西)베를린 봉쇄를 감행했는데, 미국은 비행기로 서베를린에 물품을 공급하는 것으로 맞섰다. 소련도 강수로 나왔다. 1962년 10월 22일 자국 IRBM을 쿠바에 배치하겠다며 IRBM을 실은 선단(船團)을 출항시킨 것.

미국은 이 선단을 돌리지 않으면 요격하겠다고 밝혔다. 미국이 IRBM을 싣고 가는 소련 선단을 공격하면, 소련은 미국은 물론이고 미국의 핵무기가 배치된 NATO 동맹국을 공격할 것이 분명했다. 전쟁은 초전에 가장 강력한 무기를 쓰는 것이 효과적이니, 이 전쟁은 핵전쟁인 3차 대전이 된다. 이 위기는 소련 선단이 쿠바로 가는 동안 미·소 회담이 이뤄져 소련은 배를 돌리고 미국은 NATO에 배치한 IRBM을 빼내는 합의를 함으로써 일단락됐다.

이 타협으로 오랜만에 미·소 관계가 부드러워지자 미국은 오펜하이머를 사회적으로 복권시켰다. 1963년 린든 존슨 미국 대통령은 오펜하이머에게 원자력

위원회가 만든 '엔리코 페르미 상'을 수여하게 한 것이다. 그러한 오펜하이머는 1966년 별세하고, 이듬해인 1969년 7월 16일 미국 NASA는 아폴로-11호를 발사하고 7월 20일 우주선 '이글'을 인류 최초로 달에 착륙시켰다가 지구로 돌아오게까지 하는 데 성공했다.

케네디 대통령의 선언은 실현되고 미국은 우주개발에서 소련을 앞지르게 된 것이다. 미국이 우주개발에서 역전할 수 있었던 데는 미 육군 로켓팀에 주노-1호 개발 기회를 준 폰브라운의 공을 인정하지 않을 수 없다. 그러나 폰브라운은 오펜하이머 같은 관심은 받지 못하고 1977년 조용히 타계했다.

바. 소련과 미국 기술로 전략무기 갖춘 중국

전략무기 개발을 둘러싼 정보누설은 미·소 이외의 나라에서도 일어났다. 중국은 소련과 미국의 기술로 전략무기를 개발한 경우이다. 미국의 전략무기 개발에 추축국 출신 과학자가 중요한 역할을 했다면 중국의 전략무기 개발에는 미국에서 공부한 중국인 과학자들이 핵심 역할을 했다. 1949년 중국 공산화에도 불구하고 미국은 중국을 적으로 대하지 않았기에 미국에서 공부한 중국인들은 대만이 아닌 중국으로 돌아가 전략무기 개발에 참여할 수 있었다.

중국은 베트남전쟁이 막 시작된 1964년 10월 16일 중국 최초의 원폭시험에 성공하고, 1967년 6월 17일에는 수소폭탄 시험에도 성공했다. 미국 소련 영국에 이어 네 번째로 핵무기를 갖춘 나라가 된 것이다. 이러한 중국의 성공엔 등가선(鄧稼先, 1924~1986) 등 미국에서 공부하고 돌아온 과학자들이 큰 역할을 했다. 중일전쟁 때 임시로 만들었던 서남연합대학 출신인 등가선은 1946년 미국으로 건너가 1950년 퍼듀대에서 핵물리학으로 박사학위를 받고 바로 중국으로 돌아와 중국과학원에서 핵물리학을 연구했다.

6·25전쟁 직후까지 좋았던 중·소 관계는 1956년부터 이념과 역사문제 갈등으로 틀어졌다. 때문에 1959년 중국은 핵무기를 개발하자는 596사업을 시작했다. 이 사업을 이끌게 된 등가선은 베트남전쟁이 시작된 1964년 10월 16일 중공 최초의 핵시험을 성공시켰다. 1967년 6월 17일에는 수소폭탄 시험에도 성공했다. 이때는 쿠바 미사일 위기가 해소돼 미·소 긴장이 완화돼 있었다. 미국은 중국이

미국 기술을 토대로 핵개발을 했다고 보고 중국과 사이가 틀어져 있던 소련에게 '같이 중국의 핵시설을 폭격하자'고 했으나 소련은 거부했다.

덕분에 중국은 ICBM를 향한 탄도미사일 개발도 순조롭게 할 수 있었다. 탄도미사일 개발을 위한 로켓개발은 등가선보다 더 유명한 미국에서 돌아온 과학자 전학삼(錢學森, 1911~2009)이 주도했다. 1911년 청나라의 상하이 공공 조계(租界)에서 태어난 전학삼은 명문인 상하이교통대학 철도공학과를 수석으로 졸업하고 미국 MIT에 들어가 항공우주공학 석사를 했다. 그리고 칼텍에 입교해, 항공역학의 권위자인 헝가리 출신의 유대인 테오도르 폰카르만(Theodore von Kármán) 교수를 만나 박사학위를 받았다.

그는 폰카르만 교수 덕분에 이 대학의 제트추진연구소의 초창기 연구원이 됐다가 독일의 V-2 공격이 위세를 떨치던 1944년 12월 미 육군으로부터 대위 계급을 받고 새로 만들어진 육군항공사령부 과학고문단의 일원이 됐다. 1945년 5월 독일이 항복했을 때 폰카르만 교수와 그는 독일로 가서 폰브라운 일행을 심문하고 맞이하는 일을 하고, 칼텍의 연구소에서 V-2를 분석해 더 나은 로켓을 개발하는 임무를 수행했다. 1947년엔 그는 MIT 교수가 됐다가 칼텍으로 옮겨왔다. 그때의 중국(대만)은 연합국이었으니 전학삼은 누구로부터도 의심을 받지 않았는데, 1949년 중국이 공산화하자 그는 변화를 보였다. 공산 중국으로 돌아가겠다고 한 것이다.

1950년 5월 전학삼은 '중국에 있는 아버지가 손자를 보고 싶어한다'며 칼텍 총장에게 무기한 휴가를 요청했다. 그리고 얼마 뒤 6·25전쟁이 일어나자 미국 항공학계에서는 '전학삼이 미국의 항공우주 과학기술을 중공으로 빼돌리려 한다'는 의혹이 일어났다. 이렇게 된 데는 FBI가 '칼텍의 연구소엔 마르크스 레닌주의 조직이 있다, 이 조직의 리더는 전학삼의 추천으로 들어왔다'고 밝혔기 때문이다.

전학삼은 엥겔스의 저작을 읽고 토론한 것은 시인했으나 사교 목적으로 모임엔 나갔지만 공산당에 가입한 적은 없다고 주장했다. 그러나 FBI가 입수한 미국 공산당(American Communist Party) 명단에는 그의 이름이 들어가 있었다. 칼텍은 군사기밀 연구에서 그를 배제시켰다. 그러자 그는 중국으로 가겠다며 LA 공항에 갔다가 체포됐다. 이 소동이 알려지자 중국 정부와 중국과학원 등이 항의 성명을 발표하고, 미국의 동료 과학자들은 구명 운동에 나섰다. 덕분에 풀려났지만 전학삼은 중국에 대한 애착을 포기하지 않았다.

그가 군사기밀에 접근하지 못하는 칼텍 교수로만 있던 1954년, 6·25전쟁에 참전했던 나라들이 한반도 문제를 다루기 위한 회의를 가졌는데, 중국 대표단은 기자간담회에서 "미국은 미국 내에 있는 중국 유학생들을 강제로 억류하고 있다. 이들을 돌려보내달라"라고 주장했다. 그리고 미·중은 협상에 들어가 6·25전쟁 등에서 중공이 확보한 미군 포로와 교환하는 조건으로 전학삼 등 중국 과학자 200여 명을 중공으로 보내게 됐다(1955).

이때 미국 과학계는 전학삼이 5년 이상 군사연구에 배제돼 있었기에 중국에겐 큰 도움이 되지 않는다고 편하게 판단했다. 그런데 당시의 중국은, 중·소 관계가 좋았던 시절 소련으로부터 제공받은 R-2 로켓[248]을 갖고 있었다. 전학삼은 R-2를 기반으로 장정(長征)로켓으로 개발하고, 1970년 4월 24일 동방홍(東方紅)이라는 위성을 지구궤도에 올려놓는 데 성공했다. 장정로켓을 전용한 지금의 중국 탄도미사일이 '동풍(東風)'이다.

미국은 등가선에 의한 중국의 핵개발 사례가 있는데도 전학삼의 능력을 과소평가해 중국이 전략무기를 갖추게 되는 데 일조했다. 그럼에도 불구하고 미국은 중국을 적대시하지 않았다. 소련을 먼저 무너뜨려야 한다고 판단한 닉슨 대통령은 1972년 중국을 방문함으로써 중국의 전략무기 보유를 인정해주고 대만을 제치고 중국을 UN 안보리 상임이사국으로 만들어주었다. 미국은 정보기관의 전략무기 기술방어 실패를 문제화하지 않은 것이다.

248 1956년 이념대립으로 터져나갈 때까지 중소관계는 매우 좋았다. 이 시기 소련은 V-2를 토대로 그들이 개발한 R-2로켓을 중공에 제공했다. 소련은 R-7(소유즈)이라는 걸출한 로켓을 개발했기 때문에 R-2를 제공했다.

제3절 전략무기 개발과 방어를 위한 미국의 정보 체계 정비

냉전은 전쟁을 하지 않고 과학전을 한 것으로 볼 수도 있다. 과학기술로 첨단무기를 만들어 상대를 앞지르는 경쟁을 하는 것이다. 때문에 상대의 방산기술을 탐지하고 자기의 방산기술을 지키는 정보활동이 중요해졌다. 1947년 만든 CIA는 '대통령을 위한 정보기관'이라 과학기술을 토대로 한 정보는 약할 수밖에 없었다. 미국은 과학정보를 다루는 전문 정보기관을 만들어 갔다.

냉전기 미국이 만든 최대의 정보기관은 국방부 정보본부 산하이지만 정보본부와 동격으로 여겨지는 국가안보국(National Security Agency, NSA)이었다. 1951년 창설된 NSA는 신호정보(SIGINT) 수집을 전문으로 한다. 적국과 적성국은 물론 여타 나라를 상대로 오가는 통신을 감청해 분석한다. 통신은 비밀이 흐르는 가장 큰 통로이기 때문에 미국은 NSA에 최대 인원과 최고 예산을 투입하고 있다. NSA 덕분에 미국은 미국 방산정보가 새는 사실을 확인해 방첩을 하고 상대의 방산정보를 잡아내는 수집을 할 수 있었다.

1961년 미 국방부는 NASA를 통해 띄우기 시작한 위성으로 적국 등을 살펴보는 국가정찰국(National Reconnaissance Office, NRO)을 세웠다. NRO는 미국 이외의 나라가 탄도미사일이나 우주발사체를 발사한 사실을 가장 정확하게 포착하는 기관이 됐다. 그해(1961) 미국은 육해공군과 해병대의 정보기관과 국방부 산하 정보기관을 종합통제하고 무관 등을 통해 자체 정보도 하는 국방정보본부(Defense Intelligence Agency, DIA)도 만들었다.

전투를 하려면 지리정보를 알아야 한다. 전투는 기후와 날씨에도 영향을 받으니 이 정보는 복합적이어야 한다. 1996년 미 국방부는 국가영상지리국(National

Imagery and Mapping Agency, NIMA)을 만들었다가 2003년 지리 이외의 정보도 다루기 위해 국가공간정보국(National Geospatial-Intelligence Agency, NGA)으로 개칭했다.

NSA와 NRO, NGA는 적국이나 적성국에 요원을 투입하지 않고 감청장비나 정찰위성 등으로 상대가 준비한 작전과 첨단무기개발 정보 등을 입수하는 전문기관이 됐다. 이들 덕분에 미국은 소련 등 타국이 개발한 신무기 정보를 누구보다 빨리 입수할 수 있었다.

미국이 보유한 방산기술 중에 가장 중요한 것은 핵무기이다. 핵은 원자력발전을 하는 형태로 에너지도 생산한다. 사람과 국가는 에너지가 없으면 살 수가 없다. 1973년 1차 오일쇼크를 겪은 미국은 에너지의 중요성을 절감하고 연방에너지청, 에너지연구개발청, 연방전력위원회 등을 통합해 1977년 에너지부(Department of Energy, DOE)를 신설했다. 그리고 에너지부가 맨해튼 프로젝트에 참여했던 국책연구소를 거느리게 했다. 에너지부는 미국의 에너지 문제와 핵개발도 함께 담당하게 된 것이다.[249]

1992년 12월 로스앨러모스 연구소에서 대만계 미국인인 웬호리(Wen-Ho Lee, 李文和)가 중국을 위해 핵개발 비밀을 빼낸 사건이 일어났다. 이에 대해 에너지부가 조사를 하고 FBI가 수사를 해 기소했는데, 법원은 기소한 59개 항목 중 58개 항목에서 대해 무죄를 선고했다. 그러자 웬호리는 미 정부를 상대로 소송을 걸어 160만 달러의 배상금을 받아냈다. 이를 본 상원의원들은 'FBI로는 핵문제를 다룰 수 없다. 핵문제를 다룰 전문적인 수사정보기관이 있어야 한다'고 판단해 에너지부에 독자적으로 수사와 정보를 하는 국가핵안보국(National Nuclear Security Administration)을 만들게 했다.

이것이 2006년 에너지부 안에 새로 창설한 정보방첩실(Office of Intelligence and Counterintelligence, OICI)의 뿌리가 됐다. 미 국방부 산하 기관은 핵무기를 사용하는 데 중점을 두기 때문에 핵무기 개발에 대한 정보는 OCIC가 독점한다. OCIC는 핵테러를 위한 사이버 위협 등 핵과 관련된 모든 부문에 대한 정보를 한다. 핵확산 방지를 위한 국제원자력기구(IAEA)의 활동도 OCIC로부터 많은 도움

---

249 지금(2023년) 미국 에너지부는 인간 게놈 프로젝트와 생명공학 분야도 맡고 있다.

을 받고 있다.

미국은 수출하는 무기에 대한 보안은 수출통제(export license)나 그 무기에 대한 유지보수는 미국이 지정한 곳에서만 하게 하는 방법으로 보호한다. 이러한 노력에 미국 방산업체들은 적극적으로 참여한다. 미국의 양대 방산회사인 록히드마틴과 보잉이 스컹크 웍스(skunk works)와 팬텀 웍스(phantom works)란 비밀 연구소를 운영하는 것은 잘 알려진 사실이다. 스컹크 웍스와 팬텀 웍스는 미국 시민권을 가진 사람만 연구자로 참여한다. 수출용 무기는 미국 정부뿐만 아니라 업체들도 통제한다. 자기 무기에 대한 정보가 넘어가면 경쟁자가 늘어나니, 미국 업체는 그들이 정한 곳에서만 자사가 수출한 무기를 정비하게 하는 등 철저히 관리한다.

제4절

미국의 전략무기 정보활동이 주는 함의

세계 4위의 방산 수출국이 되고자 하는 우리는 방산기술 누출을 염려해야 한다. 우리의 방산기술이 적인 북한 등에게 넘어갈 수 있기 때문이다. 그러나 현실은 녹록하지 않다. 방산 후발국인 우리의 방산을 수입하고자 하는 나라들은 하나같이 기술 이전을 전제로 하기 때문이다. 우리도 기술이전을 받는 조건으로 무기를 수입했다가 그 무기를 개발했다. 현실이 이렇다면 '3국 이전 금지'를 조건으로 우리 기술을 넘겨주고 무기를 수출할 수밖에 없다.

우리가 수출하는 무기는 첨단이 아니라는 점을 인정해야 한다. 우리는 여러 나라가 개발해 생산하는 보편적인 무기를 가성비 좋게 개발함으로써 세계 시장에 진출한 경우다. 보편적인 무기인데 가성비가 강점이라면 우리 기술 이전을 전제로 수출하는 것이 낫다. 가성비는 인건비 기술력 공급망 등 여러 요소가 작용하는 것이라 기술을 이전받았다고 해서 바로 따라 오는 것이 아니기 때문이다. 그러나 북한 등 적성국가에 넘겨주는 것을 막기 위한 장치는 필요하다.

방산 수출은 해외에서 이뤄지니 방산 수출을 위한 보안은 해외 정보기관이 할 수밖에 없다. 해외에서는 국군방첩사 같은 국내 수사정보기관은 활동에 제약을 받으니 해외에서의 방산 보안은 전문 해외정보기관이 해야 한다. 전문 해외정보기관으로는 대한무역투자공사(KOTRA)와 각국 주재 대사관에 파견된 상무관을 꼽을 수 있다. 군수무관을 비롯한 무관도 참여한다. 그러나 핵심적인 역할은 무엇이 방산비밀인지 아는 방산업체와 방위사업청이 해야 한다. 방사청에는 미국 에너지부의 OCIC처럼 방산정보를 전문으로 하는 기관을 둘 필요가 있다.

해외에서 방산정보 보안이 여러 기관으로 나눠진다면 이를 통합할 수도 있어야 한다. 해외 방산보안을 하는 컨트롤 타워가 있어야 하는데 이는 화이트는 물론이고 그레이, 블랙, 브라운 요원 등을 파견해 상대국을 종합적으로 살펴보고 국내 기관과 업체에도 접근할 수 있는 국가정보원이 맡아야 한다고 본다. K-방산은 수출은 물론이고 외교에도 큰 기여를 하고 있으니 대통령 직속 안보실에서도 관심을 가질 수밖에 없다. 안보실을 위한 종합 해외방산 정보를 국가정보원이 담당한다.

미 · 소 냉전이 종식된 1991년 이래 북한이 줄기차게 핵개발을 할 수 있었던 이유 중의 하나로 우리 정보기관의 무대응을 꼽아야 한다. 우리는 미국이 주는 정보에만 치중해 스스로 북한 핵 · 미사일 정보를 구하고 북한의 핵 · 미사일 개발을 차단하는 노력을 하지 않았다. 핵은 미국이 상대해야 한다고 보고 미 · 북 간 제네바회담을 허용하고 미국과 북한이 주인공인 6자회담에 참여하는 등 변두리 활동만 했다. 그 사이 북한은 6차례나 핵시험을 해 수폭까지 완성했다.

북한과 러시아가 상호방위를 약속한 지금도 우리 정보기관은 북한의 핵 · 미사일 능력을 제거할 공작을 하지 않고 있다. 국가정보원은 첨단이 아니라 보편화된 장비인 K-무기를 수출하기 위해서는 우리 방산업체가 제공할 수밖에 없는 방산기술을 지키는 것 이상으로 북한의 핵 · 미사일 능력을 와해하는 공작을 해야 한다. 그 공작으로 북한의 핵 · 미사일 능력을 입수한다면 그것이 최고의 방산정보가 될 것이다.

참고 문헌

국내

○ 저서

국가정보포럼, 「국가정보학」, 박영사, 2006.
김선영, 「최신 방위사업 개론」, 북코리아, 2020.
남재준, 「옥중에서 쓴 군인 남재준이 걸어온 길」, 양문, 2023.
서우덕·신인호·장삼열, 「방위산업 40년 끝없는 도전의 역사」, 플래닛미디어, 2015.
안동만 외, 「백곰, 도전과 승리의 기록」, 플래닛미디어, 2016
에드워드 윌슨 저, 최재천·장대익 역, 「통섭, 지식의 대통합」, 사이언스북스, 2005.
이정훈, 「한국의 핵주권」, 글마당, 2009.
이정훈, 「공작: 대한민국 스파이 전쟁 60년」, 글마당, 2013.
전웅, 「현대국가정보학」, 박영사, 2016.
한국산업보안연구학회, 「산업보안학」, 박영사, 2022.

○ 논문

강석율, "미국의 3차 상쇄전략 추진 동향과 시사점", 한국국방연구원 KIDA Brief 안보 3호, 2021.
고희재, 이용준, "국가안보와 연계한 방위산업 보안 개념 정립", 한국산학기술학회논문 20(3), 2019.
김동선·류연승, "미국 CMMC 제도 대응을 위한 통합실태조사 제도 개선 연구", 한국방위산업학회지, 2022.
김윤정, "미국 영업비밀보호법(DTSA)의 주요내용 검토 및 시사점", 법학논고, 2020.
김영기, "방산안보 환경변화에 따른 국가정보의 역할", 한국국가정보학회 2022 연례학술회의 논문집, 2022.12.
김영기, "산업 및 방산보안과 국가정보", 한국국가정보학회 2018 연례학술회의 논문집, 2018.12.

류연승·김영기·송은희, “방위산업 안보환경 변화에 따른 방산안보정책 검토”, 한국국회학회, 한국과세계 4(2), 2022.3.
류연승, “방산안보 개념과 전략”, 제8회 방산기술보호 및 보안 워크숍, 2022.11.
류연승, “방산보안 2.0”, 정보보호학회지 28(6), 2018.8.
박상연, “미국의 상쇄전략에 관한 군사 이론적 분석”, 국방정책연구 34(4), 2018.
배정석, “방위산업 보호를 위한 방첩의 역할과 범위”, 박사학위논문 명지대학교 대학원, 2024.
송경호·허아라·류연승, “무기체계 안티탬퍼링을 위한 기술 식별 및 위험평가 방안”, 한국방위산업학회지, 2021.
송규영, “미국 기술유출 관련 법률 및 판례 분석을 통한 우리나라 대응방안 연구-형사적 쟁점을 중심으로,” 법조 68(3), 2019.
양영준, “「산업기술의 유출방지 및 보호에 관한 법률」에 관한 소고”, 산업보안 연구논총 제3호, 2007.
우광제, “융합보안 관점에서 방위산업보안 개념 정립과 연구동향 분석”, 정보보안논문 15(6), 2015.
유인수·류연승, “방산안보의 개념에 관한 고찰”, 국방과보안, 2024.
유형곤, “방산분야 비리의 범주와 합리적인 방산비리 해소 방안”, 국방과기술, 2018.
윤종행, “최근 미국의 산업스파이에 대한 법적 대응 방안”, 충남대학교 법학연구소, 법학연구 27(3), 2016.
윤홍수·류연승, “혼성장비 차량부 시험평가 및 방위산업기술 보호 제도 개선에 관한 연구”, 한국융합학회 논문지, 2018.
윤홍수·류연승, “군용차량을 위한 디젤기관의 방산기술 식별기준 정립에 관한 연구”, 한국융합학회 논문지, 2019.
이귀숙, “기술유출범죄에 대한 대처방안 연구 - 미국 경제스파이법을 중심으로 한 형사법적 고찰”, 동국대 비교법문화연구원, 비교법연구, 2009.
이상열·류연승, “방위산업체 보안평가 개선방안에 관한 연구”, 한국산학기술학회논문지, 2022.
이성용, “독일의 산업보안 정책과 시사점”, 시큐리티연구 38, 2014.
이용민, “방위산업 선진화의 길 I - 방산비리 척결”, 민주연구원, 2017.
이정덕·한형구, “산업스파이범죄에 대한 대응방안에 관한 연구 - 미국과 독일 법률의 시사점을 중심으로 -”, 한독사회과학논총 17-3, 2007.
최지연, “미국 경제스파이법 처벌 사례 연구”, 한국산업보안연구, 13(1), 2023.
최창수 외, “주요국의 산업기술 해외유출 방지 입법례”, 국회도서관, 최신 외국입법정보 제224호, 2023.6.
허아라·류연승, “국방과학기술 정보의 분류체계 고찰”, 정보보호학회지 28(6), 2018.
황재연·고기훈·성국현, “방위산업 관련 협력업체 보안관리 방안”, 정보보호학회지 28(6), 2018.

○ 보고서

국방과학연구소, 「국방과학연구소 50년 연구개발 성과분석서」, 2020.

국방기술진흥연구소, 「국방전략기술 수준조사」, 2022.

국방기술진흥연구소, 「'23-'27 국방기술기획서」, 2023.

국방기술진흥연구소, 「2021 국가별 국방과학기술 수준조사서」, 2021.

국방부, 「2022 국방백서」, 2022.12.

김정호 외, 「방위산업의 특성에 대한 경제학적 분석과 정책적 시사점」, 산업연구원 월간산업경제, 2012.5

류연승 외, 「방산관련업체 기술보호역량 진단연구」, 명지대학교 방산보안연구소, 방위사업청 정책용역과제 보고서, 2016.

류연승 외, 「방위산업기술 유출 및 침해 대응체계 구축방안 연구」, 명지대학교 방산보안연구소, 방위사업청 정책용역과제 보고서, 2017.

류연승 외, 「방산기술보호 성숙도 모델 인증제도 추진방안 연구」, 명지대학교 방산안보연구소, 방위사업청 정책용역과제 보고서, 2022.

류연승 외, 「방산업체 대상 실효적인 보안통제 강화방안 연구」, 명지대학교 방산안보연구소, 국방정보본부 정책용역과제 보고서, 2022.

박영욱 외, 「미래 과학기술기반의 국방전력발전업무 향상방안 연구」, 한국국방기술학회, 국방부 정책연구, 2021.

박영욱 외, 「국방전력발전업무체계 법제 개선방안 연구」, 한국국방기술학회, 국방부 정책연구, 2022.

박영욱 외, 「국방분야 부패 발생 실태 분석 및 개선방안」, 광운대 방위사업연구소, 2011.

방위사업청, 「2023 방위사업통계연보」, 2023.

방위사업청, 「방위산업기술의 보호에 관한 종합계획(2022-2026)」, 2021.

방위사업청, 「방위산업 발전 및 지원에 관한 법률」, 2021.

산업연구원, 「주요국 방위산업 발전정책의 변화와 시사점」, 2014.

산업연구원, 「우크라이나 전쟁 이후 글로벌 방산시장의 변화와 시사점」, 2023.

서용원 외, 「성장 위해 숨 가쁘게 달려온 50년, 미래 50년을 위해 준비할 것은?」, 월간 국방과 기술, 2020.

안영수, 방위산업 발전과 선진강군을 위한 국방 전력소요기획체계 발전방향, 산업연구원, 2013.

유형곤, 「방위산업 혁신을 위한 정책 및 제도 수립방안 연구」, 안보경영연구원, 2018.

장원준 외, 「우리나라 방위산업 구조고도화를 통한 수출산업화 전략」, 2013.

장원준, 「우크라이나 전쟁 이후 글로벌 방산시장의 변화와 시사점」, 산업연구원 월간산업경제, 2023.

○ 법령자료

군수조달에관한특별조치법 [법률 제2540호, 1973. 2. 17., 제정] [시행 1973. 3. 5.]

방위산업에관한특별조치법 [법률 제3699호, 1983. 12. 31., 일부개정 및 시행]

방위사업법 [법률 제20190호, 2024. 2. 6., 일부개정] [시행 2024. 8. 7.]

방위산업 발전 및 지원에 관한 법률(약칭: 방위산업발전법) [법률 제19583호, 2023. 8. 8., 일부개정] [시행 2024. 8. 9.]

보안업무규정 [대통령령 제31354호, 2020. 12. 31., 일부개정] [시행 2021. 1. 1.]

보안업무규정 시행규칙 [대통령훈령 제450호, 2022. 11. 28., 일부개정 및 시행]

방위산업기술 보호법(약칭: 방산기술보호법) [법률 제20024호, 2024. 1. 16., 일부개정] [시행 2024. 7. 17.]

방첩업무 규정 [대통령령 제34435호, 2024. 4. 23., 일부개정 및 시행]

방첩업무 규정 [방위사업청예규 제807호, 2022. 10. 18., 일부개정 및 시행]

○ 기타자료

법제처 국가법령정보센터 https://www.law.go.kr/

장원준, '글로벌 방위산업의 최근 동향과 전망', 서울대-산업연구원 공동세미나 발표자료, 2023.9.

한국방위산업진흥회 https://www.kdia.or.kr/

2. 국외

○ 저서 및 논문

Benny, D. J., "Industrial espionage: Developing a counterespionage program", Florida: CRC Press, 2013.

Capellupo, L. "The Need for Modernization of the Economic Espionage Act of 1996", Journal of International Business Law, 2015.

Carl, L. D., "The CIA Insider's Dictionary of US and Foreign Intelligence, Counterintelligence & Tradecraft", Washington D.C.: NIBC Press, 1996.

Congressional Research Service, "Huawei and U.S. Law", 2021.

Congressional Research Service, "The Exon-Florio National Security Test for Foreign Investment", 2006.

DeVine, M. E., "The National Counterintelligence and Security Center (NCSC): An Overview", Congressional Reserach Service, 2018.

DoD Decision-Support Systems, DoD PPBE: Overvew & Selected Issues for Congress, CRS, 2022.

United States Congress Senate Select / United States Congress Senate Comm, "Economic Espionage: Joint Hearing Before the Select Committee on Intelligence, United States Senate, and the Subcommittee on Terrorism, Te", Maryland: Legare Street Press, 2022.

Eftimiades, N., "The Impact of Chinese Espionage on the United States", The Diplomat, 2018.

Schneider, E., "Einfuhrung in die Wertschaftstheorie", 1947~52.

E. Kenneth Hong Fong, "Comprehensive Program Protection Planning", 14th Annual NDIA Systems Engineering Conference, 2011.

KPMG AG Wirtschaftsprüfungsgesellschaft, e-Crime-Studie 2010: Computerkriminalität in der deutschen Wirtschaft, 2010.

Kristen, B., "System Security Engineering : A Critical Discipline of Systems Engineering", INCOSE Insight, 2009.

Lee, P.K. & Corben, T., "A K-arsenal of democracy? South Korea and U.S. Allied Defense Procurement", War on the Rocks, 2022.8.15.

Lloyd, M., "The Guuiness Book of Espionage", Washington D.C.: DACAPO Press, 1994.

Malinda, R., "System Security Engineering and Program Protection Integration into SE", 17th Annual NDIA Systems Engineering Conference, 2014.

Shulsky, A. N. & Schmitt, G. J., "Silent Warfare : Understanding the World of Intelligence",

Virginia: Brassey's, Inc, 2002.

○ 기타자료

CNN, "President Yoon wants South Korea to become one of world's top weapons suppliers", 2022.8.17.

U.S. Air Force, "Weapon System Program Protection / Systems Security Engineering Guidebook", Version 2.0, 2020.

U.S. Department of Commerce, "Commerce Acts To Deter Misuse of Biotechnology, Other U.S. Technologies by the People's Republic of China To Support Surveillance and Military Modernization That Threaten Nationa Security", 2021.

U.S. Department of Defense, "Program Protection Plan Outline & Guidance," Version 1.0, 2011.

U.S. Department of Defense, "Technology and Program Protection Guidebook", 2022.

U.S. Department of Justice, "Chinese Telecommunications Device Manufacturer and its U.S. Affiliate Indicted for Theft of Trade Secrets, Wire Fraud, and Obstruction Of Justice", 2019.

U.S. Department of Justice, "Chinese National Sentenced to 87 Months in Prison for Economic Espionage and Theft of Trade Secrets", 2011.

U.S. Department of Justice, "Former GE Power Engineer Convicted of Conspiracy to Commit Economic Espionage", 2022.

U.S. Department of Justice, "1122. Introduction to the Economic Espionage Act", 2015.

U.S. Department of Justice, "Trade Secret/Economic Espionage Cases - U.S. v. Dimson et al. (N.D. Ga.)", 2006.

U.S. Department of Treasury, "Treasury Identifies Eight Chinese Tech Firms as Part of the Chinese Military-Industrial Complex", 2021.

Glassman, B., Wagner, M., Jennings, C. "Series: Economic Espionage and Theft of Trade Secrets", Squire Patton Boggs, 2022.

SIPRI, 'Trends in World Military Expenditure, 2023', SIPRI Fact Sheet, 2024.

SIPRI, SIPRI Military Expenditure Database, 2024.

○ 인터넷 사이트

미국 국가안보회의, https://www.usa.gov/agencies/national-security-council

미국 국방기술정보센터, https://defenseinnovationmarketplace.dtic.mil/about/

미국 국방방첩보안국, http://www.dcsa.mil
미국 국방부, https://www.defense.gov/
미국 국방획득대학, https://aaf.dau.edu/
미국 국방혁신단, https://www.diu.mil/
미국 방산기술보호본부, https://www.dtsa.mil
미국 법무부, https://www.justice.gov/agencies/chart
미국 에너지부, https://www.energy.gov/
미국 FBI, https://www.fbi.gov/investigate/counterintelligence
미국 재무부, https://home.treasury.gov/languages/korean/role-of-tre
미국 중앙정보국, https://www.usa.gov/agencies/central-intelligence-agencyasury
Eisner Gorin LLP, https://thediplomat.com/2018/12/the-impact-of-chinese-espionage-on-the-united-states/
ODNI, "History of NCSC", https://www.dni.gov/index.php/ncsc-who-we-are
ODNI, "Mission & Vision", https://www.dni.gov/index.php/ncsc-who-we-are
Office of the United States Trade Representative, https://ustr.gov/issue-areas/economy-trade
Klaus Fuchs, Wikipedia, https://en.wikipedia.org/wiki/Klaus_Fuchs

저자 약력

류연승
명지대학교 방산안보학과 교수
국방보안연구소 방산보안 자문위원
한국산업기술보호협회 자문위원

김영기
법학박사, 명지대 융합보안안보학과 주임교수
한국국가정보학회 부회장
독도조사연구학회 전회장

박영욱
명지대학교 방산안보학과 교수
(사)한국국방기술학회 이사장
저서) 과학이 바꾼 전쟁의 역사, 미래국방 과학기술과 만나다 등

배정석
성균관대학교 국가전략대학원 겸임교수
국제정보사학회(IIHA) 정회원
한국국가정보학회 정회원

이정훈
이정훈TV 대표
방산학회, 정보학회 이사, 해경 자문위원
전 주간동아 편집장, 동아일보 논설위원

장원준
산업연구원 연구위원
미 국제전략문제연구소(CSIS) 방문연구원
한국방위산업학회 이사

방산안보학개론

초판발행 2024년 8월 31일

지은이 류연승·김영기·박영욱·배정석·이정훈·장원준
펴낸이 안종만·안상준

편 집 박세연
기획/마케팅 장규식
표지디자인 BEN STORY
제 작 고철민·김원표

펴낸곳 (주) 박영사
서울특별시 금천구 가산디지털2로 53, 210호(가산동, 한라시그마밸리)
등록 1959.3.11. 제300-1959-1호(倫)
전 화 02)733-6771
f a x 02)736-4818
e-mail pys@pybook.co.kr
homepage www.pybook.co.kr
ISBN 979-11-303-2113-4 93390

정 가 23,000원